Physik, Kosmologie und Spiritualität

T0176406

Darmstädter Theologische Beiträge zu Gegenwartsfragen

Herausgegeben von Walter Bechinger
und Uwe Gerber

Band 11

PETER LANG

Frankfurt am Main · Berlin · Bern · Bruxelles · New York · Oxford · Wien

Hubert Meisinger
Jan C. Schmidt
(Hrsg.)

Physik, Kosmologie und Spiritualität

Dimensionen des Dialogs
zwischen Naturwissenschaft
und Religion

PETER LANG
Europäischer Verlag der Wissenschaften

Bibliografische Information der Deutschen Nationalbibliothek
Die Deutsche Nationalbibliothek verzeichnet diese Publikation
in der Deutschen Nationalbibliografie; detaillierte bibliografische
Daten sind im Internet über <http://www.d-nb.de> abrufbar.

Gedruckt auf alterungsbeständigem,
säurefreiem Papier.

ISSN 0948-4736
ISBN 3-631-51608-8

© Peter Lang GmbH
Europäischer Verlag der Wissenschaften
Frankfurt am Main 2006
Alle Rechte vorbehalten.

Printed in Germany 1 2 3 4   6 7

www.peterlang.de

Johannes Schreiter:
Biologiefenster aus dem Zyklus für die
Heidelberger Heiliggeistkirche
Titel: Fazit 72/ 1983/ F

Inhalt

III. SINNLICHES

IV. ÖFFENTLICHES

Vorwort

Interdisziplinäre Projekte haben zumeist einen facettenreichen Entstehungs- und Entwicklungsprozess hinter sich. Denn Interdisziplinarität stellt sich nicht einfach ein, sondern muss kontinuierlich her- und sichergestellt werden. Verschlungene Pfade sind zu gehen, Brücken zu bauen, Gedankenkorridore zu eröffnen, Gemeinsamkeiten zu bündeln und Unterschiede zu markieren. Das Eigene ist im Horizont des Anderen kritisch zu reflektieren und möglicherweise zu revidieren. Selbstkritik und Fremdinteresse sind die Bedingungen der Möglichkeit für gelingende Interdisziplinarität. Das gilt insbesondere für jene Projekte, die den Dialog zwischen Naturwissenschaften, Theologie, Religion und Öffentlichkeit vorantreiben wollen – wie das Projekt, welches mit dem vorliegenden Buch einen vorläufigen Abschluss findet.

Für das Wagnis der Interdisziplinarität sind die Rand- und Rahmenbedingungen keineswegs kontingent. Der vorliegenden Buchpublikation vorausgegangen ist ein „European Award for Teaching in Science and Theology", den die Herausgeber des Buches für ein Seminar über „Gott und die moderne Naturwissenschaft" im Rahmen des „Science and Religion Course Programme" des „Center for Theology and the Natural Sciences" (CTNS) in Berkeley/USA verliehen bekommen haben. Aus der intensiven Zusammenarbeit zwischen den Herausgebern – einem Theologen und einem Physiker und Philosophen – im Rahmen gemeinsamer Seminare und Gespräche ist nun dieses interdisziplinäre Buch entstanden, das den Dialog der Disziplinen aus erweiterter Perspektive neu anregen möchte. Neben den Vortragenden in Veranstaltungen an der Technischen Universität Darmstadt sind weitere Personen eingeladen worden, am Dialog teilzunehmen und Beiträge beizusteuern.

Das gebietet uns, vielfach Dank zu sagen: den Autoren für ihre Beiträge und die produktive Zusammenarbeit bis zur Endfassung dieses Buches. Ohne ihre unterschiedlichen Perspektiven und Dimensionen hätte das Buch nicht zum Reflexionsfeld eines neuen, erweiterten und multidimensionalen Dialogs werden können. Patrick Schäfer danken wir für die weit über das Korrekturlesen hinausgehende Redigierung der Texte und für die Formatierung des Manuskriptes. Frau Melanie Sauer vom Peter Lang Verlag ein herzlicher Dank für die gesamte Betreuung bis zur Drucklegung und Anzeige des Buches. Herrn Oberkirchenrat Dr. Walter Bechinger und Prof. Dr. Uwe Gerber als Herausgeber der Reihe „Darmstädter Theologische Beiträge" sei Dank gesagt, dass der Band in ihrer Reihe veröffentlicht werden konnte. Herzlichen Dank der Evangelischen Studierenden-/Hochschulgemeinde (ESG) und dem Zentrum für Interdisziplinäre Technikforschung (ZIT) der Technischen Universität Darmstadt dafür, dass das Projekt in deren thematischen Rahmen integriert und administrativ betreut werden konnte. Nicht zuletzt möchten wir den Verantwortlichen des „Science and Religion Course Programme" von CTNS, hier vor allem Prof. Dr. Ted Peters und als europäischem Koordinator Dr.-Ing. Dr. Christian Berg, für die Auszeichnung und die Gewährung des Druckkostenzuschusses danken.

In dieser Förderung allein liegt es nicht begründet, dass dieses Buch auch Beiträge in englischer Sprache enthält. Vielmehr wird daran deutlich, dass ein Gespräch zwischen Naturwissenschaft und Theologie nicht mehr allein in einer Sprache und in einem soziokulturellen Kontext geführt werden kann, sondern selbst international ausgerichtet ist. In diesem Sinne hoffen wir, dass Sie, liebe Leserin, lieber Leser, zu einer anregenden und dialogermöglichenden Lektüre eingeladen werden.

Darmstadt, im April 2006

Hubert Meisinger
Jan C. Schmidt

Hubert Meisinger und Jan C. Schmidt

Geöffnete Türen und transparente Fenster
Einleitende Skizze zu Dimensionen des Dialogs zwischen Naturwissenschaft und Theologie

1. Geöffnete Türen ...

Die Tür ist zu einem Symbol des Dialogs zwischen Naturwissenschaften und Religion geworden – seit den Zeiten des Physikers Michel Faraday. In einer A-nekdote[1] wird davon berichtet, dass Faraday sein Labor und sein Betzimmer streng voneinander getrennt habe. Doch zwischen lag eine Tür.

Türen sind keine undurchlässigen Mauern; vielmehr sind sie geregelte Öffnungen. Bei Bedarf kann man sie öffnen und anschließend wieder verschließen. So auch die Tür bei Faraday. Nur jeweils kurz war die Tür zwischen seinem Labor und seinem Betzimmer geöffnet. Wenn er forschte, war er Forscher. Wenn er betete, war er ein religiöser Mensch, so wurde gesagt. Die wissenschaftliche Heimat des Menschen wird zumeist charakterisiert durch Stichworte wie Objektivität, Experiment, Logik, Intersubjektivität, Theorie, Methode, Gesetzesartigkeit, Kausalität; wohingegen die religiöse Heimat bestimmt zu sein scheint durch Begriffe wie Personalität, Sinn, Subjektivität, Vertrauen, Beziehung, Liebe, Schuld. Eine *geschlossene* Tür als Symbol für die Trennung von zwei Welten, eine dualistische Ontologie?

Doch gab es da nicht kurze Momente, in denen Faraday als leiblicher, als lebensweltlicher Mensch die Tür öffnete, um durch diese von dem einen Raum in den anderen zu gelangen? Was geschah, als Faraday das tat? Was spürte und dachte er? Kognitiv lebte Faraday in *zwei* Welten, aber die Lebenswelt, das Leben in seinen konkreten Handlungen war und ist *eine* Welt.[2] Die Tür ist eine Grenze, die einen Grenzgang und einen Grenzübergang ermöglicht. Vermeintlich Inkompatibles ist nicht vollständig separiert, sondern berührt sich, ohne sich zu vermischen. Wenn die Tür geöffnet wird, bleiben auch die Inhalte, die sich auf den jeweiligen Seiten finden, nicht isoliert voneinander. In einer klassisch

---

[1] Siehe z.B. Daecke (1987, 624).
[2] Die „viele Welten"-Theorie, die hier als Alternative in den Sinn kommen mag, soll in diesem Buch nicht weiter verfolgt werden. Vgl. z.B. Rees (2004).

gewordenen Formulierung: sie sind sowohl *unvermischt* wie *ungetrennt*, sie stehen in einer „freundschaftlichen Wechselwirkung".[3] In der Zusammenschau der beiden Perspektiven zeigt sich die Lebenswelt in ihrer Fülle, *im* Übergang zwischen den Perspektiven wird die Fülle erleb- und erfahrbar.

An die pluralen Perspektiven wollen wir in diesem Buch anschließen. Im Horizont der Lebenswelt in ihrer Fülle liegt eine Chance für einen neuen, erweiterten Dialog.

2. Aufbruch zu einem neuen Dialog?

Im klassischen Dialog zeigte sich eine Kritik und Widerständigkeit gegenüber dem vielfach proklamierten „nachmetaphysischen" Zeitalter und dem vermeintlichen „postmodernen" Niedergang umfassender naturphilosophischer Gesamtsysteme: Der klassische Dialog hielt an den uralten und grundlegenden Fragen nach dem *Woher* und *Wohin* fest und behauptete die Relevanz dieser Fragen für die spätmoderne Lebensführung. Wenn man so will, betrieben die klassischen Dialogpartner Naturphilosophie oder auch „aufgeklärte" Schöpfungstheologie. Dass umfassende Metaphysiken in der Moderne verabschiedet wurden, hinderte sie nicht daran, kleingliederige Zugänge, Metaphysiken mittlerer Reichweite zu entwerfen. Sie widerstanden der Versuchung radikaler und relativierender Pluralisierungen.

So wird man heute *einerseits* die Widerständigkeit, die Wahrheitssehnsüchte und Visionen dieses klassischen Dialogs positiv herausstellen müssen – gegen den Zeittrend. Gerade Physiker scheuten sich nicht, widerständig zu bleiben. So unterschiedlich die Zugänge auch sein mögen und so vage die Argumentationslinien vielfach waren, es ist das bleibende Verdienst von den Tiplers, Davies', Polkinghornes, Atkins', Sheldrakes, Wilburs und vielen anderen, die ontologisch verorteten Fragen nach der Wirklichkeit als ernsthafte und ernstzu-

---

[3] Im Anschluss an den dänischen Theologen Viggo Mortensen (1995, 262). „Freundschaftliche Wechselwirkung" meint, dass sich naturwissenschaftliche und theologische Einsichten oder Überzeugungen weder vermischen noch trennen, sondern im vereinenden Gegensatz zusammengehalten werden und sich gegenseitig befruchten. Diese Denkfigur entwickelt Mortensen im Anschluss bzw. in Auseinandersetzung mit dem dänischen Philosophen K. E. Løgstrup, der anhand der klassischen Zweinaturenlehre veranschaulicht, was unter einem vereinenden Gegensatz theologisch zu verstehen wäre. Wechselwirkung ist erforderlich, um die eigene Existenz zu profilieren und sich ihrer Eigenart, Begrenzung und Stärke bewusst zu machen. Diese „lebendige Wechselwirkung oder organische Interaktion" hat vor allem auch die praktischen Bedingungen eines Dialogs im Auge: „Das lebendige Wort muss der Ausgangspunkt sein, und wenn das Gespräch seinen Lauf nimmt, wird es auch gelingen, die Sache so zu formulieren, wie es gerade jetzt verstanden werden muss." (Mortensen 1995, 267)

nehmende Fragen wachgehalten zu haben. Viele Theologen mögen da skeptisch geblieben sein, ob man in der Spätmoderne noch so denken und philosophieren *dürfe*, wie es theologisierende Physiker leichtfertig taten. Dennoch wird man vielleicht zuspitzend sagen können, dass nicht nur Theologen, sondern gerade Physiker die uralten Fragen lebendig gehalten haben. Paul Davies behauptete gar provokativ, dass „die Naturwissenschaft einen sichereren Weg zu Gott als die Theologie [bietet]." (Davies 1986, 15) Das mag anmaßend sein, verdeutlicht aber die religiöse und weltbildgenerierende Relevanz der Naturwissenschaften. Religion im Zeitalter der Naturwissenschaften, so Ian Barbour (1990), sieht sich der Herausforderung ausgesetzt, nicht *gegen* die Naturwissenschaften, sondern *mit* ihnen fertig zu werden.

Andererseits war der klassische Dialog geprägt von einer Vernachlässigung kultureller, ästhetischer, gesellschaftlicher, technischer und teilweise auch philosophischer Kontexte. In seiner Einheitssehnsucht und in seinen umfassenden Antwortsystemen mag es dem klassischen Dialog gefehlt haben, sensibel zu bleiben für vielfältige Deutungsbedürfnisse des spätmodernen *Menschen*. Der klassische Dialog war kein Dialog *im Fragen*, sondern einer *der Antwort*. Kurz: keine sokratisch-dialogische *Unterredung*, sondern eher eine *Überredung*, in der Argumentationsstränge auf ihre Kompatibilität oder Leistungsstärke hin miteinander verglichen wurden; kognitive Konzepte dominierten. Tiplers Omega-Punkt faszinierte, blieb aber doch merkwürdig fremd und eindimensional für den spätmodernen Menschen. Er schloss zwar die Frage nach der Transzendenz auf, verschloss sie aber mit einem Einheitskonzept wieder. Wo Einheitskonzepte und Antwortsysteme dominieren, scheint jeder Dialog zu enden. In dieser Hinsicht hat die Postmoderne zu Recht sicher geglaubte Uniformitäten dekonstruiert und Fundamente abgebaut, Pluralität erzeugt und Perspektivität ermöglicht.

Für den Dialog zwischen Naturwissenschaften und Theologie liegen hier, wie das vorliegende Buch zeigen möchte, eher Chancen als Probleme. Es gilt, sowohl sich selbst und seiner Position nicht untreu zu werden als auch den Mut zu zeigen, eigene Positionen und Überzeugungen aufs Spiel zu setzen. Ein solcher Dialog hat über seine Bedeutung für Theologie und Naturwissenschaft auch eine Relevanz für Gesellschaft und Kultur: Der Theologie verhilft er dazu, den Kontakt zur Lebenswelt und ihrer naturwissenschaftlich-technischen Durchdringung nicht zu verlieren. Der Naturwissenschaft macht er die metaphysische Grundlage und die sozialhistorischen Kontexte des Forschungsprozesses bewusst – und ermöglicht ihr eine vertiefte Selbstreflexion. Für die Gesellschaft und Kultur klärt er Hintergründe, auf deren Basis Entscheidungen zu wissenschaftlichen und technischen Zukünften getroffen werden. Ein Dialog im Sinne einer „freundschaftlichen Wechselwirkung" wäre ein Schritt von einer Multidisziplinarität zu einer echten Inter- und Transdisziplinarität.

Der heutige Dialog kann nicht nur ein Dialog von Expertinnen und Experten sein, die sich primär auf immanente Erkenntnisse aus ihrem je eigenen Fachgebiet beziehen und von diesem her wissenschaftlich argumentieren. Der Dialog ist nicht nur *bi*disziplinär, er findet nicht nur zwischen Naturwissenschaftlern und Theologen statt. Vielmehr ist er aussichtsreicher, wenn er als *trans*disziplinärer Dialog geführt wird (Mittelstraß 1998). Transdisziplinär ist der Dialog, insofern der interessierte Mensch nicht nur aus den Wissenschaften heraus informiert wird, sondern insofern er als kommunikativ Handelnder am Dialog partizipiert. Damit sind kulturelle, gesellschaftliche, religiöse und wissenschaftliche Aspekte gleichermaßen involviert. Die Öffentlichkeit wird relevant, die Alltagssprache, die Wahrnehmungen. Der neue Dialog nimmt nicht nur die Fragen nach Transzendenz und Wirklichkeit ernst, er nimmt insbesondere lebensweltliche Kontexte und existenzielle Bedürfnisse ernst. So ergibt sich eine veränderte Lage: Der neue Dialog wird farbig und facettenreich. Kunst und Technik gewinnen ebenso an Bedeutung wie Literatur, Predigt, Vortrag, Bildlichkeit. Klassische Dialogfelder werden dabei nicht eliminiert, sondern modifiziert und erweitert. Religiöse Erfahrungen, theologische Reflexionen und naturwissenschaftliche Handlungen treffen sich in der Lebenswelt, sie durchdringen sich wechselseitig im Feld zwischen dem Unvermischten und Ungetrennten.

Mit der Analyse und Reflexion *über* den klassischen Dialog möchte das vorliegende Buch programmatisch *für* einen neuen, erweiterten, multidimensionalen Dialog argumentieren und *zu* diesem erste Beiträge leisten. Perspektiven werden aufgezeigt, Seitenarme gegangen, Wege markiert und Dimensionen eröffnet.

3. Dialogdimensionen

Die Zugänge zum Dialog sind vielfältig, die Dimensionen sind reichhaltig. Wer sich einem Dialog stellt, wird selten nur *ein* Motiv verfolgen oder nur *eine* Dimension berühren. Unterschiedliche Motive und Dimensionen schwingen jeweils mit und treten – explizit oder implizit – hervor.

Erstens: Eine traditionell tragende Dimension ist die *systematische* oder *kognitive*. In systematischer Absicht wurden und werden Zugänge und Aussagen in Korrelation gesetzt oder gar zu einer Synthese geführt. Darunter fallen Fragestellungen wie die nach der gegenseitigen Relevanz von Schöpfungstheologie, Kosmologie und Evolutionslehre. Hier werden traditionelle Kriterien der Wissenschaftlichkeit angelegt. Oft findet das im Raum philosophischer Reflexionen statt, zu welchen Naturwissenschaften und Theologie Zugang finden. In diesem systematischen und kognitiven Rahmen tritt seit einiger Zeit eine weitere vielversprechende Dialogdimension hervor, nämlich die der *Technik*.[4] Ein neues Gegenstandsfeld wird als relevant angesehen. In Technik zeigt sich Naturwissenschaft, insofern Technik durch Naturwissenschaft (mit-) hervorgebracht wird *und* Technik heutzutage zudem die Bedingung der Möglichkeit von Naturwissenschaft darstellt. Und in Technik zeigen sich religiöse Wünsche, Visionen, Leitbilder, mitunter auch Erlösungssehnsüchte.[5]

Zweitens: Neben die systematische tritt eine *methodische* Dimension. Mit ihr sind Praktiken und Handlungsformen verbunden, wie sie in Wissenschaft, aber auch in Religion leitend sind. Physische, kognitive und spirituelle Handlungen werden reflektiert und revidiert. Sie können einander bedingen oder auseinander folgen. Normenbildungen und Wertsetzungen treten hinzu und kennzeichnen die jeweiligen handelnden Zugänge. Die Handlungs-, Lebens- und Denkformen stehen in der methodischen Dialogdimension im Mittelpunkt. Ziele und Motive werden sichtbar; in den Handlungen spiegeln sich die jeweiligen Haltungen. Argumentationsformen erscheinen somit als leitende Lebensformen in jeweiligen *communities*, sei es der wissenschaftlichen (*scientific community*), sei es der religiös-spirituellen („Gemeinde", „Kirche"). Die sich artikulierenden Ähnlichkeiten und Differenzen sind nicht als kontingent anzusehen, sondern als konstitutiv für das jeweilige gesellschaftliche Subsystem: Identitätsstiftung geschieht in sozialen Praktiken, insofern sie sinnstiftend wirken. Das Methodische ist demnach nicht einem vermeintlichen Kern von Naturwissenschaft, Theologie oder Religion äußerlich, sondern es ist der Kern selbst. So erscheint die traditionelle Trennung von Inhalt und Form, von Aussage und Methode, von Genese und Geltung obsolet. Die methodische Dialogdimension versucht, dies aufzunehmen – und die jeweils eigenen sozialen, rituellen und kodifizierten Praktiken ernst zu nehmen. So mag sich das Eigene im Fremden spiegeln und vertraut erscheinen.

Drittens: Eine Erweiterung zeigt sich in *sinnlichen* und *spirituellen* Dialogdimensionen. Das sinnliche Terrain des Dialogs erscheint bislang kaum erschlossen; das Persönliche, Eigene und Spirituelle wurde schnell – zu Unrecht – als „Subjektives" etikettiert und abqualifiziert. Eine *visuelle* Dimension tritt her-

---

[4] Vgl. Görman et al. (2004).
[5] Diese beiden Aspekte von Technik können im Dialog verbunden werden: Technik – als Phase der Evolution – ist selbst Schöpfung, ist Ausdruck menschlichen Werdens und ein Phänomen der Transzendenz *in* der Welt. Vgl. Hefner (2003).

vor, in der Erhabenheit einer Kirche ebenso wie in der schönen Landschaft, der gestalteten Natur oder einem physikalischen Hochenergie-Teilchenbeschleuniger. Eine „Tiefendimension" des Staunens mag spürbar werden, der gleichermaßen faszinierend und erschütternd sein kann; eine Erfahrung von Resonanz und Absurdität mag hervortreten.[6] Ferner ist an eine *leibliche* Dialogdimension zu denken. Schon Faraday öffnete als leibhaftes Wesen die Tür zwischen Betzimmer und Labor. Einerseits sind wir uns als Leib nicht vollständig gegeben, andererseits ist der Leib das Ureigene – und zudem Gegenstand naturwissenschaftlich-technischer Medizin. Eine *kunstästhetische* Dialogdimension kann in Bildern und Skulpturen, künstlerischen Darstellungen und auch Musik liegen.[7] Diese vermitteln, ohne zu vereinheitlichen. Sie stellen heraus, ohne Anspruch auf eindeutige Repräsentation und Wahrheit. Sie weisen hin, ohne den Weg zu weisen: Religion, Theologie und Naturwissenschaft künstlerisch und musikalisch darzustellen, lässt Trennendes beiseite und kann eine Tiefenschicht freilegen, die jenseits des Didaktischen und Kognitiven liegt. Transzendenz kann sich so zeigen, wie sie anders nicht zugänglich ist. Schließlich kann auch eine *literarische* Dialogdimension wirksam sein. Die literarische Form vermag, das Unsagbare zu vermitteln, ohne definitorisch werden zu müssen. Sie kann in Metaphern Grenzen überschreiten, auf naturwissenschaftlicher wie auf theologischer Seite.

Viertens: Nicht nur diese sinnlichen Dialogdimensionen sind bis heute unterschätzt, auch die *Öffentlichkeits- und Bildungsdimensionen* sind es. Naturwissenschaften, Theologie und Religion finden sich nicht jenseits des Öffentlichen und Gesellschaftlichen. Gegenüber der Öffentlichkeit haben sich Naturwissenschaftlerinnen und Theologen zu verorten und zu verantworten. So kann man von einem Öffentlichkeitsauftrag sprechen, jeweils Transparenz und Allgemeinverständlichkeit her- und sicherzustellen und damit einen Dialog zu ermöglichen. Der öffentliche Raum ist kein unbeschriebener Raum. In ihm finden sich immer schon Mischungen von Naturwissenschaften, Theologie und Religion: In diesem Raum – inmitten der wissenschaftlich-technisch-spirituellen Zivilisation – treffen sie zwangsläufig aufeinander.[8] Im öffentlichen Mittendrin und gesellschaftlichen Neben- und Ineinander zeigt sich auch eine *Bildungsdimension* des

---

[6] Vgl. Theißen (1988).

[7] Einen faszinierenden Ansatz, die Musik zu berücksichtigen, liefern Peacocke und Pederson (2006).

[8] Die Vermittlung dieser Öffentlichkeitsdimension kann dabei aus durch Theologinnen und Naturwissenschaftler selbst erfolgen, mit ihren jeweils spezifischen Kommunikationsformen. Oder die Vermittlung wird auf journalistisch organisiert, so dass sich Theologie und Naturwissenschaft medial spiegeln lassen müssen.

Dialogs. Grundlegende und zugleich uralte Fragestellungen treten im Dialog hervor, die existenzielle Bedeutung und anthropologische Relevanz aufweisen. Schließlich ist der Mensch ein Entwurf, er ist noch nicht das, was er sein könnte. Das haben sowohl die naturwissenschaftsbasierte Aufklärung und Humanismus hervorgehoben als auch die jüdisch-christliche Tradition. Der Dialog kann als Bildung verstanden werden, in dem Wissensbildung *und* Selbst- und Personbildung vereint werden.

Weitere Dimensionen könnten angeführt werden. Ein paar Stichworte sollen genügen. Traditionell ist an die *ethische* Dimension zu denken, die auch in einer *politischen* Dimension münden könnte. Zu denken wäre auch an eine *Gender*-Dimension, insofern Männer als Personen oder über Begriffe, Metaphern und Gedanken jeweils Naturwissenschaften, Theologie und Religion dominieren.[9] – All das kann und soll hier offen bleiben. Die Dialogdimensionen sind keine starren und sich ausschließenden Formen, vielmehr können sie einander durchdringen und bedingen. So mag in der systematischen Dimension zwar das Kognitive hervorstehen, doch zeigt sich in ihm auch eine spirituelle Dimension oder eine Bildungsdimension. Ein kognitiver Gehalt findet sich in der ästhetischen Dialogdimension. Damit ist angedeutet, dass die Dimensionen Akzentuierungen darstellen, in deren Rahmen der jeweils eigene Zugang reflektiert und expliziert werden kann.

4. Zu den Beiträgen

An diesen Dialogdimensionen orientieren sich die vier Abschnitte des vorliegenden Buches. Sie sind überschrieben mit „Systematisches", „Methodisches", „Sinnliches" und „Öffentliches".

Der erste Abschnitt, der mit „Systematisches" übertitelt ist, beinhaltet Beiträge von Jan C. Schmidt und René Munnik. – In wissenschafts- und naturphilosophischer sowie in wissenschaftshistorischer Hinsicht fragt *Jan C. Schmidt* nach dem, was die physikalische Kosmologie für einen Dialog zwischen Physik und Theologie zu leisten vermag. Nach einer Skizze der historischen Entwicklung der Kosmologie wird die Allgemeine Relativitätstheorie als Fundament der ak-

---

[9] Aber, so ist sicherlich zu fragen, ist die Gender-Problematik wirklich eine eigene Dimension oder nicht vielmehr ein „basso continuo" aller Dimensionen? Mit der Gender-Dimension beschäftigt sich Jackelén (2003; 2004). Sie argumentiert u.a., dass der Dialog Naturwissenschaft – Religion die drei Herausforderungen, die durch Hermeneutik, Feminismus und Postmodernismus begegnen, ernst nehmen müsse.

tuellen wissenschaftlichen Deutung des Kosmos dargelegt. Das vielbeachtete „Anthropische Prinzip" erscheint vor diesem Hintergrund als legitime Anfrage nach dem Ort des Menschen in der Evolution des Kosmos. Jenseits einer anthropozentrischen Verengung erscheint der Mensch als Chiffre für die Möglichkeit komplexen biologischen Lebens (bereits) in erklärungstheoretischer Hinsicht in der Frühphase des Kosmos: der Mensch als Zeichen eines Entwicklungspotenzials des Kosmos hin zum Leben, welches sich im Kosmos seiner selbst bewusst wird. Der Kosmos tritt im Menschen selbst als Fragender hervor. Die hier aufscheinende Dialogdimension des Staunens betrachtet Jan C. Schmidt als Einladung zu einem Dialog zwischen Theologie und Naturwissenschaft.

René Munnik fokussiert in seinem wissenschaftsgeschichtlichen und philosophischen Beitrag den Begriff der „Dynamik", – der Mobilität sowohl in christlichen religiösen Vorstellungen, als auch in der Technik als der praktischen Seite der Naturwissenschaft. Aus der Perspektive der zentralen Begriffe *impassibilitas*, *subtilitas*, *agilitas* und *claritas* von Thomas von Aquin vermag er, die Zusammenhänge, aber auch die Unterschiede einer theologischen Eschatologie und der technischen Utopie deutlich zu machen. So ist ein Ergebnis des Beitrages, dass es einer technischen Utopie nicht gelingt, den echten Verlust der direkten Körpererfahrung im virtuellen Raum des Cyberspace in irgendeiner Weise zu kompensieren, während die theologische Eschatologie in ihren Vorstellungen über das Neue Jerusalem Wirklichkeitsverlust und Desubstanzialisierung gewissermaßen apriorisch negiert, da es ja zu einer Vereinigung mit Gott als Essenz des Seins komme. Mit großer Geschwindigkeit tanze die technische Utopie zerstreut um eine leere Stelle, während die theologische Eschatologie Bewegungsfreiheit und Lebensfeier in der *visio beatifica* finde.

„Methodisches" des Dialogs haben Mikael Stenmark, Dirk Evers und Sigurd M. Daecke im Blick. – Um nach Ähnlichkeiten und Differenzen zwischen naturwissenschaftlichen und theologischen Methoden fragen zu können, betrachtet *Mikael Stenmark* Naturwissenschaft und Religion als soziale Praktiken, deren Akteure bestimmte Ziele mit den jeweiligen Mitteln und Methoden erreichen wollen. Ein Vergleich der Methoden setzt demnach eine Reflexion der Ziele, der „Teleologie", voraus. Die Ziele von Naturwissenschaft und Theologie unterscheiden sich deutlich: Hier Verstehen und Kontrolle von Naturphänomenen, dort Lebensgestaltung im Angesicht und in Beziehung zu dem *einen* Gott. Diese Differenz spiegelt sich nicht in einem aktuellen Modell von „Erklärung", das eine methodologische Kontinuität zwischen Naturwissenschaft und Religion behauptet, nämlich dem Modell der „inference to the best explanation" oder Abduktions-Modell. Stenmark spricht diesem Modell zwar eine Berechtigung in einem wissenschaftlichen (naturwissenschaftlichen wie theologischen) Kontext zu, verneint aber eine solches für eine „religiöse Rationalität". Unterschiedliche Ziele implizieren unterschiedliche Methoden und unterschiedliche sozialen Praktiken.

Dirk Evers fragt danach, welchen Beitrag ein naturwissenschaftliches Verständnis von Aufbau und Entstehung des Kosmos zu einer religiösen Grundhaltung zu leisten vermag, die unter den Begriff „Spiritualität" gefasst werden kann. Ursprünglich zielte das neuzeitliche Weltbild darauf hin, die Stellung des Menschen in einem von Gott eingerichteten Kosmos zu bestimmen. Da die Kosmologie jedoch, so Evers, auf die Frage nach der Stellung des Menschen im Gefüge der Schöpfung und nach dem Sinn seiner Existenz stumm bleibe, gelte es, genauer zu untersuchen, was mit christlicher Spiritualität angesichts kosmologischer Erkenntnis eigentlich noch gemeint sein könne: nämlich eine Lebensform, die die Wirklichkeit als für die Geist-Dimension offen interpretiert und wahrnimmt und von daher Orientierung für die eigene Lebenspraxis gewinnt. Dies führt Evers zu vier Aspekten einer sich am Geist des christlichen Glaubens orientierenden Spiritualität, die anschlussfähig sei für die Erkenntnisse neuzeitlicher Kosmologie: als Hinweise auf die Prozesshaftigkeit der Schöpfung, auf ein geändertes Gottesbild, auf die Vergänglichkeit und Endlichkeit der Schöpfung und auf ethischen Umgang des Menschen mit der Natur. Evers folgert daraus gerade keine universelle Weltanschauung, die ein auf dem neuesten Stand befindliches naturwissenschaftliches Weltbild und religiöse Sinndeutung auf vollkommen kohärente Weise miteinander verbindet. Vielmehr lässt er die Koexistenz von gleichzeitigen Überzeugungen im gleichen Subjekt zu, bei denen eine positive und einsichtige Synthese nicht oder noch nicht erreicht ist.

Die Theologie im Dialog zwischen Naturwissenschaft und Religion ist Thema *Sigurd M. Daecke*s. Vom protestantischen Prinzip des allgemeinen Priestertums aller Glaubenden her argumentiert Daecke, dass alle, die über Gott und Natur nachdenken, Philosophie und eben Theologie treiben, auch wenn sie keine Fachphilosophen und Fachtheologen sind. In ihrer Reflexion auf „Natur" benötige die Theologie der Theologen eine Theologie der Naturwissenschaftler, um überhaupt von „Schöpfung" sprechen zu können. Das setze eine aktive Interaktion der beiden Wissenschaften voraus. Daecke entdeckt produktive Ansätze einer natürlichen Theologie bei John Polkinghorne und einer Theologie der Natur bei Arthur Peacocke. Von hier aus entfaltet Daecke seine Konzeption einer Theologie der Natur, die die falschen Alternativen zwischen Gott und Natur, Religion und Naturwissenschaft überwinde. Doch Daecke bleibt vorsichtig und verweist panentheistisch auf einem bleibenden Unterschied zwischen Gott und Natur: Gott sei zwar in der Natur, sei der Schöpfung immanent, bleibe aber zugleich transzendent, insofern Gott die Natur um- und übergreife.

„Sinnliches" thematisieren Hubert Meisinger, Arnold Benz, William Stoeger und Willem B. Drees, insofern sie kunstästhetische, persönliche und literarisch-poetische Wege des Dialogs beschreiten. – Auf eine Spurensuche nach der Heiligkeit des Lebens in der spätmodernen Welt begibt sich *Hubert Meisinger*. Er orientiert sich dabei an Ausdrucksformen der Werbung und Kunst, die sowohl im säkularen wie im theologischen Bewusstsein Motive der Heiligkeit widerspiegeln: Der Anklang an die Zeremonie der Taufe in der Werbung auf der einen Seite, die Zeichensprache der modernen, „aufgeklärten Welt" in religiöser Kunst – einem Kirchenfenster von Johannes Schreiter – auf der anderen Seite. Dann geht Meisinger einen Schritt über diese eindimensionale Integration von religiösen und säkularen Weltbildern hinaus. Zwei weitere Kirchenfenster von Thomas Duttenhoefer, die naturwissenschaftliche und medizinische Motive abbilden, und deren Re-Integration in einen naturwissenschaftlichen Kontext werden von ihm als Beispiele einer gelingenden wechselseitigen Integration gewürdigt. So kann er letztendlich davon sprechen, dass die „Heiligkeit des Lebens" die Essenz einer „theologisch aufgeklärten" und einer „aufgeklärt theologischen" Existenz sein kann.

Arnold Benz plädiert in seinem Beitrag aus der Perspektive eines Physikers dafür, dass die Teilnehmenden eines Dialogs nicht hinter den Mauern der eigenen (Natur-)Wissenschaftlichkeit verharren dürften, sondern aktiv an Kunst und Religion teilnehmen und sich persönlich auf deren Reflexionsprozesse einlassen sollten. Dies macht er deutlich an einer Auseinandersetzung mit der Frage nach der Entstehung von „Neuem" – formuliert aus physikalischer Perspektive – bzw. der Frage nach der Schöpfung – formuliert aus theologischer Perspektive. Benz betont schließlich das Staunen als eine andere Art von Wahrnehmen, das weder rein objektiv noch rein subjektiv sei. Vielmehr könne das Staunen einem Resonanzphänomen in der Physik verglichen werden, und es trage einen persönlichen, d.h. die Person betreffenden, Charakter. So wird der Mensch für ihn zur Schnittstelle zwischen dem Verfügungswissen der Naturwissenschaften und dem Orientierungswissen der Religion. Theologie und Naturwissenschaft werden sowohl im Deuten der Natur wie im Prägen von Metaphern in ein Verhältnis gesetzt, das mehr ist als Dialogisieren: nämlich ein ganzheitliches, integriertes Menschsein.

In Form einer naturwissenschaftlichen *und* theologischen Autobiographie erzählt *William R. Stoeger* im ersten Teil seines Beitrages, wie naturwissenschaftliches Wissen und theologischer Glaube sowie theologisches Verstehen miteinander interagierend und sich modulierend zu einem höheren Grad an Integration disparater Aspekte einer individuellen Existenz führen. Nur auf Basis einer solch persönlichen Autobiographie lassen sich demnach Versuche verstehen, systematisch die Beziehung zwischen naturwissenschaftlicher Arbeit und spirituellem Leben zu reflektieren. Diesen widmet er sich im zweiten Teil seines Beitrages. Hier spielt der Begriff der „Kohärenz" eine bedeutende Rolle, der die beiden unterschiedlichen Quellen des Wissens und des Wunderbaren miteinander in Beziehung setzt. Stoeger zeigt auf, dass es nicht nur einen Einfluss seines naturwissenschaftlichen Wissens auf die Art und Weise gibt, wie sich seine Glaubenserfahrungen artikulieren. Vorsichtig benennt er abschließend einige eigene Wahrnehmungen, anhand derer deutlich wird, dass seine christlichen Überzeugungen auch seine naturwissenschaftlichen Interessen und philosophischen Sensitivitäten nicht unberührt gelassen haben.

Willem B. Drees zeigt in seinem Beitrag die Bedeutung von akademischen *und* poetischen Aspekten auf. Eine gelingende Kommunikation könne nie nur rein analysierend und theoretisierend sein, da die Verwendung von Bildern und Metaphern, das Erzählen von Geschichten und die Schaffung von Mythen unmittelbar zum Menschsein hinzu gehören. Dieser duale Zugang könne sich gerade auch im Dialog zwischen Naturwissenschaft und Theologie bewähren, denn er gewährt einer Spiritualität Raum, die mit einem jeweiligen Erleben und Deuten von Wirklichkeit einher geht. Wie Poesie und rationaler Diskurs zusammen kommen können, ohne dass Bilder verflachen und in die Irre führen, zeigt Drees an Ausschnitten einer von ihm formulierten „etwas anderen" Schöpfungserzählung. Diese greift auf naturwissenschaftliche Bilder und Metaphern zurück und reflektiert Begriffe wie Horizont des Nicht-Wissens, Integrität und Abhängigkeit, Kultur und Religion und schließlich Kritik und Verantwortung. Er endet mit Überlegungen zum Wesen von Theologie und vor allem von Glaube: seinem prophetischen und seinem mystischen Anteil, seiner Orientierung an Grenzfragen, die uns die Wirklichkeit als nicht selbstverständlich erkennen lassen, seinem Blick auf die Wirklichkeit – wie wir sie sehen und erleben wollen – und seiner steten Bedürftigkeit nach Erneuerung und Veränderung auf der Grundlage dessen, das früher war.

Reflexionen von Christian Schwarke über die Popularisierung der Kosmologie zwischen Wissenschaft und Religion, eine Predigt von Hubert Meisinger und ein

Vortrag von Harald Lesch schließen das vorliegende Buch beispielhaft für die Dialogdimension „Öffentliches" ab. – *Christian Schwarke* überschreibt seinen Beitrag mit „Gott, Freiheit und Unsterblichkeit". Diese Themen der religiösen Kosmologie nehmen auch in populärwissenschaftlichen und popularisierenden Darstellungen naturwissenschaftlicher Kosmologie eine zentrale Rolle ein. Am Gründungsmythos des Verhältnisses von Naturwissenschaft und Christentum – dem Fall Galilei – zeigt Schwarke, wie eine popularisierende Interpretation des 19. Jahrhunderts nahezu normativen Charakter gewinnt und paradigmatisch für das in der Öffentlichkeit vorherrschende und vor allem von der Presse immer wieder strapazierte Bild des Konflikts zwischen Naturwissenschaft und Theologie steht. Dabei werde der Dialog auch ganz anders geführt. Populärwissenschaftliche Veröffentlichungen von Physikern und Journalistinnen hätten als Ziel eher Verständigung denn Konflikt. Das Ziel einer vermittelnden Sicht findet Schwarke vor allem in schulischen Unterrichtsmaterialien, die über Begriff und Vorstellung der „Weltbilder" vom Konflikt abrücken. Gemeinsam sei Kosmologie und Religion die Orientierung am „Ganzen", so dass „Gott" nach wie vor als „Person" für das Universum stehe. Wenn inhaltlich über das Verhältnis von Kosmologie und Theologie diskutiert wird, so stehe der Begriff der Freiheit unterschiedlich zur Disposition: Während beim Konflikt die Freiheit *vom* Glauben angestrebt werde, ziele eine vermittelnde Position auf eine Freiheit *zum* Glauben.

Eine Predigt von *Hubert Meisinger* und ein Vortrag von *Harald Lesch* zeigen, wie der Dialog unter den unterschiedlichen Bedingungen von theologischer Praxis und wissenschaftlichem Vortrag geführt werden kann. Ihre Beiträge sind Beispiele dafür, wie das Universum und – in einer pantheistisch-panentheistischen Annäherung – mithin Gott nach sich selbst fragt. Mit dem letzten Satz von Leschs Vortrag kehren wir wieder zu den ersten Bemerkungen im Beitrag von Jan C. Schmidt zurück: „Im Menschen wird der Kosmos selbst fragend."

5. ... transparente Fenster

Begonnen wurde hier mit dem Symbol der Tür; schließen wollen wir mit dem des Fensters. Der Künstler Johannes Schreiter hat uns dankenswerter Weise als Frontispiz die Abbildung eines von ihm gestalteten Kirchenfensters gestattet – ein Biologiefenster mit dem abstrakten Titel „Fazit 72/ 1983/ F". Dieses Fenster ist im Foyer des Paul Ehrlich Institutes in Langen bei Frankfurt am Main zu besichtigen und stammte ursprünglich aus einem Zyklus, den Johannes Schreiter in den 1980er Jahren für die Heidelberger Heiliggeistkirche entworfen hatte.[10] Fenster lassen Transparenz und Durchblick zu. In diesem Sinne hoffen wir, dass die Beiträge dieses Buches zu Durch- und Einblick verhelfen und zukünftig einen erneuerten Weitblick im Dialog zwischen Naturwissenschaften und Theologie vorbereiten. Neue Fragehorizonte könnten so aufgeworfen und neue Themen erschlossen werden: Der Dialog steht vor neuen Dimensionen.

Literatur

Barbour, I., 1988: Ways of Relating Science and Theology, in: R. J. Russell u.a. (Hg.): *Physics, Philosophy, and Theology. A Common Quest for Understanding*, Vatikanstadt, 21-48.

Barbour, I., 1990: *Religion in an Age of Science*, San Francisco (dt: Wissenschaft und Glaube, Göttingen 2003).

Daecke S. M., 1987: Gott in der Natur?, in: *Evangelische Kommentare* 11, 624-627.

Davies, P., 1986: *Gott und die moderne Physik*, München.

Görman, U., Drees, W. B. und Meisinger, H. (Hg.), 2004: *Creating Techno S@piens? Values and Ethical Issues in Theology, Science and Technology*, Studies in Science and Theology. Biennial Yearbook of the European Society for the Study of Science and Theology (ESSSAT), 9 (2003-2004), Lund.

Hefner, P., 2003. *Technology and Human Becoming*, Minneapolis.

Jackelén, A., 2003: Getting Ready for the Future, in: *Zygon. Journal for Religion and Science* 38/2, 209-223.

Jackelén, A., 2004: *The Dialogue between Science and Religion: Challenges and Future Directions*, Proceedings of the Third Annual Goshen Conference on Religion and Science, Ontario.

Mittelstraß, J., 1998: *Die Häuser des Wissens*, Frankfurt/M..

Mortensen, V., 1995: *Theologie und Naturwissenschaft*, Gütersloh.

Peacocke, A. und Pederson, A., 2006: *The Music of Creation. With CD*, Theology and the Sciences, Minneapolis.

Rees, M., 2004: Andere Universen – Eine naturwissenschaftliche Perspektive, in: T. D. Wabbel (Hg.): *Im Anfang war kein Gott. Naturwissenschaftliche und theologische Perspektiven*, Düsseldorf, 45-58.

Sundermeier, T., 2005: *Aufbruch zum Glauben. Die Botschaft der Glasfenster von Johannes Schreiter*, Frankfurt/M.

Theißen, G., [3]1988: *Argumente für einen kritischen Glauben. Oder: Was hält der Religionskritik stand?*, Theologische Existenz heute Bd. 202, München.

Theißen, G., 1994: Kunst als Zeichensprache des Glaubens. Theologische Meditationen zu den Heidelberger Fensterentwürfen von Johannes Schreiter, in: ders.: *Lichtspuren. Predigten und Bibelarbeiten*, Gütersloh, 203-219.

---

[10] Zur Botschaft der Glasfenster von Johannes Schreiter vgl. Theißen (1994) und Sundermeier (2005).

I. Systematisches

Jan C. Schmidt

Zu Ursprung und Entwicklung des Kosmos

Wissenschafts- und naturphilosophische Dimensionen
der physikalischen Kosmologie im Dialog mit Religion und Theologie

1. Einleitung

Wir finden uns als Fragende in einem Kosmos vor, der uns zum Fragen bringt.
Im Menschen wird der Kosmos selbst fragend. Der Kosmos fragt sich *mit uns*
und *in sich* nach dem *Warum*, nach dem *Woher* und *Wohin*, nach Herkunft und
Zukunft des Ganzen. Warum ist die Welt so, wie sie ist? Welche Bedeutung
kommt uns Menschen im großen Ganzen des Kosmos zu? Ist unsere Welt die
beste aller möglichen Welten? So war und ist die Kosmologie Schmelztiegel religiöser, existenzieller, naturphilosophischer und naturwissenschaftlicher Fragestellungen.

    Neben diesen grundsätzlichen Fragen ist die Kosmologie methodologisch
eine der ungewöhnlichsten, spekulativsten und faszinierendsten Teildisziplinen
der modernen Physik. Nicht die Details der Natur hat sie im Blick, sondern die
ganze Natur, den ganzen Kosmos. Üblicherweise pflegt die Physik ihre Gegenstände aus der äußeren Natur zu entnehmen und im Labor zu präparieren oder
gar dort technisch zu erzeugen. Mit dem Kosmos ist diese erfolgreiche Methode
nicht möglich: nicht Experimentieren, sondern trickreiches Beobachten zählt.
Doch der Kosmos ist nicht nur als Ganzer gegeben und technisch unzugänglich,
er hat auch, wie man erst seit dem 20. Jahrhundert weiß, einen Anfang und eine
Entwicklung. Er ist nicht statisch und stabil, sondern in stetiger Evolution und
fortwährender Veränderung. Im radikalen Sinne ist er geschichtlich. Hochauf-
lösende Teleskope, präzise Raumsonden, computernumerische Simulationen
und grafische Darstellungen führen uns heute mehr denn je eine faszinierende
und zugleich fremde Welt vor Augen, die doch die unsrige ist.

    All das hat das öffentliche und auch theologische Interesse erneuert und
vertieft. Seit jeher ist die Kosmologie ein naheliegendes Dialogfeld von Naturwissenschaft und Theologie. Die Palette gemeinsamer Themen ist bemerkenswert: das Ganze und die Unverfügbarkeit, das Einmalige und die Einzigartigkeit
(d.h. die „Einzigkeit"), der Anfang und der „Urknall", die Geschichtlichkeit und

Zeitlichkeit, das Undenkbare, der Mensch im Kosmos und das Anthropische Prinzip. So sind in diesen Themenfeldern große Fragen aufgehoben. Im Folgenden wird nochmals versucht, einen Schritt zurückzugehen, um Kern, Kennzeichen und wissenschaftshistorische Karriere der Kosmologie auf eine erweiterte Weise in den Blick zu nehmen. In wissenschafts- und naturphilosophischer sowie in wissenschaftshistorischer Hinsicht soll nachgefragt werden, *was* die physikalische Kosmologie für einen interdisziplinären Dialog zwischen Physik und Theologie überhaupt zu leisten vermag. Wo liegen ihre Grenzen und wo ihre Chancen für gelingende Grenzüberschreitungen? Eine *minimale Wissenschaftsphilosophie* der Kosmologie scheint *die* Bedingung für einen gelingenden interdisziplinären Dialog darzustellen. Dazu wird zunächst eine Skizze der historischen Entwicklung der Kosmologie gegeben (Abs. 2), eine Fundierung durch die Allgemeine Relativitätstheorie dargelegt (Abs. 3), das Anthropische Prinzip und mit ihm der (mögliche) Ort des Menschen im Kosmos diskutiert (Abs. 4) und dann eine kritische Einschätzung des Anthropischen Prinzips vorgenommen (Abs. 5). Zusammenfassend werden einige Felder des Dialogs zwischen Physik und Theologie benannt (Abs. 6). So könnte deutlich werden, in welcher Weise der Kosmos im Menschen selbst fragend wird und frag*würdig* bleibt: Kosmologie, Naturphilosophie und Anthropologie scheinen also in gewisser Hinsicht untrennbar zu sein – und mit ihnen mögliche Schnittstellen zu theologischen Themenfeldern.

2. Einige Aspekte auf dem Wege zur modernen Kosmologie

Dass der Kosmos – und nicht nur die Planetenbewegungen – *wissenschaftlich* zugänglich wurde und theoretisch erfassbar, ist eine Meisterleistung der modernen Physik im 20. Jahrhundert.[1] Doch die Kosmologie ist älter. Sie weist in ihrer 2500-jährigen Geschichte ein eindrucksvolles Wechselspiel metaphysischer, spekulativer, experimenteller und theoretischer Aspekte auf.

Der Kosmos galt für Platon als durch den Demiurgen geschaffener Garant für Ordnung, Regelmäßigkeit und Stabilität.[2] Die homozentrische Kugelschalenastronomie des Eudoxos von Knidos erreichte erstmals vor dem Hintergrund ei-

---

[1] Terminologisch ist es seit Wolff (1728) üblich, „Kosmologie" im Sinne der Erklärung der Welt als natürliches System physischer Substanzen zu verstehen.
[2] Kosmosvorstellungen finden sich schon bei Thales (Kosmos als wasserumschlossene Scheibenwelt unter einer Himmelshalbkugel), Anaximander (Zylinderwelt im Mittelpunkt des Universums), Parmenides (tagtägliche Drehung eines sphärischen, endlichen Universums), Anaxagoras (Zentrifugalkräfte in kosmischen Wirbelfeldern), u.a.

nes geometrisch-kinematischen Modells eine Beschreibung der Planetenbahnen (Kreisförmigkeit, konstante Winkelgeschwindigkeit). Das Modell wurde vielfach durch exzentrische und epizyklische Bewegungen verfeinert, etwa durch Apollonius von Perge. Vor diesem Hintergrund ergänzte Ptolemäus im 2. Jahrhundert n. Chr. die Epizykeltheorie um so genannte Ausgleichspunkte, systematisierte und kondensierte diese im Rekurs auf die Aristotelische Physik zu einem vollständigen kosmologischen Modell. Aristoteles hatte im Rahmen seiner Theorie der natürlichen Orte eines jeden Elements ein geozentrisches System entwickelt. Ferner nahm Aristoteles an, dass die Erde keine flache Scheibe, sondern kugelförmig sei. Sonne, Mond, die Planeten und Sterne bewegen sich in kreisförmigen Bahnen um die Erde, die im Mittelpunkt ruht. Im Hintergrund verharren die Fixsterne. Die hier zum Ausdruck kommende Stabilitäts- (ruhende Erde) sowie Vollkommenheits-Annahme (Kreisbahnen) bilden – bis heute – prominente Hintergrundüberzeugungen in Kosmologie und Astronomie. Zug um Zug musste das ptolemäisch-aristotelische Modell durch kleinere Kreisbewegungen an den größeren ergänzt werden, um die gemessenen Bahnen am Himmel nachzeichnen zu können. Es entstand das so genannte Deferenten-Epizykel-Modell. Das vielfach ineinander geschachtelte Kreismodell wurde immer komplizierter und unüberschaubarer. Für die Platonisten der Spätscholastik lag in einem derartigen Modell – trotz der harmonischen Kreise – keine geometrische Schönheit und damit keine Wahrheit. Das Wahre ist schön, das Schöne ist einfach.

Ein Perspektivenwechsel wurde dann von Kopernikus im 16. Jahrhundert vorgenommen und in seinem Hauptwerk *De revolutionibus orbium coelestium* aus dem Jahre 1543 dargelegt. Das ptolemäische geozentrische Modell wich nun sukzessive dem kopernikanischen heliozentrischen Modell. Die Erde verlor ihre Stellung im Zentrum des Kosmos. In einem anonymen Vorwort hob der (das Werk Kopernikus' herausgebende) lutherische Theologe Osiander, strategisch geschickt gegenüber der Kirche, primär den instrumentellen und pragmatischen Vorteil des Kopernikanischen Modells hervor: Nicht Erklärung und Deutung der wahren Orte von Sonne und Erde sei sein Anspruch, sondern effiziente Berechnung der Planetenbahnen, mehr instrumentelles *Beschreibungsmodell* als *Wirklichkeitsrepräsentation*. Dies änderte sich spätestens seit Galileis Fernrohrbeobachtung der Jupitermonde: Nicht alles am Himmel muss um die Erde kreisen, wie Aristoteles und Ptolemäus glaubten. Kopernikus' Modell ist im Sinne eines epistemologischen Realismus dann nicht nur beschreibungseffizienter, sondern auch wirklichkeitsadäquater.

Bemerkenswerterweise war das ursprüngliche kopernikanische Modell in den ersten Jahrzehnten unpräziser als das ptolemäische Modell und für Prognosen ungeeignet. Seine Fruchtbarkeit zeigte es erst nach einer Modifikation durch Johannes Kepler. Er ersetzte die Kreisbahnen durch Ellipsen, um diese mit Tycho Brahes Beobachtungsdaten zusammenzuführen. Kepler selbst war allerdings erschrocken über seine Hypothese: Ellipsenbahnen sind weit weniger vollkommen und harmonisch als Kreisbahnen.[3] Doch ein Zurück gab es nicht. René Descartes versuchte mit seiner Wirbeltheorie im Rahmen einer *mechanistischen* Kosmologie Keplers Hypothese zu fundieren. Erst das für die mathematische Physik wegweisende Werk *Philosophiae naturalis principia mathematica* von Isaac Newton, 1687, führte zu einer theoretischen Fundierung der Keplerschen Gesetze durch den Kraftbegriff, verbunden mit den drei Newtonschen Gesetzen und dem allgemeinen Gravitationsgesetz. Nach dem Gravitationsgesetz wird der Mond zu einer elliptischen Bewegung um die Erde und diese ihrerseits zu einer elliptischen Bewegung um die Sonne durch (Fern-) Kraftwirkung veranlasst.

Doch bald zeigten sich Probleme der Newtonschen Mechanik und ihres Gravitationsgesetzes. In einem *endlichen* Kosmos wäre ein Gravitationskollaps die Folge. Irgendwann müssten alle Sterne und Planeten in einem Punkt zusammenstürzen, so Edmond Halley und andere (Ausdehnungs-Einwand, 1705ff). Heinrich Olbers argumentierte in eine andere Richtung. Er meinte, dass in einem *unendlichen* Kosmos jeder Blick eines Beobachters auf die Oberfläche eines Sterns treffen würde. Es gäbe keine Nacht, denn in jedem Punkt des Kosmos würde eine Lichtquelle sitzen (Strahlungsdichten-Einwand, Olbers'sches Paradoxon, 1826).[4] Hugo Seelinger zeigte, dass Newtons Theorie einen *unendlichen* und weitgehend leeren Kosmos zur Folge habe, der zunächst inselartig um einen Mittelpunkt konzentriert und schließlich durch Strahlung u.a. instabil werde (Materieverteilungs-Einwand, 1895). Ein veränderter und wegweisender Zugang findet sich bei Kant und Laplace. Unter Bezugnahme auf Newtons Gravitationstheorie postulierten sie erstmals eine natur*geschichtliche* Entwicklung des Kosmos (Nebulartheorie).[5] Nicht nur die Planeten bewegen sich, vielmehr entsteht

---

[3] Kepler stand tief in der platonistischen Tradition und entwickelte eine an rationalen Zahlenverhältnissen orientierte Harmonielehre der Bewegungen der Planeten („Harmonici mundi").

[4] Der Begriff „Olbers'sches Paradoxon" wurde erst 1952 von Hermann Bondi eingeführt. Aus Olbers' Einwand gab es nur einen Ausweg, nämlich dass die Sterne nicht immer geleuchtet haben, sondern zu irgendeinem Zeitpunkt mit der Emission begannen. Damit war zwar die *Idee* der kosmologischen Entwicklung in der wissenschaftsinternen Diskussion der Kosmologie geboren, doch sehr nachhaltig war sie zunächst nicht und empirisch ließ sie sich damals nicht weiterverfolgen.

[5] Die Newtonsche Mechanik war für Kant die Geburtsstunde der wissenschaftlichen Kosmologie. Kant vertrat in seiner Kosmologie-Schrift (1755) die so genannte *Nebularhypothese*: Aus einem rotierenden, weitgehend homogenen Urnebel aus Gas- und Staubteilchen sind lokale Materiehaufen entstanden, die zu Sternen und Planeten wurden. Kant nahm – über New-

der Kosmos selbst. So konnte Kant ausrufen: „Gebet mir Materie, ich will eine Welt daraus bauen!" (Kant 2005, 13)[6]

Zentrale Bedeutung für den weiteren Weg der Kosmologie bis zur Einsteinschen allgemein-relativistischen Gravitationstheorie hatte im 19. Jahrhundert zunächst die Vereinigung von Elektrizitätslehre, Magnetismus und Optik zur Elektrodynamik durch James Clerk Maxwell, 1865. Zur Lichtausbreitung, wie von der Elektrodynamik beschrieben, schien in Analogie zur Ausbreitung von Schallwellen in der Luft (zunächst) ein materielles Trägermedium notwendig zu sein. So wurde (wieder einmal) die Existenz eines Äthers postuliert, welcher ein Träger- *und* ein Bezugssystem für die Lichtausbreitung darstellte. Sonne und Fixsterne ruhten demnach im Äther; der unbewegte Äther fülle den absoluten Newtonschen Raum aus. Dann jedoch musste die Bewegung der Erde durch den Äther zu einem Ätherwind führen, der einen Einfluss auf die Lichtgeschwindigkeit hat. Aus diesen Überlegungen im späten 19. Jahrhundert, die zu wegweisenden Experimenten führten, entstand die moderne Kosmologie. Den Ätherwind wollten Albert Michelson, 1881,[7] und Edward Morley, 1887, mit Interferenzmethoden nachweisen. Doch Michelson und Morley fanden keine Hinweise auf einen Ätherwind. Die Lichtgeschwindigkeit stellt sich als unabhängig vom vermeintlichen Ätherwind heraus. Eine erste Formulierung dieser Erkenntnisse „zur Elektrodynamik bewegter Körper" konnte Hendrik Lorentz, 1899, geben. Allerdings war bei Lorentz noch der Ausdruck für die Zeitkoordinate falsch und die Lorentzsche Begründung noch nicht mathematisch stringent. Doch die Fragestellung, nämlich nach den Beziehungen zwischen physikalischen Größen in verschiedenen, sich gegenseitig bewegenden Bezugssystemen zu suchen und die Transformationseigenschaften zwischen den Bezugssystemen der Elektrodynamik in den Blick zu nehmen, war wegweisend.

Schließlich fand ein revolutionärer Durchbruch zur Speziellen Relativitätstheorie statt. Fast zeitgleich legten Lorentz (1904), Poincaré (1905) und Einstein (1905) Arbeiten vor, die die *Lorentz-Invarianz* der Elektrodynamik heraus-

---

ton hinaus – dafür neben der Gravitation – eine (von ihm postulierte) Repulsionskraft („Zurückstoßung"; Kant 2005, 9) an. Für Kant stellt die Selbstordnung des Universums eine *materielle Selbstorganisation* dar, die die Newtonsche Mechanik belegt. Es bedarf keiner übernatürlichen Erklärung. Einige Jahre später stellte Laplace, unabhängig von Kant, ähnliche kosmologische Überlegungen an. Die *Kant-Laplacesche Theorie* konnte jedoch noch keine mathematische Beschreibung geben.

[6] Auf die biologische Entwicklung, etwa die „einer Raupe", war Kant hier skeptischer (Kant 2005, 13).

[7] Michelson folgte einem Vorschlag Maxwells.

stellten.[8] So genannte Lorentz-Transformationen lassen die physikalischen Größen der Elektrodynamik in den Bezugssystemen invariant, was für die Größen der klassischen Mechanik nicht gilt; letztere genügen der Galilei- und nicht der Lorentz-Transformation. Hier schließt sich Einsteins Formulierung der Speziellen Relativitätstheorie und seine minimale, zwei Aspekte umfassende Voraussetzung an: die Invarianz der Gesetze der Elektrodynamik in verschiedenen Bezugssystemen (Lorentz-Invarianz) sowie die Invarianz der Lichtgeschwindigkeit im Vakuum (Michelson-Morley-Experiment) (Einstein 1905). Die Begriffe der Gleichzeitigkeit und der Dauer eines Ereignisses sind nicht absolut, sondern relativ zum Bezugssystem des Beobachters. Raum und Zeit existieren nicht mehr unabhängig voneinander. Zudem sind Masse und Energie, wie Einstein wenig später zeigte, äquivalent. Je näher ein Objekt der Lichtgeschwindigkeit ist, desto rascher wächst seine Masse, so dass mehr und mehr Energie erforderlich ist, es noch weiter zu beschleunigen. Unter Bezugnahme zur Machschen positivistischen Erkenntnishaltung lehnte Einstein – was grundlegend für die relativistische Gravitationstheorie, d.h. die Allgemeine Relativitätstheorie, werden sollte – den absoluten Raum und den Äther als überflüssige empirisch-leere Konstruktionen ab. Einstein beseitigte damit den absoluten Status von Raum und Zeit, welcher seit Kant und Newton unzweifelhaft erschien.[9]

3. Theoretische Fundierung als gravitativ-relativistische Kosmologie

Den Durchbruch zur modernen relativistischen Kosmologie und damit zu einer Revolution unseres Weltbildes erzielte Einstein mit seiner Allgemeinen Relativitätstheorie. Diese gilt als *die* Rahmentheorie der physikalischen Kosmologie, jedoch nicht im Sinne eines „kosmologischen Naturgesetzes", sondern als Theorie *möglicher* Universen. Ein wesentlicher Ausgangspunkt für die Ende 1915 und im Jahre 1916 von Einstein vorgestellte Allgemeine Relativitätstheorie waren drei auffällige Probleme. *Erstens* ist die Inkommensurabilität von Spezieller Relativitätstheorie und Klassischer Mechanik mit der Newtonschen Gravitationstheorie zu nennen. Nach der Klassischen Mechanik wirkt die Gravitation(skraft) instantan, also mit unendlicher Geschwindigkeit. Nach der Speziellen

---

[8] Der formale Inhalt ist sehr ähnlich, die Begründungen und Hintergrundüberzeugungen sehr verschieden. Der Anfang zur Speziellen Relativitätstheorie stammt, so wird man heute sagen können, von Lorentz, die physikalische Grundlage von Einstein und die mathematische Struktur von Poincaré.

[9] Bei Kant sind der absolute Raum und die absolute Zeit Anschauungsformen *a priori*, d.h. sie sind Bedingung der Möglichkeit von Erfahrung überhaupt.

Relativitätstheorie kann sie jedoch maximal mit Lichtgeschwindigkeit wirken, was für die Allgemeine Relativitätstheorie ebenfalls grundlegend ist. *Zweitens* ist im Rahmen der Newtonschen Gravitationstheorie (und auch der Speziellen Relativitätstheorie) die Identität zweier unterschiedlicher Eigenschaften der Materie, der trägen und der schweren Masse, nicht erklärbar:[10] Ein Beobachter in einem beschleunigten Bezugssystem ist nicht in der Lage zu entscheiden, ob ein von ihm beobachteter Effekt eine Folge *seiner* Beschleunigung ist – oder ob er sich in einem ruhenden (oder gradlinig-gleichförmig bewegten) System befindet und der beobachtete Effekt eine Folge der dort wirkenden Gravitation ist.[11] Ferner werden *drittens* mit der Speziellen Relativitätstheorie weder die Gravitationsproblematik noch das Olbers'sche Paradoxon gelöst.[12]

Die Formulierung der allgemein-relativistischen Feldgleichungen durch Einstein war wegweisend für die Klärung der eben genannten Fragestellungen. Nach der Allgemeinen Relativitätstheorie sind Raum und Zeit aufeinander bezogen und in ihrer topologisch-mathematischen Struktur mit der gravitativen Eigenschaft der Materie verbunden („Raumzeitkontinuum"). So können Raum, Zeit oder Materie weder der Sache noch dem Begriff nach jeweils Priorität für sich beanspruchen, sondern stehen in wechselseitigen Bedingungs- und Ableitungsbeziehungen. In empirischer Hinsicht bewährte sich die Allgemeine Relativitätstheorie mit der raumzeitkontinuierlichen Struktureigenschaft in den folgenden Jahrzehnten. Das gilt beispielsweise für die (a) *Merkur-Anomalie:* Bei Merkur verschiebt sich die lange Achse der Bahnellipse um ein Grad pro zehntausend Jahren in seiner Umdrehung um die Sonne. Das ist nach der Allgemeinen Relativitätstheorie eine Folge der schnellen Bewegung des Merkurs in Son-

---

[10] Die träge Masse ist ein Maß für den Widerstand, mit dem sich ein Körper einer Änderung seiner Geschwindigkeit widersetzt. Die schwere Masse tritt im Gravitationsfeld auf (bzw. erzeugt dieses).

[11] Dieser Beobachter stellt auch fest, dass ein Lichtstrahl gekrümmt ist, und er kann die Krümmung *entweder* als Folge seiner eigenen Beschleunigung *oder* als Folge eines Gravitationsfeldes auffassen. Lichtstrahlen „bewegen" sich auf geodätischen Linien der Raumzeit, gemäß der nicht-euklidischen Geometrie. Das vierdimensionale Raumzeitkontinuum ist gekrümmt. Die Masse der Sonne krümmt die Raumzeit dergestalt, dass sich die Erde, obwohl sie in der vierdimensionalen Raumzeit einem geraden Weg folgt, sich im dreidimensionalen Raum auf einer elliptischen Umlaufbahn zu bewegen scheint. Die Allgemeine Relativitätstheorie ist folglich, im Unterschied zur Speziellen Relativitätstheorie, nicht auf Inertialsysteme beschränkt. Vielmehr gilt sie auch für beschleunigte oder mit konstanter Winkelgeschwindigkeit rotierende Systeme.

[12] Die Gravitationsproblematik (s.o.) lag darin, dass in einem endlichen Universum ein Gravitationskollaps nicht zu vermeiden ist. Das Olbers'sche Paradoxon tritt auf zwischen dem Befund eines dunklen Nachthimmels einerseits und Strahlungsquellen in jedem Punkt eines unendlichen Universums andererseits.

nennähe, welche das so genannte Raumzeitkontinuum verändert.[13] (b) *Sonnenfinsternis von 1919:* Durch Gravitationsfelder, die eine Krümmung der Raumzeit bewirken, werden auch Lichtstrahlen abgelenkt. Eine Bestätigung erhielt die Allgemeine Relativitätstheorie während der Sonnenfinsternis 1919 in Westafrika. Hier zeigte sich, dass Licht durch die Sonnengravitation abgelenkt wird. (c) *Gravitative Zeitveränderung:* Zeit verstreicht in der Nähe massiver Körper langsamer als in der Nähe leichter Körper. Die Gravitation(skraft) hat Einfluss auf die Zeit. Dies wurde 1962 durch zwei sehr präzise Uhren geprüft, wobei die eine oben und die andere unten an einem Turm angebracht wurde; letztere erfährt eine größere Gravitation.

Die Bestätigung und Bewährung anhand von Einzelfällen verdeckt das Unspezifische und die Allgemeinheit der Allgemeinen Relativitätstheorie: Sie ist eine kosmologische Rahmentheorie und bezieht sich nicht nur auf allgemeine („alle" sowie „typische") Gegenstände und auf *allgemeine* Strukturen des Kosmos, sondern auch auf *allgemeine* Entwicklungsszenarien *möglicher* Kosmen. Für die Beschreibung eines Einzelfalls, für unseren *einen* Kosmos, ist das nicht hinreichend. Die Einsteinschen Feldgleichungen legen kein spezielles Modell für die Dynamik *unseres* Kosmos fest; vielmehr stellen sie ganze Modellklassen dar.[14] Naturkonstanten und Startwerte sind einzusetzen. Hierfür liegen leider äußerst wenige Beobachtungsdaten vor. Nicht nur diese empirische Unterbestimmtheit (*„underdetermination"*) erscheint problematisch, vielmehr bestehen die Feldgleichungen aus zehn gekoppelten *nichtlinearen* Differenzialgleichungen. Sie sind mathematisch und numerisch schwer handhabbar. Mit Papier und Bleistift sind sie nicht lösbar, es sei denn, man macht Annahmen, spezifiziert Randbedingungen, führt Näherungen durch und unterdrückt Gleichungsglieder.

So verwundert es kaum, wenn die Astrophysiker John D. Barrow und Joseph Silk hervorheben, dass die Kosmologen „bis heute [...] keine Ahnung [haben], wie eine allgemeine vollständige Lösung von Einsteins kosmologischen Gleichungen aussehen könnte." (Barrow/Silk 1999, 228) Seit Einsteins Fundierung der Kosmologie wurden unterschiedliche *Kosmos-Modelle* als Lösungen aus Einsteins Differenzialgleichungen unter speziellen Annahmen abgeleitet. Einige der Annahmen nehmen Bezug auf die wenigen kosmologischen Beobachtungsdaten. So scheiden mathematisch mögliche Kosmos-Modelle aus.

---

[13] Bei *allen* anderen Planeten fällt diese nicht so ins Gewicht, und die Klassische Mechanik ist hinreichend präzise, obwohl auch hier Abweichungen messbar sind.

[14] Ein *Modell* in der Kosmologie ist eine spezielle Lösung der Einsteinschen Feldgleichungen.

Der „Modell-Zoo" der Kosmologie ist aber immer noch groß.[15] Die heutigen Kosmos-Modelle legen ein Verständnis unseres Kosmos nahe, das meist unter dem Begriff der *kosmologischen Standardmodelle* subsumiert wird. Drei Merkmale sind herauszuheben:

Expansion: Wegweisend für die Ablösung der statischen Vorstellung des Kosmos und für die Auswahl von (den unsrigen Kosmos repräsentierenden) Modellen aus dem Modell-Zoo der Allgemeinen Relativitätstheorie war die Erkenntnis, die Edwin Hubble im Jahre 1929 aus kosmologischen Messdaten ableitete: eine (Dopplereffekt-ähnliche) Rotverschiebung in den Spektrallinien ferner Galaxien. Wie ein explodierender Feuerball entfernen sich *alle* Galaxien von einander. Es handelt sich dabei um eine Expansion *des* Raumes selbst, *keine* Expansion *im* Raum. Hubble entdeckte, dass die Geschwindigkeit dieser Fluchtbewegung mit dem Abstand zwischen einem Galaxiehaufen und seinem Beobachter wächst.[16] Die bis zu Beginn des 20. Jahrhunderts herrschende Vorstellung eines unveränderlichen, unendlichen Kosmos, der gleichförmig mit Sternen besät ist, wurde obsolet. Vielmehr ist der Kosmos von Entwicklung und Veränderung bestimmt.

Homogenität und Isotropie des Raumes: Um die Expansion des Raumes diagnostizieren zu können, ist es strenggenommen notwendig, anzunehmen, dass der Raum homogen sei. Diese annähernd großräumige Gleichverteilung von Materie im Raum ist gut gestützt. Empirisch findet man von der Erde ausgehend im Kosmos im Mittel immer wieder die gleichen großräumigen Strukturen. Das ist freilich nicht im Detail überprüfbar. Deshalb nennt man diese geometrische Annahme auch *kosmologisches* oder auch *kopernikanisches Prinzip*:[17] Für jeden Beobachter ist der räumliche Zustand des Kosmos zu jedem

---

[15] Prominent sind die so genannten Friedmann-Modelle. Mit diesen bezeichnet man die allgemeine (Lösungs-) Modellklasse der isotropen (d.h. richtungsunabhängigen) und homogenen (d.h. ortsunabhängigen) Kosmos-Modelle. Die Modelle bilden eine der einfachsten Lösungen der Einsteinschen Gleichungen. Sie sind vollkommen symmetrisch und rotationsfrei. Die Geschwindigkeit, mit der zwei Galaxien auseinanderdriften, ist der Entfernung zwischen ihnen proportional. Ähnliche Modelle, die ebenfalls zur Klasse der Friedmann-Modelle zu rechnen sind, wurden von Howard Robertson und Arthur Walker erstellt. Ferner sind zu nennen: das Einstein-Modell (nichtexpandierendes statisches Universum), das De-Sitter-Modell (expandierendes Universum, auch „steady-state"-Modelle sind möglich), das Kasner-Modell (homogen-anisotropes Universum), das Mixmaster-Modell (zwei Richtungen Kontraktion, dritte Expansion; „chaotische Kosmologie"), das Gödel-Modell (homogenes, nicht-isotropes, nichtexpandierendes, aber rotierendes Universum), u.a.

[16] Barrow und Silk nennen die Entdeckung der Expansion des Kosmos „die einschneidenste in der Geschichte der Naturwissenschaften überhaupt." (Barrow/Silk 1999, 240)

[17] Zum kosmologischen Prinzip siehe bspw. Barrow/Silk (1988, 158f.); Carter (1974); Kanitscheider (1989, 471f.).

Zeitpunkt homogen (d.h. ortsunabhängig) und isotrop (d.h. richtungsunabhängig).[18] Der Ort des Beobachters ist irrelevant für das, was er sieht. Die Ausdehnung ist überall im Universum gleichartig, sie hat kein Zentrum, ähnlich wie sich alle Punkte auf einer Ballonoberfläche bei weiterem Aufblasen voneinander entfernen. Im Jahre 1965 fanden Arno Penzias und Robert Wilson eine Bestätigung der Annahme für die großräumige Homogenität und Isotropie:[19] die *Mikrowellenhintergrundstrahlung* von heute knapp 3 Grad Kelvin. Sie wurde freigesetzt, als der Kosmos etwa 3000 Kelvin heiß war. Das „Rauschen", das Penzias und Wilson in ihrem Detektor einfingen, war nach allen Richtungen gleich groß.[20] Hieraus kann unter Bezug auf das vierdimensionale Raumzeitkontinuum gefolgert werden, dass der Kosmos in jedem Zeitpunkt *endlich*, aber *unbegrenzt* ist. In den 1980er Jahren konnten dann Homogenität und Isotropie zusammen aus einem neuen und für die Kosmologie wegweisenden Modellteil allgemeiner Modelle heraus gedeutet werden, was zu einem Verständnis eines „inflationären Universums" führte (Guth 1981).

Urknall und Strukturbildung: Die Hintergrundstrahlung gilt nicht nur als Beleg für die Homogenität und Isotropie des Raumes, sondern auch als Hinweis auf den „Urknall": Sie ist die „Glut des Urknalls".[21] Der *big bang* ist die Geburtsstunde des Kosmos, in der Raum, Zeit und Materie entstanden sind. Der Moment des Urknalls war damit *nicht* eine Explosion *im* Raum, sondern eine *Explosion des Raumes selbst*. Von der heutigen Ausdehnung des Kosmos kann man durch die Allgemeine Relativitätstheorie, verbunden mit den Quantenkosmologien (Hartle/Hawking 1983), bis in jene Zeit zurückschließen, in der es noch keine Galaxien gab. Das liegt etwa 10-15 Milliarden Jahre zurück. Stephen Hawking und Roger Penrose bewiesen in den 1970er Jahren einige Theoreme, welche zeigen, dass die Raumzeit-Singularität („Urknall-Singularität") unter

---

[18] Dabei handelt es sich um einen sehr großräumigen und langzeitlichen Blick, wie er für die Friedmann-Modelle typisch ist.

[19] Postuliert wurde sie schon im Jahre 1948 von George Gamow, Ralph Alper und Robert Herman.

[20] Damit liegen ebenfalls Argumente für das Modell eines expandierenden Friedmann-Universums vor. In mathematischer Hinsicht kann der Kosmos durch eine vierdimensionale Riemannsche Raumzeit-Mannigfaltigkeit charakterisiert werden. Auf diesen mathematischen differenzialtopologischen Strukturen kann für konkret-empirische Abstandsmaße die so genannte Robert-Walker-Metrik bestimmt werden. Damit ist das räumliche Universum als dreidimensionaler Bereich einer vierdimensionalen Oberfläche verstehbar.

[21] Bob Dicke und Jim Peebles folgten der Hypothese von George Gamov, nach der das frühe Universum sehr dicht und sehr heiß gewesen sein muss. Weil das Licht sehr ferner Teile des frühen Universums uns erst heute erreicht, so Dicke und Peebles, müssten wir die Glut des frühen Universums noch sehen können. Infolge der Expansion des Universums sei dieses Licht aber stark rot-verschoben, so dass wir es als Mikrowellenstrahlung wahrnehmen.

sehr allgemeinen Voraussetzungen vorliegt.[22] Die Urknall-Singularität kann als ein Zustand extrem großer Materie- und Energiedichte beschrieben werden. Die heute bekannten physikalischen Gesetze hatten hier keine Gültigkeit.[23] Mathematisch entspricht dieser Zustand zwar zunächst einer Singularität, welcher allerdings im Rahmen von Quantenkosmologien reinterpretiert und als Quantenfluktuation der Vakuumenergie verstanden werden kann. Von diesem unendlich heißen Zustand ausgehend entwickelte sich dann der Kosmos in mehreren kosmischen Phasen. Erst während dieser Entwicklung (etwa zur Zeit der „Quark-Phase") differenzierten sich sukzessive die vier fundamentalen physikalischen Grundkräfte („Wechselwirkungen") aus.[24] Aus einer Einheit heraus fanden Symmetriebrüche und Phasenübergänge statt, durch welche Materie entstand. Teilchen und Anti-Teilchen bildeten sich erst nach der Planck-Zeit (10^{-43} Sekunden nach dem Urknall mit einer Temperatur von 10^{33} Kelvin). Danach erst folgten Entwicklungsphasen, in denen die grundlegenden Asymmetrien von Materie und Antimaterie festgelegt wurden.[25] Zug um Zug entwickelten sich zunächst die leichteren Elemente (Wasserstoff, Helium u.a.), in neuen atomaren Brennöfen dann auch schwerere Elemente, und schließlich aus diesen die über 100 Milliarden Galaxien, von denen einige wiederum mindestens 100 Milliarden Sterne zählen – ein einzigartiger Prozess der kosmologischen Evolution.

Nach der Urknall-Theorie ist das Universum zu *einem bestimmten* Zeitpunkt entstanden. Eine ernstzunehmende Alternativtheorie war die so genannte *Steady-State-Theorie*, die die Physiker Hermann Bondi, Thomas Gold und Fred Hoyle in den späten 1940er Jahren unter Verwendung eines „vollkommenen

---

[22] Neuerdings sind wieder einmal Zweifel an den konkreten Zahlenwerten aufgetreten.

[23] Insbesondere hat die Allgemeine Relativitätstheorie hier keine Gültigkeit mehr. Die Gravitation ist nicht die vorherrschende Kraft (bzw. „Wechselwirkung"). Quantenkosmologien (vgl. allg. Hartle/Hawking 1983) versuchen hier Abhilfe zu schaffen. Die Allgemeine Relativitätstheorie ist, genau genommen, somit keine Theorie des Moments des Urknalls, sondern eine Theorie (zeitlich) nach dem Urknall. Eine umfassende Theorie, die die Quanten(feld)-theorien und die Allgemeine Relativitätstheorie vereinigt, steht noch aus. Heute konkurrieren für eine „Theorie für Alles" die so genannte Schleifen-Quantengravitation („loop quantum gravity") und die Stringtheorie.

[24] Inflationstheorien beschreiben die plötzliche Aufblähung des Kosmos (bei A. Guth noch als „Phasenübergang" bezeichnet). Im Zuge der Abkühlung brechen die Symmetrien zwischen verschiedenen Grundkräften auf und gehen in einen Zustand niedrigerer Energie über. Energie wird freigesetzt. Mit den Inflationstheorien wird eine Erklärung des so genannten Flachheitsproblems, des Horizontproblems sowie des magnetischen Monopolproblems möglich.

[25] Man spricht von Phasen bzw. Epochen unter Benennung der Teilchenarten, etwa von der Quarkepoche (10^{-4} s nach der Planck-Zeit), dann von der Hadronen- und Leptonen-Epoche. Danach folgten die Strahlungs-, Fusions- und Materie-Epochen.

kosmologischen Modells" (s.o.) entwickelten. Nach dieser Theorie streben alle Galaxien ebenfalls auseinander. Doch werden die dadurch entstehenden Leerräume zwischen den Galaxien beständig mit neugebildeter Materie gefüllt. Die Füllung geschieht so, dass sich am gleichförmigen Aussehen des Universums nichts ändert und die Dichteabnahme kompensiert wird. Der Kosmos befindet sich in einem stationären Zustand ("steady state").[26] Die sich hier anschließende Kontroverse *big bang* versus *steady state* beherrschte die kosmologische Diskussionen in den frühen 1950er Jahren. Als die Mikrowellenhintergrundstrahlung in den 1960er Jahren entdeckt wurde, galt dies als eindeutiger Beleg *für* die Urknalltheorie und *gegen* die Steady-State-Theorie. Seither gilt die Urknalltheorie, die primär eine Theorie der kosmischen Evolution in der Zeit *nach dem Urknall* ist, als "Standardmodell" der Kosmologie.

Die Zukunft des Kosmos bleibt derzeit allerdings offen. Ob sich die Expansion fortsetzen wird, ob sie irgendwann endet und sich eine Kontraktion anschließt ("Endknall") oder ob sie in ein sättigendes Gleichgewicht führt, all das ist bis heute nicht abschließend geklärt. Derzeit liegen gar Indizien für eine beschleunigte Expansion vor.[27] Klassisch konkurrieren zwei Effekte miteinander: Expansionsgeschwindigkeit und gravitative Anziehungskraft, welche sich aus der Materie- bzw. Energiedichte ergibt. Liegt das Verhältnis unter einem kritischen Wert, wird die Expansion durch die gravitative Anziehungskraft der Materie allmählich abgebremst. Der Kosmos kollabiert. Wenn hingegen das Verhältnis ein wenig größer ist als der kritische Wert, setzt sich die Expansion endlos fort. Unser Kosmos steht ganz in der Nähe der kritischen Trennlinie. Die Frage ist, auf welcher Seite wir uns befinden. Die bisherigen Beobachtungen der Fluchtgeschwindigkeiten von Galaxien und der Materiedichte sind zu ungenau, um hier Abschließendes zu sagen. Doch es gibt mittlerweile – trotz der deduzierten, sich gewissermaßen "versteckenden" gravitativ wirksamen "dunklen Materie", etwa erloschener massiver oder supermassiver Sterne – einige nicht unumstrittene Hinweise auf eine dazu komplementäre (antigravitative) "dunkle Energie". So könnte sich die Expansion fortsetzen und sogar noch beschleunigen.

---

[26] Wie sich allerdings eine fortwährende Neuschöpfung von Materie vollziehen könnte, darüber haben Bondi, Gold und Hoyle keine plausible Theorie erstellen können.
[27] Die Hubble-Konstante ist nicht so konstant, wie vielfach angenommen wurde.

4. Der Mensch *im* Urknall? Das Anthropische Prinzip

Die moderne Kosmologie hat ein evolutionäres Bild des Kosmos geprägt, mit einem Anfang, mit einer eigenen Geschichtlichkeit, mit der Selbstorganisation von Materie und der Herausbildung von Strukturen (bis hin zur Erde, zum Leben und zum Menschen), mit einer offenen Zukunft. Zum Kosmos gehört nun auch der Mensch, als *Kind des Kosmos*. Fragt der Mensch seinerseits nach dem Kosmos, so fragt er nach einem umfassenden Gegenstand, dessen Teil er wiederum selbst ist. Selbstreferenzialität tritt hervor. Man kann den Selbstbezug vergessen und eliminieren, man kann darin aber auch den entscheidenden Reiz sehen. Die Frage nach dem Ort und der möglichen Relevanz des Menschen in der Kosmologie ist bis heute umstritten und gibt Anlass zu vielfältigen Diskussionen (kritisch: Kanitscheider 1985, 613f; Stöckler 1991, 25f). *Dass* die Frage im Rahmen der Physik überhaupt auftritt, ist bemerkenswert.

Damit ist das *Anthropische Prinzip* angesprochen. Es stellt die heutige Existenz des Menschen als physisch-biologisches Wesen in einen Erklärungszusammenhang der allgemeinen Kosmosevolution und insbesondere des Urknalls. So sieht der Astrophysiker Michael Rowan-Robinson eine „enge Beziehung zwischen der menschlichen Existenz und dem Universum. [...] Unsere Geschichte und unser zukünftiges Schicksal sind mit den Sternen in einem Maße verknüpft, das die Astrologen des Mittelalters sich nicht hätten träumen lassen." (Rowan-Robinson 1997, 39)[28] Und C. Collins und S. Hawking stellen fest: „The answer to the question ‚why is the universe isotropic?' is, because we are here." (Collins/Hawking 1973, 334) Explizit wurde der Terminus *the anthropic principle* von Brandon Carter 1974 in die physikalische Kosmologie eingeführt (Carter 1974). Jedoch finden sich schon bei Hermann Weyl, 1919, Arthur Eddington, 1923, Paul A.M. Dirac, 1937, und Richard Dicke, 1961, ähnliche Überlegungen, insbesondere zu einer Kombination von physikalischen Naturkonstanten.[29]

---

[28] Ähnlich meint der Physiker Freeman Dyson: „Wenn wir in das Universum hinausblicken und erkennen, wie viele Zufälle in Physik und Astronomie zu unserem Wohle zusammengearbeitet haben, dann scheint es, als habe das Universum in gewissem Sinne gewußt, dass wir kommen." (Zitiert nach: Breuer 1981, 11)

[29] Deutlich früher war Arthur Schopenhauer, der eine erste inhaltliche Formulierung des Anthropischen Prinzips vorgeschlagen hatte, allerdings ohne auf eine naturwissenschaftliche Kosmologie oder Astrophysik Bezug nehmen zu können. Schopenhauer meint: „Nun ist diese Welt so eingerichtet, wie sie sein musste, um mit genauer Not bestehen zu können: wäre sie aber noch ein wenig schlechter, so könnte sie schon nicht mehr bestehen." (Schopenhauer 1961 (1819), 747) Im Anthropischen Prinzip treten Aspekte des Leibniz'schen Prinzips des zureichenden Grundes auf. In seiner Monadologie schreibt Leibniz: „Da nun die Ideen Gottes

Wesentlicher Ausgangspunkt auf dem Wege zum Anthropischen Prinzip war Richard Dickes Untersuchung der einschränkenden Bedingungen für (a) einzelne Naturkonstanten und (b) Anfangsbedingungen, die für die Kosmosentwicklung relevant sind (Dicke 1961). Es scheint so, als seien die *realisierten* Naturkonstanten und Anfangsbedingungen sehr fein abgestimmt ("fine tuning") im Raume aller nach der Allgemeinen Relativitätstheorie *möglichen* Naturkonstanten und Anfangsbedingungen.[30] Dicke deutete ihre Feinabstimmung und insbesondere ihr Zusammenspiel ("coincidences") als eine Art Selektionseffekt. Wären die Konstanten und Anfangsbedingungen ein wenig anders, hätte sich der Kosmos nicht wie der unsrige entwickeln können und kohlenstoffbasiertes menschliches Leben wäre nicht möglich gewesen. Der Kosmos musste vielfältige Nadelöhrsituationen passieren. Würde sich der Kosmos nicht ganz nahe der kritischen Schwelle ausdehnen, wäre die Möglichkeit der kosmologischen Evolution und somit auch von menschlichen Beobachtern nicht gegeben. Mittlerweile konnte die Sensitivität und folglich die Abhängigkeit von den Anfangsbedingungen weitgehend durch die Inflationstheorie eliminiert werden: Es kommt nicht so genau auf die *Anfangsbedingungen* an. Jedoch gilt die erklärungstheoretische Eliminierung keineswegs für die *Randbedingungen* ("Naturkonstanten"). Wären diese ein wenig anders, wäre es *entweder* zu einem Kollaps durch die Gravitationskraft gekommen, bevor Galaxien, Sterne und Leben hätten entstehen können. *Oder* es hätten sich nie Galaxien, Sterne und Leben bilden können. Leben ist nur in einem sehr schmalen Korridor möglich.

Ein berühmtes Beispiel einer Naturkonstante ist die im Jahre 1916 eingeführte Sommerfeldsche Feinstrukturkonstante α, die für Kräfte und Effekte im atomaren und molekularen Bereich von Bedeutung ist. Sie ist ein Maß für die Stärke der elektromagnetischen Wechselwirkung, also auch für die Kopplung geladener Teilchen mit Photonen.[31] Wäre die Feinstrukturkonstante geringfügig

---

eine unendliche Anzahl von möglichen Welten enthalten und doch nur eine einzige davon existieren kann, so muß es wohl einen zureichenden Grund für die Wahl Gottes geben, der ihn zu der einen Welt mehr als zu einer anderen bestimmt." (Leibniz 1956 (1714), §53)

[30] Genau genommen ist die Allgemeine Relativitätstheorie im Urknall ("Singularität") und kurz danach nicht gültig, sondern die Quantenfeldtheorie (über "Quantenfluktuationen"). Hawking und Hartle (1983) haben deshalb eine Quantenkosmologie vorgelegt. Die Frage, ob und in welcher Hinsicht sinnvoll von "Anfangsbedingungen" gesprochen werden kann, ist offen und gab Anlass zu vielfältigen Kontroversen.

[31] Die Feinstrukturkonstante $\alpha = e^2/2\varepsilon_0 hc$ drückt die relativistischen (c) und quantenmechanischen Eigenschaften (h) der elektromagnetischen Wechselwirkung (e) zwischen geladenen Teilchen im leeren Raum (ε_0) aus. Ihr Wert beträgt etwa 1/137. Zwischen der Sommerfeldschen Feinstrukturkonstanten und der Gravitationskopplungskonstanten besteht ein Zusam-

größer, dann wären alle Sterne so genannte Rote Zwerge, die keine schweren Elemente für die spätere Planetenbildung erzeugen können. Wäre hingegen die Feinstrukturkonstante geringfügig kleiner, dann wären alle Sterne blaue Riesensterne. Deren Energietransport ist durch Strahlung dominiert. Keine Planetenentwicklung wäre möglich. Ferner würden sie nicht lange genug strahlen, um die Entstehung von Leben zuzulassen. Die Feinstrukturkonstante hat somit gerade die richtige Größe für ein belebtes Universum. Ähnliche Argumente können auch hinsichtlich anderer Randbedingungen vorgebracht werden. Wäre alles nur ein wenig anders, wäre Leben in der uns bekannten Form unmöglich. Viele weitere Bedingungen zur Entstehung von Wasserstoff, Helium und Deuterium über Galaxien, Planeten und der Erde bis hin zu den chemischen und biologischen Bedingungen des Lebens auf der Erde können aus der Perspektive eines allgemeinen Auswahlprinzips diskutiert werden. Nicht nur das Leben selbst, auch die Entstehung des Lebens im Kosmos war ein hochgradig instabiler Prozess über viele Kipppositionen, Phasenübergänge und Bifurkationen hinweg.

Die vermeintliche Zufälligkeit („Kontingenz") der Naturkonstanten (und damals noch der Anfangsbedingungen) hielt Brandon Carter (1974, 295f) für physikalisch unbefriedigend und für erklärungsbedürftig. Vor diesem Hintergrund schlug er als vorläufigen heuristischen *Erklärungstyp* zur Auswahl aus der Vielzahl möglicher Naturkonstanten das *Anthropische Prinzip* vor. Carter unterscheidet zwischen einer starken und einer schwachen Spielart. Nach ersterer *muss* der Kosmos mit seinen Naturkonstanten derart eingerichtet sein, dass *notwendigerweise* Beobachter entstehen: „[T]he Universe (and hence the fundamental parameters on which it depends) must be such as to admit the creation of observers within it at some stage." (ebd., 294) Demgegenüber fordert das *schwache Anthropische Prinzip* weniger und legt durch die Abkehr von der Notwendigkeitsforderung keinen teleologisch erscheinenden Universaldeterminismus vom Urknall bis zum Menschen nahe. Anstatt der Notwendigkeit wird lediglich Kompatibilität gefordert: „Our location in the universe is necessarily priviledged to the extent of being *compatible* with our existence as observers." (ebd., 293) Das heißt: Weil es in diesem Universum Beobachter gibt, müssen die Gesetze des Universums so eingerichtet sein, dass sie die Existenz der Beobachter zumindest zulassen. In diesem Sinne kann das schwache Anthropische Prinzip als Auswahlprinzip verstanden werden, durch welches Naturkonstanten aus einer großen Menge aussortiert wurden, wie etwa Barrow und Tipler meinen:

menhang im Zahlenverhältnis. Letztere liegt in der Größenordnung von der zwölften Potenz von ersterer. Somit besteht eine Verbindung zur Gravitationskraft.

The observed values of all physical and cosmological quantities are not equally probable but they take on values restricted by the requirement that there exist sites were carbon based life can evolve and by the requirement that the universe be old enough for it to have already done so. (Barrow/Tipler 1986, 16)

Als Auswahlprinzip ist das Anthropische Prinzip dem Darwinschen der natürlichen Auslese nicht unähnlich.

Damit wird dem kosmologischen Prinzip, nach dem dem Menschen keine privilegierte Position im Kosmos zukommt, ein alternatives Prinzip zur Seite gestellt, welches anthropische Argumente zumindest wissenschaftsheuristisch fruchtbar zu machen versucht. Carter sieht seine Überlegungen als eine Reaktion „against exaggerated subservience" des kosmologischen Prinzips (Carter 1974, 291). Das Anthropische Prinzip relativiert das kosmologische Prinzip dahingehend, dass in *einem bestimmten Sinne* doch noch von einer privilegierten Position des Menschen im Kosmos gesprochen werden kann. Was wir erwarten können zu erkennen, wird durch die Bedingungen beschränkt, die für unsere Existenz notwendig sind: „Although our situation is not necessarily central, it is inevitably priviledged to some extent." (ebd., 291)

In Folge der von Carter angestoßenen Diskussion können allgemein Spielarten anthropischer Argumente in der Kosmologie unterschieden werden, welche sich auch im Dialog mit der Theologie wiederfinden. In der so genannten *Design-Interpretation* wird die Feinabstimmung kosmologischer Naturkonstanten als Hinweis auf einen außerweltlichen Schöpfer („den Designer") angesehen.[32] In einer *„idealistischen"* bzw. *konstruktivistischen Interpretation* sind wir Menschen gar notwendig, um den Kosmos „existieren zu lassen". Wir sind gewissermaßen die „Ursache" des Kosmos, als kognitive Selbstschöpfer dessen, was da ist. Ein radikaler Konstruktivismus tritt hervor, der sich partiell auf den quantenmechanischen Messprozess zu berufen versucht. In der *Selektions-Interpretation*[33] wird von unendlich vielen *existierenden* Universen ausgegangen. Diejenigen Universa, deren Naturkonstanten geringfügig oder deutlich anders sind als die unsrigen, bleiben unerkannt, obwohl sie existieren. Unser Universum gehört zu einer durch eine Art kosmologische *Realselektion* ausgezeichneten Untermenge aller Universa. In der ausgezeichneten Untermenge liegen diejenigen Universa, die Leben ermöglichen.[34]

---

[32] Vgl. kritisch Stöckler (1991, 26).

[33] Diese Interpretation ist u.a. von der Viele-Welten-Interpretation der Quantenmechanik beeinflusst worden.

[34] In dieser Interpretation liegt eine *Realselektion* gegebener Welten vor („Seinsgründe"), keine epistemische Selektion durch den Astrophysiker („Wissensgründe").

5. Kritik am Anthropischen Prinzip – und die offenen Fragen

Das Anthropische Prinzip hat Fragen aufgeworfen, die provoziert und zur Kritik herausgefordert haben. Sie berühren elementar das etablierte Natur- sowie Wissenschaftsverständnis. Eine solche Kritik scheint ein leichtes und schnelles Unterfangen zu sein: vielfach wurde sie genutzt. Die Kernpunkte berechtigter Kritik sollen und können im Folgenden freilich nicht zurückgewiesen werden. Allerdings wird auch in der Kritik deutlich, dass die moderne Kosmologie und das Anthropische Prinzip grundlegende Fragen aufgeworfen haben: In jeder Kritik wurzelt eine Anerkennung der Fragestellung und die Akzeptanz der Fragwürdigkeit. Betrachten wir einige der Kritikpunkte.

Teleologie-Kritik und die Frage nach der Zweckmäßigkeit: Im starken Anthropischen Prinzip, so die Kritik, trete ein teleologisches Naturverständnis und eine finale Erklärungsfigur zur Entstehung des Lebens hervor: Im Kosmos würde alles auf den Mensch zielen.[35] Diese Erklärungsfigur sei in der wissenschaftshistorischen Entwicklung der Physik zu Recht eliminiert worden, insofern sie unfruchtbar und erklärungstheoretisch fragwürdig sei.[36] – Dennoch bleibt es eine offene Frage, (a) ob und in welcher Hinsicht nicht doch von Teleologie in der Natur gesprochen werden kann und (b) ob die Physik nur genau dann als *exakte* Naturwissenschaft zu bezeichnen ist, wenn sie ohne jegliche finale Erklärungstypen auskommt. Möglicherweise zeigt die Kosmologie an, dass sich nicht nur das Natur-, sondern auch das Wissenschafts- und Physikverständnis durch die (und mit der) Kosmologie verändert.

Determinismus-Kritik und die Frage nach der Gesetzmäßigkeit: Das starke Anthropische Prinzip werde den offenen, zufälligen und kontingenten Prozessen der kosmologischen und der biologischen Evolution nicht gerecht, meinen Determinismuskritiker. Ein zielorientierter, vorab zweckmäßiger und streng geplanter Determinismus vom Urknall zum Menschen werde den Suchbewegungen der Evolution und ihren Nadelöhren nicht gerecht. – Dennoch bleibt es eine offene Frage, ob es nicht jenseits eines starken wirkkausalen Deter-

---

[35] Umfassend wird von Spaemann und Löw (1985) die Geschichte und Wiederentdeckung des teleologischen Denkens reflektiert.

[36] Durch den Siegeszug der Klassischen Physik im 18. und 19. Jahrhundert mit dem Höhepunkt des universellen (Laplaceschen) Determinismus wurde Teleologie (und Finalität) als eliminiert angesehen. Humes und Kants Kritik hatten dieser Eliminierung vorgearbeitet. Kant hatte hervorgehoben, dass *wir* es sind, die die Zwecke in die Natur hinein legen, ohne epistemisch zur Natur an sich Zugang zu haben. Doch Kant räumte ein, dass wir gar nicht anders können, als die Naturerscheinungen unter dem Gesichtspunkt von Zwecken zu sehen. Wir sehen Natur so, *als ob* Zwecke in der Natur liegen.

minismus andere Formen von schwachen Gesetzmäßigkeiten gibt, die zwischen kontingentem Zufall und starkkausaler Notwendigkeit liegen. Chaos- und Quantentheorien könnten hier vermittelnde Wege weisen.

Erklärungstheoretische Kritik und die Frage nach dem Erklärungsverständnis: Das Wissenschaftsverständnis ist in dieser Kritik elementar berührt. In einer schwachen Lesart sei demnach das Anthropische Prinzip tautologisch oder trivial, in einer starken Lesart absurd und wissenschaftlich nicht satisfaktionsfähig. Denn Zeitstruktur und Erklärungsrichtung werden leichtfertig umgekehrt: Aus dem Heutigen wird auf das Damalige zurückgeschlossen. Statt dessen liege die Leistung einer *wissenschaftlichen* Erklärung darin, das Heutige aus dem Damaligen bzw. das Zukünftige aus dem Gegebenen zu beschreiben. – Dennoch bleibt es eine offene Frage, welche Anforderungen an die syntaktische und semantische Struktur von Erklärungen zu stellen sind. Möglicherweise ist für geschichtlich-zeitliche Phänomene ein anderes Erklärungsverständnis notwendig als für die gängigen Phänomene der traditionellen Physik.

Fundierungs-Kritik und die Frage der Bedeutung von Anfangs- und Randbedingungen: Der Anspruch des Anthropischen Prinzips sei, so dieser Kritiktyp, überzogen und ziele auf den falschen Punkt des Erklärungsbedürftigen. Schließlich nehme es lediglich die Anfangs- und Randbedingungen in den Blick, nicht aber die Gesetzmäßigkeiten in ihrer nomologischen Struktur. Erklärungsbedürftig seien nicht primär die (kontingenten) Anfangs- und Randbedingungen, sondern die (nichtkontingenten) Naturgesetze. Letztere fundieren die Naturerkenntnis. – Dennoch ist es ein offener Diskussionspunkt, ob und in welcher Hinsicht zwischen Anfangs- und Randbedingungen *einerseits* und der Gesetzesstruktur *andererseits* unterschieden werden kann. Kriterien zur Unterscheidung liegen ihrerseits nicht in der Natur der Sache, sondern stellen Konventionen dar.

Akzentuierungs-Kritik und die Frage nach dem Verhältnis von Ursprung und Entwicklung: Das Anthropische Prinzip führe eine einseitige Akzentuierung herbei. Es hebe den Moment des Urknalls – und die dort realisierten Randbedingungen – hervor. Nicht die Entwicklungsgeschichte und die Evolution des Kosmos in der Zeit liege im Fokus des Anthropischen Prinzips, sondern der Urknall. Damit reduziere das Anthropische Prinzip den Kosmos im Sinne einer (genetischen) Präformationstheorie auf eine mathematische Singularität. – Doch es bleibt eine offene Frage, wie Einzelereignisse *und* Zeitentwicklung, wie Startbedingungen *und* Dynamik, wie Ursprung *und* Evolution zusammenzudenken sind. Eine Herausstellung von Einzelereignissen muss nicht eine Herabsetzung des Zeitlichen implizieren. Die Quantenfluktuationen in der Zeit des Urknalls und kurz danach weisen hier mögliche Wege.

Anthropozentrismus-Kritik und die Frage nach dem Menschen: Nach dem Anthropischen Prinzip ist der Mensch nicht mehr länger ein Zigeuner am Rande eines homogen-isotropen Universums. Das kosmologische Prinzip scheint durch ein anthropisches ersetzt zu werden. Neben der Frage, ob dem Menschen eine solche Position zustehen *solle*, kann er leicht durch anderes ersetzt werden, etwa durch einen Elefanten oder eine Pflanze. Nichts würde sich an der Argumentation des „elefantischen Prinzips" verändern. – Jenseits der Benennung („anthropisch", „elefantisch") bleibt die komplexitätssteigernde Richtung der kosmologischen und biologischen Evolution doch eine offene und klärungsbedürftige Frage. Wie war die kosmologisch-biologische Evolution höherorganisierten Lebens möglich in einem Kosmos wie dem unsrigen? So erscheint der Mensch als eine Chiffre für die Möglichkeit komplexen biologischen Lebens auf der Erde, und noch mehr: als Zeichen eines Entwicklungspotenzials des Kosmos hin zu einem sich selbst bewusst werdenden menschlichen Leben.

Mit dieser unvollständigen Liste sollten einige gängige Kritikpunkte *und* offene Fragen im Horizont des Anthropischen Prinzips angesprochen sein. Dass diese Fragen überhaupt im Rahmen der Physik auftreten, ist herausragend. Es zeigt sich, dass das Anthropische Prinzip eine gute Grundlage für einen interdisziplinären Dialog darstellt: Fragen werden aufgeworfen, ohne sie vorschnell abweisen zu können. Neben der Offenheit des Fragens leistet das Anthropische Prinzip – in seiner schwachen Form – auch für die physikalische Kosmologie Nichttriviales (vgl. Stöckler 1991, 27): Es betont die Idee der (ontologischen) Einheit der Wirklichkeit und der (epistemologischen) Einheitlichkeit des Wissens. Alle Teile des Kosmos sind demnach verwoben und können nur in ihrer Gesamtheit Gegenstand befriedigender Erklärungen sein. Im Anthropischen Prinzip drückt sich folglich eine Konsistenz- und Kohärenzforderung des Kosmoswissens für unseren Kosmos aus. Kosmologische Modelle, die nicht konsistent sind mit der möglichen Existenz menschlichen Lebens in unserem Kosmos, sind wissenschaftlich nicht akzeptabel. Es artikuliert sich im Anthropischen Prinzip ein Erklärungsanspruch, sich nicht allzu schnell zufrieden zu geben mit dem vermeintlich Nicht-erklärbaren möglicher kontingenter Randbedingungen.[37] Die Bedeutung von Randbedingungen sowie von Instabilitäten globaler Entwicklungen werden herausgestellt. Die Frage, ob die Rand- und auch die Anfangsbedin-

---

[37] „Anthropische Argumente setzen an den richtigen Fragen an. Man darf Erklärungsforderungen nicht zu schnell aufgeben. Anthropische Argumente signalisieren Erklärungsbedarf." (Stöckler 1991, 27)

gungen nur kontingent und akzidentiell sind oder ob sie zum Kern der Naturgesetze gehören, wird als klärungsbedürftig und klärungswürdig angesehen.

6. Wege und Weiterführungen des Dialogs von Kosmologie und Theologie

Zusammenfassend soll gefragt werden, was die Kosmologie, jenseits des Anthropischen Prinzips *und* mit ihm, für einen interdisziplinären Dialog von Physik und Theologie leisten kann.

Erstens weist das Standardmodell der Kosmologie dem Kosmos einen Anfang, den *big bang*, zu. Auch in der Schöpfungserzählung der Bibel wird von Schöpfung *am* Anfang gesprochen. Ein Kosmos ohne Anfang wäre kaum mit der jüdischen und dann auch christlichen Schöpfungsvorstellung und mit Gottes Schöpfungsakt in Korrelation zu bringen.

Zweitens prägt die Kosmologie eine evolutionäre und geschichtlich-zeitliche Sichtweise des Kosmos. Die Schöpfungserzählung lässt sich vor diesem Hintergrund in zweifacher Weise lesen, nämlich *sowohl* als einmalige Urschöpfung, in welcher alle evolutionären Potenzen für den kosmischen Entwicklungsprozess schon enthalten sind, *als auch* als fortwährende Schöpfung, als Prozess des Werdens. Die Frage, wie diese Polarität aus *creatio prima* und *creatio continua* zu denken sei und wie Gott zum *und* im Kosmos steht, erscheint als offenes und vielversprechendes Dialogthema.[38]

Drittens zeigt die Kosmologie, wie fein die Naturkonstanten abgestimmt sind. Interpretationen im Horizont des Anthropischen Prinzips bieten einen Hintergrund, nach Gott in der Natur zu fragen.[39] Entscheidend kann allerdings nicht sein, ob und in welcher Hinsicht etwa eine Design-Interpretation Gottes zutreffen mag. Vielmehr ist die Frage nach Gottes Präsenz *in* der Natur als Schöpfung artikulierbar. Die Offenheit der Frage ist von größerer Bedeutung als die vermeintlich sichere Antwort.

Viertens kann die Kosmologie gerade auf das die Welt Konstituierende verweisen und auf das Vorfeld, den Anfang und Ursprung, eben auf den Urknall. *Im* Anfang wird *die* Frage deutlich, wie Stephen Hawking meint, nämlich

---

[38] John Polkinghorne priorisiert die fortwährende Schöpfung *und* die Erhaltung der *creatio prima*. „Gottes Rolle ist im wesentlichen nicht das Hervorbringen, sondern das Erhalten. Er erhält das Universum in dessen ganzer Geschichte am Sein, unabhängig davon, ob diese Geschichte von endlicher oder unendlicher Dauer ist." (Polkinghorne 2001, 110)
[39] Ganz im Sinne des klassischen Deismus des 17. Jahrhunderts, etwa bei Herbert v. Cherbury, hat Gott den Kosmos samt Naturgesetzen, Naturkonstanten und Anfangsbedingungen geschaffen. Wie ein Uhrmacher und Ingenieur, der sein Werk vollendet hat, zieht sich Gott zurück.

dass „auch [dann,] wenn nur *eine* einheitliche Theorie möglich wäre, so wäre sie doch nur ein System von Regeln und Gleichungen. Wer [aber] bläst den Gleichungen den Odem ein und erschafft ihnen ein Universum, das sie beschreiben können?" (Hawking 1988, 217) Die Kosmologie liefert mit diesen offenen Fragen einen Raum für theologische Reflexionen aus sich heraus mit.

Fünftens ist der Kosmos als *ganzer* Kosmos unverfügbar und keiner technisch-experimentellen Präparierung zugänglich. Während bei den terrestrischphysikalischen Experimenten in anderen Teilbereichen der Physik die technische (Um-)Gestaltung von gegebener Natur eine herausragende, erkenntniskonstitutive Rolle spielt, scheint der Kosmos gerade dem menschlichen Handeln und dem technischen Herstellen Grenzen aufzuzeigen. In der Größe, der Eigendynamik und der Unverfügbarkeit des Kosmos könnte sich etwas spiegeln, was auf einer anderen Sprachebene als der „Glanz Gottes" bezeichnet werden könnte.[40]

Sechstens zeigen sich in der Kosmologie prinzipielle wissenschaftliche Erkenntnisgrenzen. Größe und Einmaligkeit des Kosmos, Ereignishorizont und innerkosmischer Beobachterstandpunkt des Menschen führen dazu, dass Präparierung (Größe) und Reproduzierbarkeit (Einmaligkeit) im Experiment ebenso wie eine beobachterunabhängige Beschreibung und Erklärung nur in Ansätzen möglich sind. Die kritische Reflexion der Geltung kosmologischer Aussagen ist *die* Voraussetzung für einen interdisziplinären Dialog.[41]

Über diese (gängigen) Dialogpunkte hinaus – sowohl auf ihnen aufbauend als auch sie weiterführend – eröffnet sich eine weitere Dialogdimension: Es ist die des ergriffenen *Staunens* im Angesicht des kosmisch Erhabenen und Wunderbaren. Kants Staunen über den bestirnten Himmel mag ein erster Wegweiser gewesen sein; Einsteins Staunen über die (nicht selbst*verständliche*) Verstehbarkeit des Kosmos mag einen weiteren Hinweis liefern. Die heutige Kosmologie vertieft die Dimension des Staunens. Das geschieht nicht *gegen*, sondern *mit* und *als* Naturwissenschaft. Denn die Physik hat die „Geheimnisse des Kosmos" nicht eliminiert, so Carl Friedrich v. Weizsäcker, sondern uns in „tieferliegende Geheimnisse" geführt (Weizsäcker 1943, 20). Zum Staunen einladen kann beispielsweise die verblüffende Feinabstimmung und das einzigartige Zu-

---

[40] Die kulturgeschichtlich prägende aristotelische Differenz zwischen gegebener Natur und menschlicher Technik (als dem naturgesetzlich Möglichen) ist wohl einzig in der Kosmologie noch sauber erhalten.

[41] Das muss nicht zu einer Relativierung führen, vielmehr kann es zu einer vertieften Würdigung der Erfolge und Leistungen der Kosmologie beitragen.

sammenspiel kosmologischer Parameter in der instabilen Evolution des Kosmos. Dass das Anthropische Prinzip auf die vielen Nadelöhre der Evolution hinweist und kosmologische Selektionen herausstellt, ist ein unverkennbares Verdienst.[42] Mit dem Anthropischen Prinzip scheinen Astrophysiker und Kosmologen ihrem Staunen einen Ausdruck gegeben zu haben, *dass* und *wie* die global-evolutionäre Entwicklung von den im Urknall erzeugten Teilchen über die Atome und Zellen bis hin zum Menschen vonstatten ging. Das Anthropische Prinzip hat nicht nur den Dialog beflügelt, es trägt – recht besehen – einen Kern des Staunens in sich.

Allerdings, um mehr als um eine *Einladung zum Staunen*, um *zeigende Hinweise* und *Angebote* durch die physikalische Kosmologie und das Anthropische Prinzip wird es sich nicht handeln können. Denn ein Staunen lässt sich nicht verordnen oder vorschreiben. Wer sich nicht anregen lassen *will* zum Staunen, dem werden die Erkenntnisse der Kosmologie beliebig und belanglos erscheinen. Wer allerdings die Haltung eines Fragenden mitbringt, den kann die Kosmologie hinführen zu faszinierenden Fragwürdigkeiten und erstaunlichsten Erkenntnissen. So gesehen erscheint die Kosmologie nicht nur als Produkt, sondern als Promotor des staunenden Denkens. In ihrem Horizont des Staunens vermag sie an das frühe Griechenland anzuschließen. Dort lag der Anfang des Denkens, des Fragens und des Philosophierens überhaupt im Erstaunen und im Staunen. Das *Erstaunen* lässt aufmerken, schärft den Blick und orientiert die Aufmerksamkeit, doch verliert es durch Gewohnheit seinen Glanz. Das *Staunen* hingegen kann bleibend und bestehend sein, es kann vertieft werden, auch und insbesondere durch Denken und Wissen. Im Staunen kann eine selbstvergessene, fast asketische Stimmung tiefster Freude gewahr werden.

Viele Kosmologen kennen diese anmutende Stimmung, die sie zu überwältigen vermag im Angesicht des phänomenalen bestirnten Himmels und der mathematischen Symmetrien. Ästhetisches, Erhabenes und Umgreifendes tritt ekstatisch hervor und zeigt sich. Sich im Staunen überwältigen lassen zu wollen, ist *eine* spezielle Erkenntnis*haltung*, zu der die Kosmologie hinführen mag. Wer staunt, kann sich gelassen dem Wunderbaren öffnen. Das war auch immer die Haltung der Natur-Philosophierenden. Bei den Griechen fängt das Philosophieren mit der Sicherheit an, dass dieses Wunderbare sei; auch Religionen hielten am Staunen aus unterschiedlichen Perspektiven fest; die moderne Kosmologie vertieft die Dimension des Staunens. Gewiss, es mögen unterschiedliche

---

[42] So wird man dem Anthropischen Prinzip verzeihen können, dass mit ihm Sehnsüchte nach physikalisch-theologischen Einheitskonzepten verbunden wurden und nach abschließenden Antworten.

Arten des Staunens sein. Aber eint die Dimension des Staunens nicht Naturwissenschaft und Theologie? Zeigt sich nicht, wie eng Kosmologie, Naturphilosophie, Anthropologie und Religion zusammenstehen? Mit dieser Einladung der Kosmologie ist von Seiten einer natur- und wissenschaftsphilosophisch reflektierten Naturwissenschaft ein Schritt getan, der fortgesetzt werden könnte in unterschiedlichen Dialogdimensionen mit der Theologie.[43] Von Seiten der Theologie wäre wohl eine entscheidende Voraussetzung, dass sie ihrerseits ein Staunen über Gottes fortgesetzte Schöpfung multidimensional pflegt, (wieder) einübt und reflektiert.

Es bleibt bei der offenen Einladung. Die moderne Kosmologie lädt zum Staunen ein über den Kosmos und damit auch über den (den Kosmos erkennenden) Menschen. Es ist ein tiefes Staunen, nämlich *dass* der Mensch sich als Fragender in einem Kosmos vorfindet, der ihn zum Fragen bringt. Dass in uns Menschen der Kosmos selbst fragend und sich selbst erkennend wird!

Literatur

Audretsch, J.; Mainzer, K. (Hg.), 1989: *Vom Anfang der Welt. Wissenschaft, Philosophie, Mythos, Religion*, München.

Audretsch, J.; Weder, H., 1999: *Kosmologie und Kreativität. Theologie und Naturwissenschaft im Dialog*, Leipzig.

Barrow, J. D., 1981: Chaos in the Einstein Equations, in: *Phys. Rev. Lett.*, 46(15), 963-966.

Barrow, J. D.; Silk, J., 1988: Raum und Zeit, in: *Kosmologie, Spektrum der Wissenschaft: Verständliche Forschung*, Heidelberg, 158-169.

Barrow, J. D., 1997: *Der kosmische Schnitt. Die Naturgesetze des Ästhetischen*, Heidelberg.

Barrow, J. D.; Silk, J., 1999: *Die linke Hand der Schöpfung. Der Ursprung des Universums*, Heidelberg.

Barrow, J. D., Tipler, F. J., 1986: *The Anthropic Cosmological Principle*, Oxford.

Benz, A., 1997: *Die Zukunft des Universums*, Düsseldorf.

Böhme, G., 2000: Die Stellung des Menschen in der Natur, in: Altner, G.; Böhme, G.; Ott, H. (Hg.): *Natur erkennen und anerkennen*, Zug/Schweiz, 11-29.

Breuer, R., 1981: Das Anthropische Prinzip, München.

Carr, B. J., 1982: *The Anthropic Principle*, in: *Acta Cosmologica* 11, 143-151.

Carter, B., 1974: Large Number Coincidences and the Anthropic Principle in Cosmology, in: Longguir, M.S. (Hg.): *Cosmological Theories in Confrontation with Cosmological Data*, Dordrecht, 291f.

Collins, C. B.; Hawking, S., 1973: Why is the Universe isotropic?, in: *Astrophys. J.* 180, 317-334.

Daecke, S.M. (Hg.), 1993: *Naturwissenschaft und Religion*, Mannheim.

Davies, P., 1995: *Der Plan Gottes*, Frankfurt/M.

---

[43] Wegweisende Ansätze finden sich in Evers (2000) und Hübner et al. (2004).

Dicke, R. H., 1961: Cosmology, Dirac's Cosmology and Mach's Principle, in: *Nature* 192, 440-441.

Dicke, R. H.; Peebles, P. J., 1979: General Relativity, in: Hawking, S. W., Israel, W. (Hg.): *General Relativity*, Cambridge, 52f.

Dürr, H.-P. et al., 1997: *Gott, der Mensch und die Wissenschaft*, Augsburg.

Evers, D., 2000: *Raum – Materie – Zeit: Schöpfungstheologie im Dialog mit naturwissenschaftlicher Kosmologie*, Tübingen.

Friedmann, A., 1922: Über die Krümmung des Raumes, in: *Zeitschrift für Physik* 10, 377-386.

Friedmann, A., 1924: Über die Möglichkeit einer Welt mit konstanter negativer Krümmung des Raumes, in: *Zeitschrift für Physik* 21, 326-332.

Guth, A. H., 1981: Inflationary Universes. A possible solution of the horizon and flatness problem, in: *Phys. Rev. D* 23(2), 347-356.

Hartle, J.; Hawking, S., 1983: The Wave Function of the Universe, in: *Phys. Rev. D* 28(12), 2960-2975.

Hawking, S.; Ellis, G. F., 1973: *The Large Scale Structure of Space Time*, Cambridge.

Hawking, S., 1988: *Eine kurze Geschichte der Zeit*, Reinbek.

Hawking, S.; Israel, W. (Hg.), 1989: *Three hundred years of gravitation*, Cambridge.

Hübner, J.; Stamatescu, I.-O.; Weber, D. (Hg.), 2004: *Theologie und Kosmologie. Geschichte und Erwartungen für das gegenwärtige Gespräch*, Tübingen.

Kanitscheider, B., 1985: Physikalische Kosmologie und Anthropisches Prinzip, in: *Naturwissenschaften* 72, 613-618.

Kanitscheider, B., 1989: Das Anthropische Prinzip – ein neues Erklärungsschema der Physik?, in: *Phys. Bl.* 45(12), 471-476.

Kanitscheider, B., 1991: *Kosmologie*, Stuttgart.

Kant, I., 2005 (1755): *Allgemeine Naturgeschichte und Theorie des Himmels oder Versuch von der Verfassung und dem mechanischen Ursprunge des ganzen Weltgebäudes nach Newtonischen Grundsätzen abgehandelt*, Frankfurt/M.

Kuhn, T. S., 1980: *Die kopernikanische Revolution*, Braunschweig.

Leibniz, G. W., 1956 (1714): *Monadologie*, Hamburg.

Mainzer, K., 1996: *Materie. Von der Urmaterie zum Leben*, München.

Misner, Ch. W., 1969: Mixmaster Universe, in: *Phys. Rev. Lett.* 22(20), 1071-1074.

Pannenberg, W., 1973: *Wissenschaftstheorie und Theologie*, Göttingen.

Peacock, J. A., 1999: *Cosmological Physics*, Cambridge.

Pittendrigh, C. S., 1958: Adaptation, natural selection and behavior, in: Roe, A.; Simpson, G.G. (Hg.): *Behavior and evolution*, New Haven, 390f.

Polkinghorne, J., 2001: *Theologie und Naturwissenschaften. Eine Einführung*, Gütersloh.

Rossi, S., 1997: *Die Geburt der modernen Wissenschaft in Europa*, München.

Rowan-Robinson, M., 1997: *Das Flüstern des Urknalls. Die verschlüsselten Botschaften vom Anfang des Universums*, Frankfurt/Main.

Schmidt, J. C., 1999: Chaosfähige Natur in der nachmodernen Physik, in: *Scheidewege* 29, 103-125.

Schmidt, J. C., 2000: Treffpunkt: Natur? Zur Korrelation zwischen Naturwissenschaft und Religion, in: Altner, G.; Böhme, G.; Ott, H. (Hg.): *Natur erkennen und anerkennen*, Zug/Schweiz, 279-300.

Schmidt, J. C., 2001: Was umfaßt heute Physik? Aspekte einer nachmodernen Physik, in: *Phil. Nat.* 38(2), 273-299.

Schmidt, J. C., 2004: Auf des Messers Schneide ... Instabilitätstypen in der Nichtlinearen Dynamik, in: *Praxis der Naturwissenschaften – Physik* 53(2), 15-21.

Schmidt, J. C., 2004: Greifbare Grenzen. Instabilitäten als Wegweiser zu erkenntnistheoretischen Grenzen, in: *Praxis der Naturwissenschaften – Physik* 53(2), 22-24.

Schmidt, W.-R., 1988: *Leben ist mehr*, Gütersloh.

Schopenhauer, A., 1961 (1819): *Die Welt als Wille und Vorstellung*, Bd. II, Darmstadt.

Schrödinger, E., 1986: *Geist und Materie*, Wien.

Seeliger, H., 1909: Über die Anwendung des Naturgesetze auf das Universum, in: *Sitzungsberichte der Königlich Bayrischen Akademie der Wissenschaften, mathematisch-physikalische Klasse*, 4. Abhandlung, München.

Spaemann, R.; Löw, R., 1985: *Die Frage Wozu? Geschichte und Wiederentdeckung des teleologischen Denkens*, München.

Stöckler, M., 1991: Das Anthropische Prinzip, in: *Praxis d. Naturwiss.*, 40(4), 25-27.

Vilenkin, A., 1982: Creation of Universes from Nothing, in: *Phys. Lett.* B 117(1/2), 25-28.

Vollmer, G., 1988: *Was können wir wissen? – Die Erkenntnis der Natur*, Stuttgart.

Weinberg, S., 1995: *Der Traum von der Einheit des Universums*, München.

Weinberg, S., 2000: Eine Theorie für alles?, in: *Spektrum d. Wiss. Spezial*, No. 1, 12-21.

Weizsäcker, C. F. v., 1943: *Zum Weltbild der Physik*, Leipzig.

Weizsäcker, C. F. v., 1995: *Die Sterne sind glühende Gaskugeln und Gott ist gegenwärtig*, Freiburg.

René Munnik

Der Geist weht ...
„Mobilität" in der theologischen Eschatologie und der technischen Utopie

1. Einleitung

Wenn es um die Frage nach dem Verhältnis von Naturwissenschaft und Religion geht, dann steht meistens die Wahrheitsfrage auf dem Spiel. So unterscheidet Ian Barbour in seiner Arbeit *Religion in an Age of Science* (1990) vier mögliche Relationen zwischen wissenschaftlichen und religiösen Wahrheitsansprüchen. Dabei geht es ihm um das Problem ihrer (Dis)harmonie, (Un)abhängigkeit, Integrierbarkeit usw. Ein solches Verfahren ist durchaus legitim, jedoch ist es durch die Fragestellung selbst schon verengt zu einer Abwägung von epistemologischen, methodologischen und hermeneutischen Einsichten. Nicht nur beschränkt Barbour den Begriff „Religion" auf die christliche, sondern vom Christentum werden lediglich die theoretischen Inhalte seiner Tradition in Anspruch genommen, sei es als exegetische Interpretationen biblischer Zeugnisse, als systematisch theologische Reflexionen zum Symbolum oder als rein metaphysische Affirmationen. Demgemäss wird das Problemfeld „Naturwissenschaft-Religion" beschränkt auf eine theoretische Auseinandersetzung von Wissenschaft und (akademischer) *Theologie.* Die Perspektive des Christentums als mehr globale Geistesverfassung des Individuums, als Lebensausdruck und religiöse (ethische, spirituelle, sakramentale) Praxis und seine Angemessenheit in einer von Wissenschaft und Technik geprägter Alltagswelt wird somit vielleicht nicht ganz außer Acht gelassen, aber doch recht unterbelichtet, obwohl meiner Ansicht nach gerade diese Angemessenheit ein bedeutendes Motiv für die Fragestellung überhaupt ist.

Im Titel dieses Buches findet sich das Wort „Spiritualität". Obwohl eine authentische Spiritualität sich niemals der Wahrheitsfrage entziehen kann (wird nicht eine noch so „tiefe" religiöse Erfahrung sofort disqualifiziert, wenn sie sich als illusorisch herausstellt?), so wird doch durch die Einführung des Begriffs „Spiritualität" die Fragestellung von einer rein theoretische Betrachtung in die Richtung der Erfahrung und der Praxis gerückt. Aus Biographien großer

Naturwissenschaftler wie Albert Einstein, Niels Bohr und Wolfgang Pauli wissen wir, dass wissenschaftliche Einsichten und Entdeckungen bisweilen Erfahrungen mit sich bringen, die man als „religiös" deuten könnte, oder dass solche Einsichten Anlass geben zu Wirklichkeitsbeschreibungen, die treffend mit Vorstellungen aus spirituellen und mystischen Traditionen übereinstimmen. Manchmal ist es auch umgekehrt, und eine Vorstellung oder ein Wirklichkeitsverständnis religiöser Herkunft funktioniert als eine Orientierung in der Heuristik. Das alles bietet interessante Ansätze für eine Betrachtung der Interrelationen zwischen Physik, Kosmologie und Spiritualität, die ich hier aber *nicht* unternehmen werde. Wenn es etwas für sich hat, im Rahmen dieses Beitrages die erfahrungsmäßigen und praktischen Seiten der Religion hervorzuheben, so scheint es mir angebracht, hinsichtlich der Naturwissenschaft auch ihre praktische Seite zu betonen. In der *Technik* lässt sich die Verwissenschaftlichung der Lebenswelt sozusagen am Leibe erfahren. Das Thema dieses Beitrages wird also umrissen durch die Begriffe „christliche religiöse Vorstellungen" und „Technik". Die Frage ist, ob und wie diese Bereiche ineinander greifen.

Meistens werden „Wissenschaft" und „Technik" in einem Atemzug genannt. So selbstverständlich ist das aber nicht, denn die Kulturen aller Zeiten hatten ihre Technik, während die Naturwissenschaft erst seit knapp vier Jahrhunderten in Europa aufgekommen ist. Man braucht eben keine mechanischen Gesetze oder Theorien der Impulse, um die Auswirkung eines Hammers oder einer Achse zu verstehen. Für die vormoderne Werkzeugtechnik genügte die leibliche, handwerkliche Vertrautheit mit einer nicht wissenschaftlich verstandenen Welt.

Die Beziehung der vormodernen Technik mit der christlichen Religion ist an sich schon ein interessantes kulturhistorisches und philosophisches Thema. Die Einführung der Technik des Alphabets zum Beispiel war die historische Bedingung für die nahöstlichen und okzidentalen Schriftkulturen mit ihrem eigenen historischen und reflexiven Bewusstsein.[1] Die Frage, was *Schrift*religionen ohne die Erfindung der Schrift sein würden, ist genauso sinnlos wie die Frage nach Hephaistos in der Steinzeit.

Als aber die klassische Naturwissenschaft in der Geschichte aufkam, transformierte die Technik zur *Instrumenten- und Maschinen*technik. Eine Maschine ist ein Entwurf auf wissenschaftlicher Grundlage; wissenschaftliche Erkenntnisse von Stoffen, Prozessen und Kräften werden kombiniert und „materialisiert" in ein relativ selbstständig funktionierendes, selbstregulierendes Sys-

---

[1] Vgl. dazu die Arbeiten von Ong (1988) und Havelock (1986).

tem: feinmechanische Aufziehautomaten und astronomische Uhren zur Zeit Descartes, Dampfmaschinen und Verbrennungsmotoren im 19. Jahrhundert, elektrische und elektronische Apparate im 20. und auf der Schwelle zum 21. Jahrhundert die programmierbaren Informaten. Die moderne Technik ist mit der Naturwissenschaft unlösbar verbunden, einerseits weil sie als angewandte Naturwissenschaft gedacht werden kann, andererseits weil moderne Wissenschaft ohne technische Hilfsmittel gar nicht auskommt. Ihre experimentellen Anlagen sind technische Artefakte, und wissenschaftliche Beobachtungen sind nicht nur „theoriegeladen", sondern auch immer technologisch vermittelt. Es ist diese moderne, verwissenschaftlichte Technik, womit ich mich hier weiter befassen will. Das führt uns zur Moderne.

Es gibt viele philosophische Darstellungen der Moderne. Von allen diesen möglichen Charakterisierungen möchte ich hier nur einen einzigen Aspekt hervorheben: ihre *Dynamik*. Es scheint so, als ob sich die Welt seit dem 17. Jahrhundert zu regen begann, um im 19. und 20. Jahrhundert eine Beschleunigung durchzumachen, die auf die Schnelligkeit des heutigen Lebens hinauslief. Modernes Leben heißt *dynamisches* Leben. Damit meine ich nicht, dass die Moderne einfach den vormodernen Kultur(en) gegenüberzustellen sei im Sinne von massiv dynamisch *versus* massiv statisch, sondern dass der moderne Mensch sich anders verhält zum Raum, zur Zeit und zur Bewegung.

Auf rein theoretischer Ebene findet man einen Hinweis auf dieses sich ändernde Verhältnis bereits in der unterschiedlichen Rede von „Bewegung" beim Übergang von der Aristotelischen zur klassischen Physik. Der Aristotelismus kannte die sublunare, lokale Bewegung und verstand sie als einen zeitweiligen Übergang von einem Ruhezustand in einen anderen. Dem Grundsatz des *quidquid movetur ab alio movetur* gemäß hielt man keinen unbelebten Körper für fähig, sich aus sich selber zu bewegen, und natürlicherweise terminierte jede Körperbewegung in ihren „natürlichen Platz". Die *Pincipia* Newtons beginnt hingegen mit dem axiomatischen Satz der natürlichen *Beharrlichkeit* eines jeden Bewegungszustandes (Newton 1964, 13). Sie kennt gar keine Kategorie der lokalen Bewegung mehr; die Bewegung eines fallenden Steines wird idealisiert zu einer Bewegung *in vacuo*, und diese wird mit zeitinvariante Formeln beschrieben, die ihre Bahn als Kegelschnitt darstellen. Dass dieser Stein irgendwann die Erdoberfläche findet und damit faktisch nur ein Segment dieses Kegelschnittes durchläuft, ist für den Newtonschen Begriff dieser Bewegung völlig irrelevant. Von sich selbst her ist ihre Bewegung die eines *perpetuum mobile*.

Nicht nur in der abstrakten Domäne der Physik, sondern in fast allen Lebensbereichen wurde die Bewegung permanent. Zu Beginn der Moderne schlug die Orientierung auf die Vergangenheit als feste und vorgegebene Fundgrube der Tradition und der *Auctoritates*, zur Hinwendung auf die Zukunft mit ihren Aussichten und Versprechen um. Die Demut für den Nachlass der Vergangenheit verkehrte sich in eine abenteuerliche Zugewandtheit auf die Zukunft, und die Untugend der Neugier (*curiositas*) wurde umgewertet in die Tugend des Geschmacks für das Neue. Da ward die „Eroberung der Zukunft" eine Aufgabe. Die philosophischen *Damnatio memoriae* und der Versuch eines Neubeginns, wie ihn Descartes unternahm, sind kennzeichnend für die moderne Geistesverfassung, die sich nach und nach als eine Hochschätzung der (ggf. revolutionären) Progressivität in der Politik, des Fortschritts und der Innovation in Wirtschaft, Wissenschaft und Technik und der *avant garde* in der Kunst offenbarte, und in die allgemeine Tendenz um „Originalität" und „das Neueste" als ein Qualitätsmerkmal zu bewerten.

Aber beschränken wir uns auf die Rolle der Technik. Schon sehr früh in der Moderne schrieb Francis Bacon (1561-1626) seine *Nova Atlantis* (1627). Dieses Buch ist eine Utopie, aber nicht eine politische, wie sie Thomas Morus ein Jahrhundert eher verfasste, sondern eine Utopie einer technologischen Zivilisation, damaliger Sciencefiction und luzider Zukunftstraum. Zentral im Neuen Atlantis steht das „Haus Salomons" – eine Art *Research and Development*-Anstalt, der das Allgemeinwohl der *Atlantiker* gewidmet ist. Am Ende der Geschichte sagt einer der „Väter" dieses Hauses:

> Für unsere Zeremonien und Rituale besitzen wir zwei lange und helle Galerien. In eine von diesen stellen wir vielerlei Muster und Beispiele der seltsameren und exzellenteren Erfindungen. In der anderen befinden sich die Statuen deren erster Erfinder. Da gibt es ein Standbild von eurem Columbus der West-Indien entdeckte, und auch der Erfinder der Schiffe, euer Mönch der Waffen und Schießpulver erfand, der Erfinder der Musik und der Buchstaben [...]. (Bacon 1963, 165-166)

Hier wird abermals die Anerkennung der Zukunft zum Ausdruck gebracht: nicht den Erblassern der Tradition, sondern den Erfindern, den Eroberern der Zukunft wird die Aufmerksamkeit geschenkt. Die Kultur begab sich auf den Weg in die Zukunft. Und weil es jederzeit nun mal „Zukunft" gibt, begab sie sich auf eine endlos lange Strecke. Auch diese Bewegung war permanent. Ein Institut, eine Ideologie oder eine Weltanschauung, die ihre Wahrheitsansprüche und Handlungsorientierungen einer maßgebenden Tradition entlehnt, hat die Modernität nicht mitbekommen. Sie hat sozusagen „den Zug verpasst". Man beachte die Bedeutungsschwere dieser Metapher.

Seit Bacon ist die technische Grundlage der modernen Dynamik offenbar. Die technische Steigerung der menschlichen Herrschaft durch „das Realisieren alles Möglichen" (Bacon 1963, 156) hat aber auch eine unverkennbare Vorliebe für die Vergrößerung der Mobilität im physischen Sinne. Der Kreislauf der modernen Gesellschaft wird gebildet durch Personenverkehr und Gütertransport und ihr Nervensystem durch Informationsströme. Wenn überhaupt nach dem „warum" dieser Mobilitätssteigerung gefragt wird, so gilt die Fragestellung selbst meist schon als fraglich, denn ist Mobilität nicht eine selbstverständliche Voraussetzung des modernen Lebens – sei es als unmittelbare Bedingung der Wirtschaft, und wenn nicht unmittelbar, z.B. als Urlaubsverkehr oder Vergnügungsindustrie, dann doch eben als Bedingung der Wirtschaft? Physische Mobilität gilt als „materielle" Lebensbedingung der modernen Gesellschaft.

Aber wird hier nicht etwas Wesentliches außer acht gelassen? Nämlich die physische Mobilität als direkter *Ausdruck* und *Genuss* des Lebens. Als Lebensausdruck hat die Mobilität eine lange Geschichte, die bis in die frühesten religiösen und philosophischen Vorstellungen hineinreicht. In den hier folgenden Paragraphen möchte ich einiges davon kurz darstellen.

2. Kinetik und Seelenlehre

Beginnen wir mit dem Gemeinplatz, dass die Begriffe, mit denen wir unsere Erkenntnisakte beschreiben, fast alle optische Metaphern sind – man spricht von Einsicht, Anschauung, Perspektive oder Ansicht, Spekulation, Reflektion, Beschauen usw., und was man nicht durchschaut ist „in Nebel gehüllt". Die Sittlichkeit hingegen zeigt eine Vorliebe für akustische Metaphern: man ist gehorsam und gehorcht der Stimme des Gewissens. Das Gemüt aber ist der Bereich *kinetischer* Metaphern: man ist entzückt, hingerissen, gerührt, schockiert, erschüttert, bestürzt, entsetzt, niedergeschlagen, und man wird angezogen, abgestoßen oder einfach „bewegt". Schon diese oberflächliche Beobachtung deutet an, dass mit „Bewegung" etwas Zutreffendes über das Seelenleben gesagt wird.

In der griechischen Philosophie ist diese Idee weitgehend ausgearbeitet worden. Als Platon den Unterschied zwischen den Philosophen und den Unwissenden deutlich machen wollte, beschrieb er letztere als in einer Grotte Gefesselte, während der Lerneifrige befreit wird und gezwungen ist, einen Weg ins Licht zu gehen. Platonismus ist eine philosophische Therapie zur Erlösung der Seele. Diese Vorstellung des philosophischen Lebenslaufs oder Curriculums ist später auch in der christlichen Mystik rezipiert worden, als *itinerarium mentis in*

Deum, „die Reise der Seele zu Gott".[2] Idealiter geht die Seele einen Weg; sie macht eine Reise. Doch die Vorstellung einer Reise, d.h. einer orientierten Bewegung auf ein Ziel hin, ist schwer in Einklang zu bringen mit dem unkoordinierten Zucken, Reißen, Stoßen, Schocken und Stürzen des Gemüts. Wie verhalten sich diese Bewegungsarten der Seele zu einander? Schauen wir genauer, wie Platon in vorchristlicher Zeit darüber dachte.

Im Dialog *Phaidros* findet sich eine bildhafte Vorstellung der Seele. Platon folgt der philosophischen Tradition seiner Zeit, die sich die Seele als „Lebensprinzip" oder „Bewegungsprinzip des Körpers" denkt, und stellt die Seele als ein Sich-selbst-Bewegendes in Gestalt eines gefederten Himmelswagens mit zwei Pferden und einem Lenker dar (246b-c).[3] Der Körper wird hingegen als eine „plumpe Last" oder „etwas schweres, erdhaftes, sichtbares" charakterisiert (*Phaidros* 81c). Der Körper bewegt nur, wenn er lebendig ist, d.h. von der Seele bewegt wird. Aber beschränken wir uns auf die Seele. Der Lenker oder das *logistikon* repräsentiert den vernünftigen Teil der Seele, das *eine* Pferd ist der stürmische, aber gehorsame Teil (*thumètikon*), das *andere* Pferd ist der begehrende und ungehorsame Teil (*epithumètikon*). Platonische Lebenskunst besteht nicht nur in einer asketischen Loslösung der Seele vom Leib, sondern vor allem in der Fähigkeit des Lenkens, um mit Hilfe des gehorsamen Pferdes das Ungehorsame zu zügeln und den Weg des „Lerneifrigen" – d.i. des Philosophen – zu gehen. Das ist, versichert Platon, für uns Menschen unvermeidlich schwer und unangenehm, denn wenn das zweite Pferd nicht gut abgerichtet ist, steht der Seele äußerste Mühsal und Kampf bevor (*Phaidros* 247b).

Weil Platon sich die Seele – zwar anachronistisch, aber etymologisch korrekt ausgedrückt – als „automobil" vorstellt, gestatte ich mir die Freiheit, kurz auf einige technische Daten der Seele hinzuweisen. Die zwei Pferde, also die Triebe, bilden das Getriebe. Sie versorgen die Seelentreibkraft (*motio, motus*), sei es als Emotion oder als Motivation, während der Lenker zwar ein Verlangen (*Eros*), aber keine Kraft dazu besitzt. Er muss steuern und Orientierung geben. Eine platonische Seele muss sich mit ihren Trieben abfinden, aber sie darf sie niemals eliminieren, denn ganz ohne Triebe ist sie hoffnungslos defekt. Mit diesem primitiven Modell lässt sich die Psychologie mancher Moralsysteme anschaulich machen. Wenn Nietzsche – der zwar den Tod Gottes proklamierte, aber das Leben der Seele niemals verneinte – die Seele als „Gesellschaftsbau der Triebe und Affekte" beschreibt (Nietzsche 1967, 21), ist in seinem Seelenwagen

---

[2] Der Titel des Werkes Bonaventuras (1217-1274) von 1269.
[3] Diese Dreiteilung der Seele wird ausführlicher ausgearbeitet im vierten Buch des Staates (436a ff.)

kein Platz für einen Lenker, weil eben die kräftigsten und lebenslustigsten Triebe den Kurs bestimmen, inmitten einer Welt, in der jeder Orientierungspunkt verflogen ist, weil ein Schwamm den ganzen Horizont weggewischt hat ...

> Wohin bewegen wir uns? Fort von allen Sonnen? Stürzen wir nicht fortwährend? Und rückwärts, seitwärts, vorwärts, nach allen Seiten? Giebt es noch ein Oben und ein Unten? Irren wir nicht wie durch ein unendliches Nichts? Haucht uns nicht der leere Raum an? (Nietzsche 1973, 159)

Im Allgemeinen lassen sich am Beispiel der Seelenbewegung auch verschiedene philosophische „Typen" charakterisieren. Philosophien des Lebens denken sich die Bewegung durchgängig als ein sich Erfreuen am Bewegen als solches, wie etwa in der kinesthetischen Intensität eines Tanzes oder eines Wettkampfes. Philosophien des Geistes dagegen stellen sich die Bewegung nach dem Modell einer epischen Reise mit einem Ziel vor; am Ende steht die Heimkehr zum Ursprung und zu sich selbst, wo man zur Ruhe kommt. „Unser Herz ist unruhig bis es ruht in Dir" schrieb Augustinus (*Confessiones* I,1). Diese beiden „Typen" neigen dazu, einander zu disqualifizieren. Was die einen „Unruhe" nennen, heißt für die anderen „Lebenslust", und was für die einen als Höhepunkt des Lebens gilt, ist für die anderen ihr Niedergang.

Kehren wir zurück zu Platon. Man könnte erwarten, dass auch der „Idealist" Platon letztlich die Seele aus ihrem Herumirren zur ewigen Ruhe bringen will. Davon ist aber in *Phaidros* keine Rede. Der unvollkommene menschliche Seelenwagen wird dem vollkommenen göttlichen Seelenwagen gegenübergestellt, und letzterer wird gekennzeichnet durch seine Leichtigkeit und geschickte Bewegung.

> Welch herrliche Schauspiele auf den Hauptwegen innerhalb des Himmels Grenzen, auf denen all jene glückseligen Götter gehen und kommen, jeder mit seinem eigenen Auftrag! Und jeder, der kann und will, macht mit und folgt; denn Missgunst ist ausgeschlossen aus dem Reigen der Götter. Immer aber wenn sie sich an die Festtafel setzen, besteigen sie den Abhang zum höchsten Gipfel des Himmelsgewölbes [...] etwas das die Wagen der Götter, ausgewogen und leicht lenkbar wie sie sind, ohne Mühe machen, während die anderen alle Mühe damit haben. (*Phaidros* 247a-b)

Platon stellt der menschlichen mühsamen Bewegung die göttliche reibungslose und geschickte Bewegung als Vorbild gegenüber. Das Ziel des menschlichen Lebens ist nicht schlechthin das Ende der Bewegung, sondern beinhaltet auch die Steigerung der Bewegungsfähigkeit.

Hier könnte man den Einspruch erheben, alle diese kinetischen Vorstellungen seien nur ein metaphorisches Wortspiel, hätten aber gar nichts mit einer wirklichen Bewegung in physischen Sinne zu tun. Das ist richtig, aber nicht ganz zutreffend. Die Götter sind von sich aus unkörperlich, und der Stoff ist von sich aus unbeweglich. Aber nach der Meinung der Vorsokratiker und Platons ist die menschliche Seele eben auch das Bewegungsprinzip des Körpers.

3. Der verklärte Körper als *perpetuum mobile*

Von den drei monotheistischen Religionen zeichnet sich das Christentum durch den Glauben an die Menschwerdung Gottes in Christus aus. Dieses Lehrstück der Inkarnation hatte sofort wichtige theologische Konsequenzen: auf dem Gebiet der Ekklesiologie (Die Kirche als „Leib Christi"), der Dogmatik (die Idee der *kenosis*, das Verhältnis zum Bilderverbot) und in der Sakramentenlehre (der Zeichencharakter des Stoffes). Von gleich grundlegender Bedeutung für das Selbstverständnis des Christentums war das Ostermysterium: die Auferstehung Christi am dritten Tage nach seinem Tode am Kreuz. Das biblische Zeugnis vom leeren Grab und der Geschehnisse bis Himmelfahrt macht deutlich, dass Gott nicht nur in leiblicher Gestalt unter den Menschen war, sondern dass es auch die Auferstehung einer leiblichen Person zu bekennen galt. Christus galt als Erstauferstandener aus dem Tode.

Schon die frühesten Glaubensbekenntnisse sprechen von der Auferstehung des Fleisches (*resurrectio carnis*), und später, im Credo von Nizäa-Constantinopel, heißt es bis zum heutigen Tage: *Et exspecto resurrectionem mortuorum, et vitam venturi saeculi*. („Ich erwarte die Auferstehung der Toten und das Leben der kommenden Welt"). Letzten Endes ist das Neue Jerusalem nicht eine rein geistige, sondern auch eine stoffliche Wirklichkeit, und die Bewohner der Stadt Gottes werden glückselige, aber reale körperliche Personen sein. Das ist kein Glaubenssatz, der sich einfach metaphorisch auslegen lässt, sei es für einen damaligen platonisierenden Idealismus, sei es für die Bedürfnisse der Vernunft in einer neuzeitliche „Entmythologisierung". Wer ihn ernst nehmen will, der sollte ihn buchstäblich nehmen. Schon seit frühester Zeit sahen sich christliche Theologen gezwungen, diesen Lehrsatz gegen Skeptiker zu verteidigen, die versuchten, diesen Glauben nicht nur als unmöglich, sondern auch als lächerlich zurückzuweisen. Und es gab da zweifellos eine Menge Probleme.

Da war die Frage, wie so etwas wie eine Auferstehung des Körpers möglich sei, und ob das überhaupt wünschenswert ist. Dann gab es das Problem der körperlichen Identität des jetzigen und des zukünftigen Auferstehungsleibes, die radikale Diskontinuität des Zerfalls zwischen diesen beiden vorausgesetzt. Auch wurde gefragt, was man sich darunter vorzustellen habe. Wenn die Theologie *fides quaerens intellectum* ist, so war gerade der Glaube an das Neue Jerusalem nicht nur eine Sache des Intellekts, sondern auch eine der Vorstellung und der Sinne: als körperliche Wirklichkeit gibt es da etwas zu sehen, zu hören, zu fühlen, zu riechen und zu kosten. Es ist an dieser Stelle bemerkenswert, dass mancher Theologe, der sich nicht nur auf ein unbegreifliches Mysterium berufen wollte, seine Theologie mit der Naturphilosophie verknüpfte, um etwas besonderes verständlich zu machen. So zum Beispiel Gregor von Nyssa, der sich auf die Atomlehre seiner Zeit bezog. Genau wie ein Maler oder ein Töpfer sein verlorengegangenes Werk aus den Fetzen und Scherben wiederherstellen kann, so wird die Seele am Ende der Zeit im Stande sein, den verlorengegangenen Leib Atom für Atom wiederaufzubauen.

Hier gibt es schon einige interessante Ansätze für eine historische Betrachtung der Interaktion von Theologie und Naturphilosophie. Das wird aber noch viel augenfälliger beim Identitätsproblem. Da gab es verschiedene Fragen: Werden alle Frauen als Frauen oder als Männer auferstehen? Werden die Verdauungs- und Sexualorgane auch mit auferstehen, angenommen dass sie im Neuen Jerusalem ihre Funktion verlieren? Und alle Haare und Nägel, die sich zu Lebenszeit gebildet haben? Wird das alles auch auferstehen? Und die Körpersäfte? Wie alt werden die Auferstandenen in der Ewigkeit sein? Und dann die permanente Frage, die man sich schon vor Augustinus bis weit ins Hochmittelalter stellte: Wie steht es mit dem Menschenfresser, dessen Körper sich aus den Körpern anderer gebildet hatte? Die Historikerin Caroline Walker Bynum hat darauf hingewiesen dass diese Fragestellungen keine metaphorischen Umdeutungen zulassen (1991, 239-307). Vor allem aber hat sie gezeigt, dass man sich – bevor man sich über diese Fragen lustig macht oder sich beschämt davon abwendet – ganz klar darüber sein muss, dass genau diese Art von Fragen sich auch im heutigen technologischen Zeitalter wieder aufdrängen. Wo der menschliche Körper das Objekt von biogenetischen Eingriffe und *crossovers* der (Xeno)Transplantation wird, wo er *total makeovers* der plastischen Chirurgie unterworfen werden kann, da stellen sich eben die Fragen hinsichtlich der körperlichen Identität: Was macht diesen Körper eigentlich zu dem, *was ich bin*? Ein Sciencefictionfilm wie *The Fly* von 1986 (Regie: David Cronenberg) ist bezüglich der Problematik der Vermischung von Körperidentitäten verwandt mit dem mittelalterlichen Menschenfresser – und nicht weniger bizarr.

Wie interessant dies alles auch ist, ich werde mich hier weiter mit dem Thema der Beweglichkeit befassen. Das heißt, ich beschränke mich auf die Beschreibungen der körperlichen Existenz im Neuen Jerusalem. Thomas von Aquin bedient sich bei seiner Argumentation zweier Ausgangspunkte.[4] Erstens wird der Auferstehungsleib nicht irgend ein Ersatz, sondern genau derselbe Leib sein, den wir jetzt besitzen. Zweitens wird der Stoff, aus dem der Leib besteht vervollkommnet sein, d.h. er wird gewissermaßen „vergeistigt", nicht weil der Stoff einfach „Geist" wird, sondern weil der Stoff dem Geist völlig *unterworfen* sein wird. Der letzte Satzteil ist ein zwar altmodischer, aber doch recht adäquater Begriff der *Technik*: die Unterwerfung des Stoffes unter den Geist. Thomas von Aquin denkt aber gar nicht an Technik, denn Technik ist ein menschliches Unternehmen, während diese Unterwerfung eine göttliche Gnadengabe ist. Laut Thomas ist diese eine Gnadengabe an die Glückseligen, konform der Tradition seiner Zeit, spezifiziert in vier körperlichen Gaben oder *dotes*: *Impassibilitas*, *subtilitas*, *agilitas* und *claritas*. Gestatten wir uns einen kurzen Blick auf diese vier Gaben.

Die erste, die *impassibilitas*, ist im allgemeinen das Unvermögen, etwas Fremdem oder Unnatürlichen unterworfen zu sein, aber sie gilt vor allem für das körperliche Leiden. Sie muss unterschieden werden von der *incorruptibilitas*, der Unvergänglichkeit. Alle Menschen werden incorruptibel auferstehen, die Verdammten ebenso wie die Glückseligen. Für die Ersteren ist das aber keine Bedingung ihrer Seelenfreude, sondern ihres Leidens, denn so können sie selbst durch einen letzten Tod ihrer Höllenstrafe nicht entkommen. Die zweite ist die *subtilitas*. Sie ist das Vermögen der „Durchdringung". Der subtile Körper wird durch keine stoffliche Barriere in seiner Bewegungsfreiheit beschränkt, denn alles wird für ihn gewissermaßen permeabel sein. Die *agilitas* ist die Schnelligkeit. Weil der Körper seine Schwere und Trägheit verloren hat, und weil er völlig dem Geist unterworfen ist, wird er sofort dort sein, wo der Geist sein will. Schon Augustinus schrieb: „Und sobald der Geist etwas will, so wird der Körper sich dort unverzüglich befinden."[5] Und nach ihm wurde das immer wieder betont: *ubi volet spiritus ibi protinus erit et corpus*. Die vierte Gabe ist die *claritas*, oder Leuchtendheit, Helligkeit und Klarheit.

Der Mystiker Jan van Ruusbroec fasste um 1340 diese „Freuden des gloriosen Körpers" folgendermaßen zusammen:

---

[4] Ich werde mich weiter in diesem Paragrafen berufen auf das Supplement der *Summa Theologiae*, *Quaestio* 80-85, des Thomas von Aquin (siehe auch *Summa contra Gentiles* IV, 81-88). Dieser Text ist freilich nicht von Thomas selbst geschrieben, sondern eine Kompilation anderer Texte seiner Hand. Er ist aber repräsentativ für den Standpunkt vieler seiner Zeitgenossen.
[5] *Civitas Dei*, XXII, 30 (eigene Übersetzung).

In unserem verherrlichten Leib werden wir eine lebendige Seele besitzen geschmückt, mit allen Tugenden. Unsere Körper werden siebenmal heller sein als
die Sonne, und durchscheinend wie Kristall, und so unverletzbar, dass das hölli-
sche Feuer und alle Schwerte die man einstmals schmieden wird, uns gar nicht
verwunden oder verletzen könnten. Und unsere Körper werden so schnell und
so leicht sein: wo die Seele auch will, dort wird sie den Körper mit sich führen
in einem Augenblicke. Und auch so subtil: gäbe es dort eine bronzene Mauer
von hundert Meilen Dicke, der Körper wurde dadurch fahren wie Sonnenstrah-
len durch das Glas. (Ruusbroec, „Vanden kerstenen ghelove" (1979, 82-83)
[eigene Übersetzung]

Es ist nicht so schwer die biblischen Stellen zu erkennen, auf die sich die Affir-
mation dieser körperlichen *dotes* beziehen.[6] Schon Augustinus hatte im 22. Buch
seiner *Stadt Gottes* den Rahmen und die meisten Themen dazu dargestellt. Aber
es ist auch fast unverkennbar, dass mindestens die ersten drei – die *impassibilitas*, die *agilitas* und die *subtilitas* – zu dem gehören, was man als „regulative I-
dee" der heutigen Technik bezeichnen kann: der Kulminationspunkt der Tendenz gegenwärtiger technischen Entwicklungen. Ein *cybernaut* kann sich innerhalb seiner virtuellen panästhetischen Umgebung eben als impassibel, agil und
subtil erkunden. Hier lassen sich einige Beobachtungen machen, wobei ich mich
wiederum auf das Thema „Mobilität" und die Schriften des Thomas von Aquin
beschränke.

Zuerst lässt sich feststellen, dass, obwohl die Idee der körperlichen Auferstehung ganz der christlichen Eschatologie zugehört, die Vorstellung des Aufer-
stehungskörpers fast völlig *naturphilosophisch* gerechtfertigt wird. Selbstverständlich sind die Glückseligen sittlich vollkommen, und sie genießen fortwäh-
rend die *visio beatifica*, aber wenn es darum geht, ihre leibliche Existenzweise
zu beschreiben, so bietet die Aristotelische Physik den eigentlichen Ausgangspunkt. Die Beschreibung des stofflichen Neuen Jerusalems und seiner Bewohner
ist eine kleine Naturphilosophie einer *idealisierten* Natur, d.h. einer stofflichen
Wirklichkeit, in der Stoff aller „Privation", allen Mangels, Widerstands,
Schmutzes, Schmerzes und Schwere entlassen ist. Dort funkeln die Dinge wie
Kristall und sind leichter als Luft. Dem gemäß kann man aus der Aristotelischen
Bewegungslehre folgern, dass im Neuen Jerusalem eine (fast) unendlich kleine
Kraft ausreicht, um einem Körper augenblicklich eine (fast) unendlich hohe Ge-
schwindigkeit zu geben. Dieser physische Kontext erklärt auch, weshalb Tho-
mas fragt, ob subtile Körper einander etwa betasten können (*Quæstio* 83, art. 6),

---

[6] Der *locus classicus* ist 1. Kor 15,35 ff. Aber sie werden auch von biblischen Zeugnissen wie
der Verklärung (Mt 17,1-13), den Geschichten bis zur Himmelfahrt (Lk 24, Joh 20-21) und
manchen alttestamentlichen Weisheitssprüchen abgeleitet.

ob ihre *impassibilitas* bedeutet, dass damit ihre sensorische Empfindsamkeit verloren geht (*Quæstio* 82, art. 3 und 4), und ob ihre *agilitas* bedeutet, dass sie sich ohne jede Dauer, also instantan, von einer Stelle in die andere versetzen können (*Quæstio* 84, art. 3). Die letzte Frage wird ebenfalls rein „onto-topologisch" aufgenommen, und daraus wird geschlossen, dass es am wahrscheinlichsten ist, dass verklärte Körper sich zwar in der Zeit bewegen, aber mit einer unwahrnehmbar kurzen Dauer. Beiläufig gesagt: die Art der himmlischen Körperbewegung ist also nicht vergleichbar mit *Star Trek* („Beam me up, Scotty"), sondern sie gleicht der des *Speedy Gonzales*.

Eine zweite Feststellung ist die eines Paradoxons. Die Vorstellung des Neuen Jerusalems gehört zur Eschatologie. Sie beschreibt die Welt am Ende der Geschichte, wenn die ganze Schöpfung zur Ruhe kommt, weil sie endgültig heimgekehrt ist zu ihrem metaphysischen Attraktor, dem Aristotelischen unbewegten Beweger, der sie „wie einen Magnet" an sich zog. Wieso sollte da noch Bewegung sein, wenn es nichts mehr zu erstreben gibt, sei es als *causa finalis* in der Natur oder als *desiderium naturale* des menschlichen Willens? Tatsächlich sind die mittelalterlichen Beschreibungen des Neuen Jerusalems fast ohne Ausnahme Szenen des Stillstandes und der Ruhe: An diesem „Tag ohne Abend" wird der Kreislauf der Himmelssphären angehalten, die Sonne wird für immer im Osten und der Mond im Westen am Himmel stehen, und nicht die mindeste Brise wird das kristallklare Wasser im Teich kräuseln. Gerade in dieser angehaltenen Wirklichkeit werden die Körper der Gerechten mit einer fast unvorstellbaren Schnelligkeit „geschmückt", die darüber hinaus eigentlich recht nutzlos scheint. Auch sind die Beschreibungen der *agilitas* mit wichtigen Ausgangspunkten in der mittelalterlichen Spiritualität und Mystik nicht leicht in Einklang zu bringen. Die letztere war von einer Sehnsucht nach andächtiger Seelenruhe in Gott und einer Abneigung gegen die Zerstreuung und das *divertissement* geprägt, die auch darin zum Ausdruck kamen, den Körper sozusagen in ruhiger Stellung verharren zu lassen. So schrieb Bernard von Clairvaux in seinem *Tractatus de vita solitaria*: „Es ist unmöglich, dass ein Mensch seinen Geist sicher auf einer Stelle behalten kann, wenn er nicht auch seinen Leib an einem bestimmten Ort bleibend festmacht."[7] Solche Gedanken gingen auf alte monastische Traditionen der *stabilitas loci* zurück. Dieser wird aber im Neuen Jerusalem eine außerordentliche „*instabilitas loci*" gegenüberstellt, denn da scheinen die Glückseligen, wie Piero Camporesi bemerkt, mit Überschallgeschwindigkeit durch die Himmelssphären zu sausen wie in einer gläsernen Turnhalle (1988, 28): „*Tam-*

---

[7] *Opera*, V, S. 90. Zitiert aus Camporesi (1988, 126).

quam scintillae in arundineto discurrent" [sie wirbeln wie die Funken über einen Strohfeld], schrieb Thomas von Aquin.[8]

Angesichts dieser Hochschätzung der seelischen und körperlichen Ruhe ist es nicht erstaunlich, dass Thomas fragt, warum eigentlich die Glückseligen überhaupt von ihrem Vermögen der *agilitas* Gebrauch machen. Seine Antwort: Damit sie Gottes Weisheit vorzeigen, und damit sie, weil sie körperliche, also lokale Wesen sind, ihren Blick auf die mannigfaltige Schönheit der Geschöpfe stets erneuern können (*Quæstio* 84, art. 2). Modern gesagt: Durch die *agilitas* besitzen lokale Wesen eine gewisse Multipräsenz, die dem Genuss des Lebens dient.

Schließlich ist zu konstatieren, dass mit der körperlichen Bewegung eine Axiologie verbunden ist. In einer ideal geordneten Welt ist der Grad der Vollkommenheit das Maß der Beweglichkeit. Dante hat das in seiner *Göttlichen Komödie* bildhaft vorgeführt, als er *Dis*, den Erzverräter und Herrscher des Bösen, als festgefroren in den Tiefen der *Cocytus* darstellte (*Inferno* XXXIV, 20-31), während er das Paradies als einen aufrecht in den Himmel reichenden Malstrom skizzierte:

> Und die frohen Geister machten sich zu leuchtenden Rädern, die um eine feste Achse drehten und entflammten wie Kometen. Und genau wie die Räder eines Uhrwerkes sich derart bewegen, dass der Zuschauer den Eindruck bekommt, dass das erste stillsteht und das letzte herumfliegt, so war das auch mit diesen Kreisen. Durch ihre langsame oder schnelle Bewegung gaben sie mir eine klare Idee des Maßes ihrer Glückseligkeit. (*Paradiso* XXIV, 10-18)

In der Nähe Gottes beginnen alle zu wirbeln und zu taumeln. Und Gott, der unbewegte Beweger selbst? Es mag so sein, dass die *immutabilitas Dei* ein alter und ehrwürdiger Glaubenssatz ist, eine zeitgleiche Charakterisierung des Verhältnisses der drei Personen in Gott heißt: *Perichoresis*, Rundtanz!

4. Modernität und Dynamik

Das moderne Wirklichkeitsverständnis begriff die Kontingenz des Faktischen zunächst nicht mehr als Schöpfung und damit die Natur als normativ, sondern als einfach gegebene und veränderbare Möglichkeit. Innerhalb dieses Verständnisses profilierte sich die Philosophie als das epimetheïsche Projekt des Nachdenkens über die notwendigen Bedingungen der Möglichkeit des Möglichen.

---

[8] Weish. 3,7 zitiert in *Quæstio* 84, art. 2.

Die Technik wurde zum prometheïschen Projekt des Vorausarbeitens: das Realisieren des Möglichen. Die eigentliche Domäne der Philosophie war die transzendentale Reflektion, und der Bereich der Technik war die „unphilosophische"
Exploration des Vorstellbaren. Dies erklärt, weshalb die mittelalterlichen Vorstellungen der Körpergaben philosophisch recht unbedeutsam sind und sich statt
dessen mühelos umwandelten von der theologischen Eschatologie in die technische Utopie. Schon Bacon hatte im *Nova Atlantis* eine Liste von zukünftig zu
realisieren Möglichkeiten genannt: Mittel für Lebensverlängerung, Heilung,
Schmerzbekämpfung, usw. (Bacon 1963, 167-168) Dies sind technische Ziele,
die bis heute nichts an Aktualität verloren haben, sei es als Produktion von wirksamen Heilmitteln oder als molekularbiologische Projekte wie *lifespan extension*
und *the battle against ageing*, die man als moderne Antworten auf das uralte
Verlangen nach *incorruptibilitas* und *impassibilitas* auffassen kann. Sie haben
sich allerdings von versprochenen Gottesgaben in Projekte des autonomen Subjekts umgewandelt. Aber wie steht es mit den Gaben von *subtilitas* und *agilitas*?

Was ich hier zeigen möchte, ist, dass die heutige technisch realisierte
Auslösung der Mobilität durch die moderne instrumentale Rationalität nur teilweise und mangelhaft verstanden wird, wenn sie nur als notwendiges „Mittel"
oder als Bedingung der modernen sozialen und wirtschaftlichen Ordnung betrachtet wird. Das „moderne Herz" hat sozusagen seine Gründe, die die moderne
Vernunft nicht kennt. Sie verkennt die Mobilität, weil sie den Zusammenhang
von Körperbewegung, Seelenleben und nutzlosem Feiern des Lebens, die in der
mittelalterlichen Eschatologie noch zentral standen, übersieht, mit nur eine Ausnahme: das Reisebüro und die Vergnügungsindustrie, wo es sich im *Roller Co-
aster* und *IMAX* Theater, als *Bungee Jumping* und *Hang Gliding* immer um ein
nutzloses Wirbelspiel dreht. Aber genau in der verengten Sichtweise als Ver-
gnügung wird die Körperbewegung zu einem futilen Erlebnis herabgedrückt. Sie
verdient eine viel seriösere Betrachtung. Dennoch, als Wunschtraum des Le-
bensgenusses lässt sich die Bewegung verbinden mit einem Grundwort der Moderne: der Freiheit, nicht in ihrer philosophisch fundamentalen Bedeutung, sondern in einer technisch realisierbaren. Das heißt, als *Bewegungsfreiheit*.

Thomas Hobbes hatte im *Leviathan* die Bewegungsfreiheit als Grundbe-
deutung der Freiheit angewiesen. Die „Freiheit"

> [...] bedeutet eigentlich die Abwesenheit von Widerstand (mit Widerstand mei-
> ne ich äußere Hindernisse der Bewegung), und diese kann ebenso gut auf un-
> vernünftige und unbeseelte Wesen zutreffen wie auf Vernünftige. Denn, was
> immer auch festgebunden oder umgeben ist, so dass es nur innerhalb eines be-
> stimmten Platzes bewegen kann, davon sagen wir, dass es keine Freiheit besitzt

weiter zu gehen. Und von allen lebendigen Kreaturen, wenn sie gefangen sind, oder beschränkt durch Mauer oder Ketten, und vom Wasser, wenn es festgehalten wird durch Ufer oder Gefäße, weil es sich sonst in einen größeren Raum ausbreiten würde, davon sagen wir gewöhnlich, dass sie nicht die Freiheit besitzen, so zu gehen wie sie würden, wenn es nicht diese äußere Hindernisse gäbe. Wenn aber die Bewegungsbehinderung in der Beschaffenheit der Sache selbst liegt, dann sagen wir gewöhnlich nicht, dass es die Freiheit, sondern dass es die Fähigkeit zur Bewegung will, gleichwie ein Stein der still liegt oder ein Mensch, der an sein Bett gekettet ist durch eine Krankheit. (Hobbes 1966, 196)

Die „Freiheit", von der Hobbes hier spricht, ist nicht die philosophisch-anthropologisch bedeutsame, nämlich als transzendentale Bedingung der Sittlichkeit. Vielmehr ist diese negative, vulgäre Freiheitskonzeption eine technisch realisierbare. Und die Bewegung, von der hier die Rede ist, ist auch nicht einfach die notwendige physische Voraussetzung zum Überleben inmitten der modernen wirtschaftlichen und sozialen Verhältnisse, in denen es gilt, die Konkurrenten hinter sich zu lassen. Als Bewegungsfreiheit ist sie verwandt mit den mittelalterlichen *dotes*, nämlich als Überwindung der äußeren Hindernisse der Bewegung (*subtilitas*) und als Steigerung der inneren Fähigkeit zur Bewegung (*agilitas*), als etwas an sich Gewolltes. Weil aber diese Freiheit als ein Wert gilt, so ist auch mit der Bewegung eine Axiologie verbunden. Dante hatte geschrieben: „Durch ihre langsame oder schnelle Bewegung gaben sie mir eine klare Idee von dem Maß ihrer Glückseligkeit"; das moderne, technisch realisierbare Pendant dieser Aussage würde lauten: „Die langsame oder schnelle Bewegung ist das Maß ihrer Freiheit."

Diese neue, moderne „Moralisierung" der Bewegung hat allerdings auch wieder eine grundlegende Änderung in der Bedeutung erlitten. Im Mittelalter galt die Bewegungsfreiheit als körperliche und göttliche *Zugabe* zu der sittlichen Vollkommenheit und zur *visio beatifica*. Selbst als „nutzloser Rundtanz" drehte sie sich von vornherein um Gott. In der Moderne wurde die Bewegungsfreiheit aber als solche das Ziel eines technischen Projekts, geleitet durch autoreflexive Maximen, worin sich Begriffe wie „Freiheit", „Leben" und „Bewegung" weithin austauschen lassen: „das Befreiende muss frei sein, das Unfreimachende darf es nicht", „das Lebensbefördernde muss leben, und das Lebensfeindliche darf es nicht", und „das Bewegungssteigernde, Entschränkende muss sich frei bewegen und entfalten können, und das Immobilisierende darf es nicht". Im negativen lassen sich diese Maximen in der fast universalen gesellschaftlichen Reflexreaktion auf das Böse erkennen: *lokalisieren* und *immobilisieren*. Sie ist immer dieselbe, ob es sich nun um die Ursache eines physischen Elends, wie eine Krebszelle handelt, oder um das Subjekt eines moralischen Verbrechens. Im letzten Fall heißt die „Problemlösung" außerdem „Strafe", und darin sind „Freiheit", „Leben" und „Bewegung" direkt auf einander bezogen, denn die Freiheitsstrafe ist grundsätzlich eine Bewegungsstrafe, und sie ist zwar noch keine Todesstrafe, aber doch setzt sie dem Leben eine Grenze.

Typisch „modern" ist aber vor allem die positive Hinneigung zur Delokalisierung und Mobilisierung als technische Projekte, das heißt zur tatsächlichen Realisation der körperlichen *subtilitas* und *agilitas*. Hier ist nicht der Platz, um ausführlich die außerordentlich komplexen technischen Entwicklungen der letzten Jahrhunderte und ihre Einbettung in der gesellschaftlichen Wirklichkeit zu beschreiben. Ich richte die Aufmerksamkeit gleich auf die Vorhut der heutigen *high tech*: *cyberspace* und *virtual reality*.

Wie ist eigentlich der philosophische Status einer virtuellen Wirklichkeit zu bestimmen? Als eine interaktive sinnliche Umgebung, zu der man mittels der Kopplung des Körpers an einen Computer, der sie generiert, Zugang hat. Nicht alles, was sich da sinnlich meldet, ist einfach *simulacrum* (Präsenz-ohne-jede-Repräsentation), wie in einer *shared virtual world*. Und wenn man die Begriffe „Kommunikation" und „Ausdruck" nur weit genug nimmt, dann ist sie eigentlich immer ein Kommunikations- und Ausdrucksmittel, wie dies auch in der frühmodernen *trompe l'oeil* der Fall war. Immerhin, das Spiel der Sinnestäuschung war von Anfang an Teil der technischen und künstlerischen Agenda.[9] Die Technologie der *virtual reality* ist nicht nur die Produktion heller Träume oder das *Matrix*-artige Spiel der *Lex identitatis indiscernibilium* von Schein und Wirklichkeit. Und doch, gewissermaßen ist die Technologie der *virtual reality* tatsächlich „Traumverwirklichung", aber nicht so sehr im Sinne einer quasi spiritistischen Phantasmagorie, sondern vor allem als technologischer Traum: als *Utopie*, und das in zweierlei Hinsicht.

Zum Ersten ist sie die Verwirklichung, im Sinne einer „Erfahrbarmachung", der mathematischen Strukturontologie, die seit dem Siebzehnten Jahr-

---

[9] Auf diesem Gebiet gibt es nicht viel Neues. Nach Cennini (1370-1440) war es der Auftrag des Malers „[...] zu zeigen was nicht da ist, als ob es da ist." (1932, 1), was sich durch die Technik der Perspektivmalerei als *trompe l'oeil* realisieren ließ. Auch Bacon weist mehrmals auf zu realisierende technische *deceptions of the senses* hin (Bacon 1963, 168). Das war im Zeitalter der *Laterna Magica*, vorbereitet durch Della Porta's *Magia naturalis* (1558). Bald wurde auch das „skeptische" Problem der Ununterscheidbarkeit von „Traum" und „Wirklichkeit" durch Philosophen thematisiert (Pascal, Descartes, Locke, Hume). Wer *virtual reality* als absichtliche Sinnestäuschung auffasst, der betrachtet sie einfach als perfektionierte (panästhetische, interaktive) Phantasmagorie. Die Phantasmagorie beinhaltet fast immer theatralische „Geistererscheinungen", ein Kirmesspiel von vulgären Traum- und Phantomvorstellungen.

hundert der Naturwissenschaft vorausgesetzt wurde. Während die Naturwissenschaft die vorgegebene sinnliche Wirklichkeit *theoretisch* als mathematische Struktur offenbarte, wird in *virtual reality* eine mathematische Struktur – ein Programm oder Algorithmus – sinnlich verwirklicht. In diesem Sinne haben die Gestalt und das Verhalten einer virtuellen *Lara Croft* dieselbe ontologische Verfassung wie die einer wirklichen Person in der Perspektive der Molekularbiologie und Kognitiven Psychologie: Manifestation algorithmischer Informationsverarbeitung. So betrachtet ist *virtual reality* eine Art experimentelle Umgebung, in der sich eine sinnliche Wirklichkeit erfahren lässt, die völlig mit dem wissenschaftlichen Wirklichkeitsverstehen korreliert. Da lassen sich die Dinge erfahren, wie sie in einer total technowissenschaftlich beherrschten Welt sein würden. Als Antizipation dieser endgültigen Verwirklichung ist sie eine Utopie, sei es nicht mehr eine narrative oder argumentative, sondern eine körperlich erlebbare."

Zum Zweiten ist sie utopisch im buchstäblichen Sinne des *ou-topos*. Sie ist die Verwirklichung der totalen Delokation: ein nicht vom physischen Ort abhängiges Nirgendland, und doch gewissermaßen real, mit dem Zusammentreffen zweier Personen in einer Telefonverbindung vergleichbar: Sie begegnen sich wirklich, obwohl nirgendwo im physischem Raum der Treffpunkt anzuweisen ist, und egal wo sie sich befinden. Als Medium macht sie eine ungemeine Multipräsenz möglich, so wie die visuo-haptische Körperverlängerung der medizinischen Teleoperation: technologischer Telekinese. Natürlich werden solche technischen Innovationen rein rational gerechtfertigt mit Hinsicht auf Effizienz, Ertrag und Nutzen. Aber wirklich aufregend ist der körperliche Körperexzess des Chirurgen. Diese Technologie ermöglicht eine richtige Orgie der Loslösungen, nicht exklusiv, aber meist augenfällig vom Platz und Abstand. Als eingebettet in die physische Wirklichkeit zeitigt sie eine quasi Omnipräsenz, und als panästhetische Umgebung funktioniert sie als ein *Asylum* oder Freiplatz, an dem man sich, inmitten computergenerierter *special effects*, einer außerordentlichen Bewegungsfreiheit erfreuen kann ... *ubi volet spiritus ibi protinus erit et corpus.* Und das alles ohne jegliche Gefahr. Wenn schon einer im Flugsimulator gestorben ist, dann nicht in Folge eines *crash*. Im *cyberspace* ist man eben impassibel.

Die „religiösen" Gesten, die hier gemacht werden, laufen alle auf das vulgäre moderne Freiheitsverständnis hinaus und auf die mittelalterlichen Vorstellungen des Neuen Jerusalems: Uneingeschränkt Leben, das Verwirklichen alles Möglichen, die Überwindung der Grenzen der Natur und des Stoffes mit seiner Vergänglichkeit, Lokalität, Widerstand und Trägheit. Wirklich „vergeistigt" oder gar „immateriell" ist *virtual reality* natürlich nie. Sie ist reine immanente

Ästhetik oder sinnlich gewordene Vorstellung, d.h. immer beschränkt, kontingent, endlich. Sie ist, wie Thomas von Aquin schon bemerkte, total unterworfener Stoff, der sich mit jeder Form beliebig und widerstandslos „informieren" lässt.[10] Aber in diesem Sinne gleicht sie eben den mittelalterlichen Himmelsvorstellungen. Man sollte darum nicht staunen, dass Bernard von Clairvaux, obwohl er an das Neue Jerusalem dachte, hervorragende Observationen zu *cyberspace* gemacht hat. Zum Beispiel als er bezüglich des Himmels schrieb: *Omnes habent eam et singuli habent totam* [„Alle besitzen ihn, und jeder einzelne besitzt ihn ganz"]. Das sind genau die ökonomischen Verhältnisse in einer rein ästhetischen Welt, worin kollektiver Genuss keine Knappheit implizieren kann.

Diese spätmoderne Flucht in die ätherische Leichtigkeit und Schnelligkeit hat ihre Schattenseiten. Ich habe schon auf die paradoxe Seite zwischen der mittelalterlichen *agilitas* und *subtilitas* als Lebensfeier einerseits, und ihre Abneigung gegen die Zerstreuung andererseits hingewiesen. In der technisch realisierten Schnelligkeit und Leichtigkeit scheint aber genau diese Zerstreuung realisiert zu werden. Man braucht sich gar nicht auf die spätmoderne Informationstechnologie zu beschränken, um die Beziehung zwischen Schnelligkeit und Zerstreuung festzustellen. Als Victor Hugo 1837 eine Eisenbahnreise machte, beschrieb er seine Erfahrung folgendermaßen:

> Die Blumen am Feldrain sind keine Blumen mehr, sondern Farbflecken, oder vielmehr rote oder weiße Streifen; es gibt keinen Punkt mehr, alles wird Streifen; die Getreidefelder werden zu langen gelben Strähnen; die Kleefelder erscheinen wie lange grüne Zöpfe; die Städte, die Kirchtürme und die Bäume führen einen Tanz auf und vermischen sich auf eine verrückte Weise mit dem Horizont; ab und zu taucht ein Schatten, eine Figur, ein Gespenst an der Tür auf und verschwindet wie der Blitz, das ist der Zugschaffner. (Schivelbusch 1977, 54)

Die Augen Victor Hugos hatten sich noch nicht an die Geschwindigkeit gewöhnt, die für uns allmählich selbstverständlich geworden ist. Aber dadurch fällt ihm um so mehr etwas auf: ein „Wirklichkeitsverlust" oder eine Desubstanzialisierung der Dinge in einer *direkten Körpererfahrung*. In dieser Erfahrung der zerstreuten Leichtigkeit der Dinge und ihren „verrückten Tanz" meldet sich ein wichtiges philosophisches Problem. „[D]as hastige Beseitigen aller Entfernungen bringt keine Nähe", schrieb Heidegger (1994, 3), und was er sich auch bei

---

[10] Aristotelisch gesagt: Weil jede Form hier akzidentiell ist, ist sie nicht unstofflich, sondern substanzlos.

„Nähe" dachte, Hugo macht die *Erfahrung* des Abstands und der Isolation, aufgrund dieser technischen Beseitigung der Entfernung.

In den mittelalterlichen Vorstellungen über das Neue Jerusalem gab es auch dieses Problem, sei es nur in der theoretischen Betrachtung und nicht als direkte Erfahrung. Und es wurde nicht gelöst, sondern sozusagen *übergangen* durch die apriorische Annahme, dass es im Himmel grundsätzlich keinen Wirklichkeitsverlust oder Desubstanzialisierung geben kann, weil die Geschöpfe dort endgültig mit Gott – das *ens per essentiam* – vereinigt sind. Aber ein solches theoretisches Übergehen dieses mittlerweile praktischen Problems kennt die Technik nicht. Sie zielt auf das Leben als die Feier eines Dantesken Rundtanzes, aber sie realisiert eine wirbelartige und ewige Wiederkehr um eine leere Stelle.

Literatur

Barbour, I. G., 1990: *Religion in an Age of Science*, (The Gifford Lectures 1989-1991, vol. I), London.

Camporesi, P., 1988: *The Incorruptible Flesh. Bodily Mutation and Mortification in Religion and Folklore* (Cambridge Studies in Oral and Literate Culture; 17), Cambridge.

Cennini, C., 1932: *Il libro dell'arte* (c. 1400), edited by D.V. Thompson, New Haven.

Havelock, E. A., 1986: *The Muse Learns to Write. Reflections on Orality and Literacy from Antiquity to the Present*, New Haven.

Heidegger, M., 1994: *Einblick in das was ist* (Gesamtausgabe, Bd. 79), Frankfurt/M.

Hobbes, Th., 1966: *Leviathan* (The English Works of Thomas Hobbes of Malmesbury, Bd. III), Aalen.

Newton, I., 1964: *Philosophiae Naturalis Principia Mathematica* (Opera quae Extant Omnia, Bd. 2), Stuttgart.

Nietzsche, F., 1967: *Jenseits von Gut und Böse*, in: Colli, G.; Montinari, M. (Hg.), Nietzsche Werke. Kritische Gesamtausgabe, Bd. VI2, Berlin.

Nietzsche, F., 1973: *Die fröhliche Wissenschaft*, in: Colli, G.; Montinari, M. (Hg.), Nietzsche Werke. Kritische Gesamtausgabe, Bd. V2, Berlin.

Ong, W. J., 1988: *Orality and Literacy. The Technologizing of the Word*, London.

Ruusbroec, J. v., 1979: *Drie kleinere tractaten*, Tielt/Amsterdam.

Schivelbusch, W., 1977: *Geschichte der Eisenbahnreise. Zur Industrialisierung von Raum und Zeit im 19. Jahrhundert*, München/Wien.

Walker Bynum, C., 1991: Material Continuity, Personal Survival and the Resurrection of the Body. A Scholastic Discussion in Its Mediaeval and Modern Contexts, in: Walker Bynum, C., *Fragmentation and Redemption. Essays on Gender and the Human Body in Medieval Religion*, New York.

II. Methodisches

Mikael Stenmark

Science and Religion
The Methodological Dimension

Science and religion are two of the most important achievements of human culture. A very interesting and crucial issue is therefore how these two human practices are related to one another, and how a genuine and fruitful dialogue between its practitioners can be achieved. I have recently argued that this relationship is multidimensional and this idea fits in well with the basic thrust of this book. My task in this paper is to present and develop the discussion about one of these dimensions of the relationship between science and religion, namely, the methodological dimension.

First I shall show how the methodological dimension of science and religion has typically been understood in the contemporary science-religion dialogue. Second, I shall give an account of the aims of science and religion in order to show some problematic aspects of this way of looking at things. My thesis is that the methodological dimension of science and religion should be shaped by this „teleological" dimension – only then can we have a fruitful science-religion dialogue about these issues.[1]

1. The Contemporary Debate

The way the methodological dimension of science and religion in general is discussed is by focusing on the methods of science, and understanding them as raising a challenge to the methods of religion or theology.[2] For instance, Ian Barbour, in his influential book *Religion and Science* (1997), writes that:

> For some people, science seems to be the only reliable path to knowledge. For them, the credibility of religious beliefs has been undermined by the methods as well as by the particular discoveries of science. Other people assert that religion has its own distinctive ways of knowing, quite different from those of science.

[1] Completion of this work was made possible through the support of the Swedish Research Council.
[2] Be aware that I am using the notion of science in the restricted way that is common in English but not in German or Swedish. Thus it covers only the natural sciences and those areas of the social sciences that are highly similar in methodology to the natural sciences.

Yet even they are asked to show how religious understanding can be reliable if it differs from scientific knowledge. Science as a method constitutes the first challenge to religion in a scientific age. (Barbour 1997, xiii)

Arthur Peacocke maintains that „all religions, and especially Christianity in the West, face new challenges posed by the successful methodology of the sciences [...]", but his response is to claim that theology can indeed employ the standards of rationality that characterize the sciences (Peacocke 2001, 12, 30f). Nancy Murphy agrees and claims that Imre Lakatos' idea of research program can be applied to theology and not merely to science. She argues for the rationality of Christian belief by attempting to show that theological reasoning is similar in this way to scientific reasoning (Murphy 1990, cf. Murphy/Ellis 1996).

Stephen Jay Gould is more doubtful about the idea of a methodological continuity between science and religion. He contrasts, for instance, the way in which the disciple Thomas' request for evidence is evaluated in the Christian practice, and how it differs from how a similar request is evaluated in scientific practice. When the other disciples told Thomas that they had met the resurrected Jesus, Thomas responded by saying „Unless I see the nail marks in his hands and put my finger where the nails were, and put my hand into his side, I will not believe" (John 20:25). A week later Jesus reappeared and this time Thomas was also present. Jesus lets Thomas put his finger where the nails had been and put his hand into his side, and then Thomas believed and said to Jesus „My Lord and my God." Jesus responded by saying „Because you have seen me, you have believed: blessed are those who have not seen and yet have believed" (John 20:29). Gould accepts this as a proper epistemic norm of religion but also writes that he „cannot think of a statement more foreign to the norms of science. [...] A skeptical attitude toward appeals based only on authority, combined with a demand for direct evidence [...] represents the first commandment of proper scientific procedure" (Gould 1999, 16). Gould does not, however, want to pass any judgment on religion for this lack of conformity with scientific methodology.

Richard Dawkins, on the other hand, has no such misgivings. He thinks that scientists can and should use scientific methodology to criticize religious beliefs and epistemic norms. He tells us that faith

> means blind trust, in the absence of evidence, even in the teeth of evidence. The story of Doubting Thomas is told, not so that we shall admire Thomas, but so that we can admire the other apostles in comparison. Thomas demanded evidence. [...] The other apostles, whose faith was so strong that they did not need evidence, are held up to us as worthy of imitation. [...] Blind faith can justify anything. (Dawkins 1989, 198)

Presumably this means that if religious believers were really rational – and on this point they can learn a lot from scientists – then they would admire Thomas and not the other disciples, and consequently change their epistemic norms in such a way that they would resemble scientific norms.

Edward O. Wilson also maintains that he considers scientific epistemology to be preferable to religious epistemology. He writes that

> the reasons why I consider the scientific ethos superior to religion [are]: its repeated triumphs in explaining and controlling the physical world; its self-correcting nature open to all competent to devise and conduct the tests; its readiness to examine all subjects sacred and profane [...]. (Wilson 1978, 201)

The focus of attention is thus on whether science and religion should be related in such a way that the apparently successful methodology of the sciences should be implemented also in religious practice: is it possible and desirable to challenge the way beliefs are formed, rejected and revised in religion by taking science as the paradigm example of rationality? What implications do the development of particular scientific methods and reasoning strategies have for religious or theological rationality? What are the similarities and differences between the methods of inquiry in the sciences and in theology?

Peacocke and Murphy presuppose in their account a *contact view* between science and religion. It is the view that there is an overlap, that is to say, some area of contact between science and religion. In their case it consists at least of a methodological continuity. Dawkins and Wilson lean more towards a *conflict view*, that is, the view that science and religion are rivals on the same turf and in the end merely one will emerge as the winner. Gould argues instead for an *independent view*, namely that that science and religion are not rivals at all because they have no turf in common.

I want initially to side with Dawkins against Gould when it comes to the issue of methodology. Why would it not be appropriate for Dawkins to suggest that a different epistemic norm, one that has proved to be successful within science, would be a better norm to adopt also within religion? If we can improve our cognitive performance, by taking what we have learned in one area and applying it in another area of life, it is hard to understand why anyone would object. But – and this is an important „but" – whether such an attempt to impose the epistemic norms or methods of one practice on another practice will prove to be convincing, depends on *whether one has sufficiently understood what is going on in this other practice*. The reason why we sometimes respond very negatively to a proposed „improvement" of a particular practice concerns exactly this; we anticipate a lack of awareness and sophistication in understanding the context and the goals of the practice in question. Let us therefore back up a little and focus on the nature of these two practices before addressing these specific claims about methodological continuity, discontinuity or reformulation. What characterizes these human achievements and, in particular, what are the aims of science and religion?

2. Religion and Science as Social Practices

I suggest that our starting point should be that science and religion are not merely sets of beliefs or theories plus certain methods, but two *social practices*. That is to say, whatever else science and religion might be, they are complex activities performed by human beings in cooperation within a particular historical and cultural setting. We could say that a „practice" is, roughly, a complex and fairly coherent socially established cooperative human activity through which its practitioners (for instance, religious believers or scientists) try to a-chieve certain goals by means of particular strategies.[3] A practice can thus be distinguished by identifying the goals that its practitioners have more or less in common and by the means that they develop and use to achieve these goals. Science and religion conceived in this way consist of all the activities that scientists and religious people participate in, in pursuing the goals of their particular practice; and since these two practices have existed for a long time, they have a history and constitute traditions.

Consequently in the broadest sense, „methodology" and the „methodological dimension" of science and religion refer to the *means* of different kinds that are developed in these practices to obtain the goals that characterize these activities in question. A subset of these means is the „epistemic" one. Beliefs, theories, stories and the like are acquired, discussed, rejected, or revised in both science and religion. These processes involve reasoning of some sort. The following important questions arise: do practitioners in both fields endorse the same kinds of reasoning and is the same kind of reasoning appropriate given the goals of scientific and religious practice? Should the epistemology of religion be informed by the epistemology of science? Could there or should there be an overlap between science and religion at the epistemic level? It is methodology in this narrower sense that has been at the center of the science-religion dialogue.

---

[3] See MacIntyre (1984, 187f) for an illuming discussion of the concept of practice and Tilley (1995, 30f) for its application on religion.

My point, however, is that it is first when we have a good grasp of the goals of science and religion that we are in a position to determine whether the means their practitioners have developed to achieve these goals are successful and perhaps also compete with each other. What we are looking for is a cluster of goals that individuals or the community more or less consciously take to be the aims of religious or scientific practice. Practitioners of religion and science have some aims in mind when they do what they do: what is it that they are try-ing to achieve by these activities? In what follows, I shall offer a rough outline of how one can think about the „teleology" of science and religion.[4] It is not compatible with all views of either religion or science but hopefully the teleolo-gy characterizes views that are widely held in at least contemporary Western so-ciety.

Things happen to us that we do not anticipate and that sometimes threaten our lives and well being. We need things that are not always easy to obtain, such as nutritious food, medicine, houses, bridges, and vehicles. In dealing with these things, science has proved to be of great value. It enables us to control nature, and when we cannot control it, to predict it, or to adjust our behavior to an un-cooperative world. We could say that science aims to make the world *technolo-gically* and *predictively intelligible*, and we value science because it is useful and because it helps us to control, predict, and alter the world. But we do not have to satisfy merely material needs to be alive and well. We also have to pay attention to spiritual or existential needs. Our well being thus also depends upon our ability to deal with our experiences of suffering, death, guilt, or mea-ninglessness. In dealing with these phenomena, religion has proved to be of great value. It enables us to make sense out of these existential experiences, to diagnose them, and find a way through the barriers to our well being. We might say that religion aims to make the world *existentially intelligible*. Perhaps this is the major difference in goals between religion and science. Religion and science are useful to us, but they are useful for doing different things or solving different problems.

Let me say a few things about how this existential concern of religion is understood by advocates of religions such as Christianity and Islam. They typi-cally maintain that it is possible for us to overcome existential constraints in a more profound way only if we let our lives be transformed by the divine or the sacred, or if we enter into a right relation with the divine or the sacred. The con-ceptualization of the sacred varies, however, from religion to religion. But what

---

[4] See Stenmark (2004) for a more detailed account.

most of these believers have in common is a consciousness of and trust in a reality beyond the ordinary world, a belief in the existence of a transcendent dimension of reality. These religions thus point to a level of reality that goes beyond the human and the mundane. It is the presence of the sacred that gives the lives of religious believers their substance and meaning – it gives them the strength or wisdom to deal with or get through existential constraints, and positively speaking, to understand the true significance of love, friendship and virtue. Thus the sacred is also understood to be something of supreme value and, in certain accounts, is even thought to be the source of all value in the world. In addition the advocates of these religions typically believe that without taking into account the sacred a true transformation of our present defective situation is impossible. Therefore, a common concern of many religions is to make contact with this transcendent, sacred or divine reality.

We can thus say that the overall aim of religion is to help people theoretically understand and practically integrate the divine dimension of reality into their lives and thereby release its capacity or value for their lives and for their existential concerns. The practitioners of religion differ in their accounts of what the appropriate means are for bringing about this change, but they seem to agree that this is a primary aim of religion. We could say that religion, according to this account, has a *soteriological goal*. In Christianity this typically means that salvation lies in a personal relationship with God. Science, on the other hand, is generally understood to lack this kind of concern. It is not taken to have the aim of giving us salvation, of delivering us from self-centeredness, or of overcoming our alienation from God.

A religion thus contains at least
   a) a *diagnosis* of what the basic existential problem of human life is,
   b) an understanding of what *ideal human flourishing* (or „spiritual health") amounts to,
   c) an *ordination* of how this basic problem could be solved, how salvation could be obtained or what is a cure to our „spiritual illness". [5]
Religions differ insofar as their diagnoses, ideals of human flourishing and ordinations differ. But the point I like to make in this context is that these elements (a), (b) and (c) entail assumptions about what exists, what we can know about reality, and what is valuable in life. A religion therefore contains also

---

[5] Similar ideas of how to understand religion have been developed by other scholars, see for instance Ward (1987, 74), Byrne (1995, 75) and Yandell (1999, 17).

d) *beliefs about the constitution of reality*, that is, at least those assumptions that must be true for the diagnosis to be correct and for the ordination to work and for a realization of ideal human flourishing to be possible.

Hence, according to this view, religion has also an epistemic goal (that is, it attempts to say something true about reality) but it is *subordinated* to the soteriological goal. The soteriological goal shapes the epistemic goal of religion. This
is true, at least, in the sense that many Christians do not merely affirm the truth
of beliefs such as that there is a God, that God is love, or that God created the
world. Instead their primary aim is to have an appropriate relation to God so that
they can implement the divine dimension of reality in their lives. Many Christians believe that God's revelation, although it is incomplete, gives knowledge
that is adequate for believers' needs. For them it is sufficient to know what is
necessary for them to live the life they must, in relation to God. These believers
aim at significant or important truths, truths that are useful for them in their relation to God.

Scientists have the epistemic goal of contributing to the long-term community project of understanding the natural and social world. In a similar fa-
shion religious practitioners may have the aim of contributing to the religious
community's long-term goal of understanding God or Divine Reality, to the extent that this is understood to be possible for beings in our predicament. (Different religions, or denominations within a religion, may be more or less opti-
mistic about the achievement of this goal.) Note that even though this formulati-
on parallels that of science, it is, I think, a more controversial and slightly misleading characterization in the religious case. I suggest that this is because in religion, the emphasis is so much on *being* religious, on *living* a life in the presence of God. The epistemic goal of religion is shaped by the soteriological agenda.
Therefore, it is perhaps more adequate to say that the epistemic goal of Christianity, for instance, is to promote as much knowledge of God as is necessary for
people to live a religious life successfully (knowing that God is love, that God
wants to redeem us and how God redeems us, etc.).

A crucial difference between the epistemic goal of religion and science is
then that in science the aim is to increase the *general body of knowledge* about
the social and natural world, whereas in religion it is to increase the *knowledge
of each of its practitioners* to such an extent that they can live a religious life
successfully. To contribute to the epistemic goal of religion is first of all to increase, up to a certain level, the religious knowledge (say, at least to the level

necessary for salvation) of as many people as possible (although Judaism is one exception to this rule). It is not, as in science, to move the frontiers of knowledge of nature and society forward as much as possible.

To achieve their epistemic goal, scientists work on different problems. They specialize and there is thus a division of labor. Moreover, scientists try to provide individuals, belonging to different research groups, with access to the data they discover and to the theories they develop. An integrated part of this process is not only co-operation, but also competition among scientists, allowing and encouraging the critical scrutiny of other people's work, thus being aware that one's own work probably will receive the same treatment and therefore trying to make certain that it will stand up to such an evaluation.

In religion, on the other hand, the process of critical evaluation – if we accept the account of the epistemic goal of religion that I have suggested – is done in quite a different and less systematic way. The key question in this practice is whether the *means* (or in scientific terminology, the methods) that have been developed by the previous generations of practitioners of Christianity, for example, to allow contact with God, to enable its practitioners to live a Christian life successfully and to help other people become Christians, are still appropriate or whether instead these means need to be improved or even radically changed in some way.

So whereas the mission of science is not to have all of us give up our old occupations and become scientists, the mission of many religions is something like that; it is to make all non-religious practitioners into religious practitioners and give people the religious knowledge they need to live such lives successfully. The social organization and the process and aim of critical evaluation will then look different if, to put it bluntly, you are principally concerned with the question „How could we improve our relationship to God and make the path to salvation understandable and compelling to people who are not yet practitioners?“ rather than „How could we improve our understanding of and control over events in the natural and social world?“ Therefore, differences in the teleology of scientific and religious practice explain (at least to some extent) why different means are developed to attain the goals of these two practices, and it also shows that what has been a successful means in one practice could not automatically or straightforwardly be assumed to be also a successful means in the other.

3. Religion and Theology

The difference in the teleology of scientific and religious practice also helps us understand why religious journals look so different from those of science. But academic theological journals do not seem to differ radically from scientific ones (at least if we compare them with journals within the social sciences and the humanities). What does this mean? It means that we ought not automatically to place religion on an equal footing with theology. The aim of academic theology is rather similar to the one of science (these days perhaps a bit more modestly expressed) than that of religion, namely to increase our general body of knowledge or justified belief about religious matters.

Hence it seems to matter what activity within a religious practice we compare science with. This is because even though both religion and science are social activities performed by human beings, science is something more; it is a set of *disciplines*. A special training and a much higher degree of cognitive competence than that needed for taking part in religion is required to be able to take part in an enterprise like biology, physics or psychology. In fact, some religious practitioners, including many Christians, claim that to be a part of their religious practice requires no special cognitive competence at all. To become a Christian is taken to be an act of faith alone. So science is a highly theoretical or intellectual enterprise for the cognitively well trained, whereas religion, on the other hand, is an activity in which anyone can, if they like, participate. In science, therefore, we have nothing similar to ordinary religious believers. For this reason, it is sometimes better to compare religious practice with the practice of everyday life than with scientific practice (Stenmark 1995).

Some religious participants could perhaps be considered equals in this respect to the members of the scientific practice, namely the theologians. The theologians' task is to reflect on the life and commitments of the community and to be considered a professional theologian requires a special training and a much higher degree of cognitive competence than is required for taking part in religion in general. Theology is the discipline within which theologians work. Hence religion is an intellectual enterprise like science only in the form of theology. In this sense there is a crucial disanalogy between science and religion. This means that we have to be careful when we discuss (a) the relationship between science and religion and when we discuss (b) the relationship between science and theology. Religion and theology are not interchangeable activities.

But there is also another difference between scientists and theologians in general. The task of the scientists is normally not to reflect on the life and commitments of the scientific community: it is rather to reflect on the natural world. Only historians, philosophers and sociologists of science consider this to be a part of their work. Scientists in general spend very little time on that kind of reflection. Many theologians, on the other hand, take this to be their key occupation, although of course a significant group of them would think that their mission is also to study the interaction between the divine and the world. Arthur Peacocke, for instance, seems to think that theology is even a science. It is the science that studies the most complex system of all – the interaction of God and the whole of creation (see Peacocke 1993, cf. Murphy/Ellis 1996).

What further complicates the picture is that theological reflection need not necessarily take place within the religious community. Often theology is a subset of religious practice, but at other times it is a study done independently of such a practice. It is independent at least in the sense that it is not a necessary requirement for working as a theologian that one must be a religious believer (or a religious believer of a particular kind). In Sweden, for instance, one can be a professor in systematic theology or historical theology without also being a Christian and in Great Britain one can be a lecturer in Islamic theology without being a Muslim. We must therefore make a distinction between *confessional* and *non-confessional theology*. If theology is not an activity taking place within the religious community, but merely has religious communities as its research subject, this further shows that it could be quite misleading on occasion to use theology as a substitute for religion when comparing religion with science. If we compare theology in this sense with science, we might even end up by comparing two academic disciplines, which is something quite different from comparing science with religion – a non-academic practice. So it is important that we do not overlook the differences between religion and theology and that we are clear about when we are comparing, on the one hand, science and theology and, on the other hand, science and religion.

Again, it is evident that we must first sufficiently understand what is going on in these social practices and what the aims of these human enterprises are, to be able to give a reasonable answer to the question whether the apparently successful methodology of the sciences should be adopted also in religious practice. Moreover, we must be certain that we are comparing comparable activities within these practices with each other. With this in mind, let us return to the issue of rationality and appropriate epistemic means or methodologies of science and religion.

Dawkins, Gould and Wilson seem to agree that rational scientists endorse, what philosophers call, *evidentialism*, as their model of rationality. Evidentialism is, roughly, the view that it is rational to accept a theory or belief only if there are good reasons (or evidence) to think that it is true.[6] Gould believes evidentialism to be mandatory in science, but he thinks it is at best permissible within religion (that is, in Christianity) because the ideal is the one embodied, not in the response of Thomas to the resurrected Christ, but in that of the other disciples. The message the Biblical narrative delivers, according to both Gould and Dawkins, is that the proper way to acquire a belief within religious practice is to accept it on the basis of trust and authority, and not on the basis of evidence. Dawkins is very critical of such an epistemic norm because this kind of faith, this „blind trust" that he thinks the other apostles express (their faith was so strong that they did not need evidence), is not worthy of imitation because it can justify anything (Dawkins 1989, 198).

Have then Dawkins and Gould properly understood the epistemic norms of religion? These might differ in different religions but here we shall merely focus on Christianity. Let us consider in more detail the Biblical narrative that Gould and Dawkins believe illustrates a central religious epistemic norm, namely the story about doubting Thomas. Dawkins takes the difference to be that Thomas (as scientists do) demanded evidence, whereas the other disciples had a faith that was so strong that they did not need evidence, and that, therefore, their faith expresses a blind trust (Dawkins 1989, 198). Gould takes the difference to be that Thomas (as scientists do) demanded evidence and had a skeptical attitude toward appeals based only on authority, although he (like the other disciples) should have known that Jesus was resurrected and alive through faith (Gould 1999, 16). Thus, the *epistemic norm of religion* in question is, roughly, taken to be that a religious belief ought to be accepted only (in Dawkins's case) or preferably (in Gould's case) on the basis of trust and authority and not on the basis of evidence. This is thus a norm that conflicts with evidentialism.

But is it really reasonable to believe that the conclusion we should draw from this Biblical narrative is (in Dawkins' case) that the other disciples had a faith that was so strong that they did not need evidence and (in Gould's case) that their faith in Christ was based only on authority? I do not think so because if we return to the text, we can actually read about how the other disciples arrived at their faith in the resurrected Christ. We can read that when they were gathered in a room, „Jesus came and stood among them and said, ‚Peace be with you!' After he said this, he showed them his hands and side. The disciples were overjoyed when they saw the Lord" (John 20:19-20). But if this is true then they did

---

[6] See Stenmark (1995) for a discussion of two different versions of evidentialism: formal evidentialism and social evidentialism.

not violate the evidentialist norm. They held their belief on the basis of evidence and not merely on the basis of authority.

What is then problematic from a religious point of view with Thomas' doubt, if it is not that he attempted to base his faith on evidence whereas the other disciples had no such intention? Two things would seem to be involved.

First, Thomas questioned the testimony of his close friends, the other disciples. They had been together for a long time and gone through much hardship together. But when the other disciples told Thomas that they had met the resurrected Jesus, he did not believe them but asked for more evidence. In this way Thomas' behavior indicated that he did not really trust them in a situation where their friendship was put to a crucial test.

Second, his skepticism was too severe, i.e., his demand for evidence was beyond what one should require to be convinced in something. This theme is well captured in Mark Tansey's painting „Doubting Thomas," which Gould also brings to our attention (Gould 1999, 14f). In 1986 Tansey depicted a man who would not accept continental drift in general, or even the reality of earthquakes in particular. An earthquake has fractured both a road and the adjoining cliff, but the man still doubts. So he instructs his wife to straddle the fault line with their car, while he gets out and thrusts his hand into the crack in the road. Then, but first then, he believes.

It is difficult to determine how skeptical one should be in life. The prize of skepticism is the risk of failing to hold a substantial number of true beliefs, whereas the prize for credulity is the risk of ending up with too many false beliefs. But contrary to what both Dawkins and Gould believe, I think that neither the biblical version nor Tansey's version of the doubting Thomas would be a very good role model even for evolutionary biologists or scientists in general. Many of the theories accepted in evolutionary biology are such that the evidence they are based on, to put it crudely, is not such that one can feel it directly with one's hands and the conclusions (i.e., the theories) always go beyond the actual evidence. Nor would they typically, I believe, be worthy of imitation in everyday life situations. The reason for this is that we have finite cognitive resources and limited time at our disposal, but still we need to believe and do a number of things every day to function properly. We would, therefore, not have time to do most of these things, if the norms of rationality are set at the level of the ancient or modern version of doubting Thomas. Moreover, there are people in Western society who do not believe that the Holocaust happened or that Caesar was a Roman emperor. Why they do not believe these things might be hard to know, but it could be that they do not think there is sufficient evidence to support these beliefs. If that is the case we would not consider such people rational, not because of their credulity but because of their extreme skepticism.

We have seen that there are good reasons for questioning that the conclusion we should draw from the Biblical narrative is (in Dawkins' case) that the other disciples had a faith that was so strong that they did not need evidence and (in Gould's case) that their faith in Christ was based only on authority. Nevertheless, I think – and to return to the first theme about what makes Thomas' doubt problematic from a religious point of view – Dawkins and Gould have captured one feature of religious belief regulation that makes it different from scientific theory regulation.[7] But there are, however, reasons to believe that Dawkins' negative assessment of this feature of religious belief regulation is somewhat premature. The difference is this: *the critical questioning of the beliefs of other people (exemplified by Thomas) is typically regarded as an epistemic virtue within science, whereas this is normally not the case in religion.* Gould maintains that the first commandment of science is a skeptical attitude towards appeals based only on authority and a demand for evidence, and Dawkins thinks that Thomas' demand for evidence is what is worthy of imitation and is also what characterizes the scientific attitude. In religion, on the other hand, people frequently believe things on the basis of authority, discourage critical questioning and talk instead about trust.

Should we then adopt the skeptical scientific norm in religion and perhaps also in every other practice we participate in? Not necessarily. In fact it might even turn out to be quite imprudent. To see this, compare two scenarios. In the first scenario imagine that one of Dawkins' colleagues in zoology tells him that she has discovered this great new theory about the genes which cause certain animals, say chimpanzees, to behave in a particular way. This theory runs contrary to most things zoologists previously have thought. Dawkins says, „Great, very interesting indeed. But what evidence do you have that supports your extraordinary claim?" Dawkins perhaps adds, „I am so sorry but I can't believe what you say until you supply me with this information." In the second situation imagine that Dawkins' wife comes home and tells him that she fell from the third floor of a building but miraculously apart from a few bruises, she was not hurt. She even thanked God afterwards. Dawkins, being consistent in his epistemology, says „Great, very interesting indeed. But what evidence do you have that supports this extraordinary claim?" Dawkins perhaps adds, „I am so sorry but I can't believe what you say until you supply me with this information." In fact,

---

[7] At the same time authority and trust play a much more important role in science than scientists seem to realize (see Stenmark 2004, chap. 2) .

imagine that this is also the way Dawkins respond to everything that his friends tell him. My point is that in the scientific scenario Dawkins' response is just standard procedure, but by proceeding in the way he does in the second scenario Dawkins probably would run the risk of losing both his wife and his friends.

I am not going to go into all the details of why we assume, for good reasons, I think, that different epistemic norms apply in these cases, but it is sufficient to say that the scenarios illustrate the danger of taking norms from one practice – no matter how successful – and think that the application of them would automatically improve another practice. One could also claim on good grounds that the context of religion resembles more the context of these everyday life situations than the context of science. To believe in God is not, at least in the major theistic faiths, just a matter of mentally assenting to a set of propositions, but of relating to and trusting God – just like we relate to and trust our spouses and friends. Maintaining this does not mean, however, that one could not argue that religious believers sometimes are too dogmatic and uncritical in their religious belief regulation. I, for one, think this is true, and therefore would maintain that the epistemic norms of many religious believers could be improved.

Even if Dawkins fails to capture the epistemic norms embedded in the biblical narrative and its rationale, it is still, I think, a mistake to adopt Gould's position of respectful noninterference between science and religion when it comes to issues of epistemology. That is to assume that relating science and religion is best done in accordance with the independence view, which means that there could and should not be any overlap between science and religion. The reason, again, is that everything we can learn in one area of life from another area which can improve our cognitive performance ought to be taken into consideration by rational people. We can, therefore, not exclude the possibility that there could and should be an overlap between science and religion with respect to epistemology or methodology.

But being cautious seems to be a virtue worth cultivating in this context. Certainly, there is nothing in the scientific training that Dawkins and Wilson have received that makes them particularly qualified to understand what religion is all about, in the sense of understanding, for instance, what kind of epistemic norms are and ought to be used in religious practice, given the goals of religion. If scientists fail to take this into account, their proposed improvements may turn out merely to reflect the imperialistic aims which Gould is afraid drive some of his colleagues (Gould 1999, 85). Moreover, even if there could and should be a methodological continuity between science and religion, biologists like Wilson or Dawkins have no special authority *as* scientists to suggest epistemic improvements, other than those that concern their own scientific practice. Epistemological evaluations of human practices other than the scientific one form no part of their assignment as evolutionary biologists. It would then be a misuse of science to pretend that the comparison of religious and scientific „ethos" – to use Wilson's term – is something that can be made in the name of science (Wilson 1978, 201).

4. The Inference to the Best Explanation Model

Nevertheless, a number of scholars have recently argued that the methodological continuity between science and religion could be understood in terms of a similar explanatory model, namely *inference to the best explanation* (or what is sometimes called „abduction"). The idea is, roughly, that we infer what would, if true, provide the best of competing explanations of the data or evidence that is available at the time. Philip Clayton and Steven Knapp write:

> On this view, many Christian beliefs are potential explanations: they tell why certain data that need to be explained are the way they are; they account for certain facts about human existence. When I believe them, I believe they do a better job of explaining the data than the other explanatory hypotheses of which I am aware. (Clayton/Knapp 1996, 134)

Peacocke quotes and agrees with Clayton and Knapp that the most appropriate theory of rationality for evaluating both scientific and religious beliefs is the inference to the best explanation model adapted from the philosophy of science (Peacocke 2001, 29). W. Mark Richardson and Wesley J. Wildman draw a similar conclusion in their introduction to the section on method in *Religion and Science: History, Method, Dialogue*:

> It now appears that, in science and theology alike, the nature of creative intellectual work is to form hypotheses that are sufficiently well-defined to allow the deduction of testable consequences. Controlled experimentation is the most efficient form of testing, but other avenues of hypothesis-correction exist and come into play in everything from literary criticism to metaphysics, from social ethics to theology. In all forms of inquiry, then, rationality of procedure consists in arguing from relatively secure (but necessarily fallible) knowledge to less secure knowledge, the tentative securing of which would serve to broaden the stock of knowledge and to deepen one's understanding of knowledge already in hand. Thus, while differences remain due to subject matter, natural science and

theology now appear to have a great deal in common methodologically. (Richardson/Wildman 1996, 85-86)

Does the view of these scholars in fact coincide with Dawkins' view of scientific and religious rationality, even though his application of it generates a purely negative conclusion about religious beliefs? Dawkins writes:

> I pay religions the compliment of regarding them as scientific theories and [...] I see God as a competing explanation for facts about the universe and life. This is certainly how God has been seen by most theologians of past centuries and by most ordinary religious people today. [...] Either admit that God is a scientific hypothesis and let him submit to the same judgement as any other scientific hypothesis. Or admit that his status is no higher than that of fairies and river sprites. (Dawkins 1995, 46-47)

Dawkins' idea is that either religious practitioners have to treat belief in God as a scientific hypothesis or they have to admit that it has merely a fairy-tale status, a superstition. These are the only options that Dawkins thinks are possible.

The advocates of the inference to the best explanation model would deny that these are the only options we have. But what other differences are there and how does what these advocates of the inference to the best explanation model claim, fit or fail to fit with my account of the teleology of science and religion?

The inference to the best explanation model as a theory of rationality may have its merits in a scientific context, but hardly in a religious context.[8] This follows if I am right in that the epistemic goal of religion is shaped by the soteriological one.[9] If Christians primarily aim to have an appropriate relationship with God so that they can implement the divine dimension of reality in their lives then this practice is not about explaining and predicting events, but about transforming people's life as a response to an encounter with a divine reality. Religious faith is thus not about explaining anything at all, but is rather an expression of an experience of something holy, something beyond the mundane and which is of supreme value and, therefore, worthy of worship and prayer. The importance of belief in God for the religious practitioner lies in it being essential to the practice of worship and prayer and not, as Dawkins assumes, in explaining facts about the universe and life. Since, according to my account, the key question in Christian religious practice is „How could we improve our relations-

---

[8] A theory of rationality, as I see it, tries to specify what the intelligent or proper use of our intelligence (or limited cognitive resources) is within a particular situation and social practice.
[9] For a different kind of objection that I think is valid, see Wolterstorff's (1996) reply to Clayton and Knapp (1996).

hip to God and make the path to salvation understandable and compelling to people who are not yet practitioners?" and not, as in scientific practice, „How could we improve our understanding of and control over events in the natural and social world?", the inference to the best explanation model is far from being an appropriate theory of religious rationality.

This does not mean, however, that the inference to the best explanation model cannot be used at least sometimes in theology, or be used as part of a strategy to convince people who do not participate, that it would be rational for them to participate in a religious practice like Christianity.

In theology, just as in any other academic discipline, the inference to the best explanation model could be used. Perhaps it also characterizes the methodology that theology, the humanities, the social sciences and the natural sciences should have in common.

In apologetics, it could be used as part of the framework within which evidence of different kind could be shown to support Christianity better than atheism or naturalism for instance. The second option is possible if, as I have maintained, a life of worship and faith in God entails that some things must be taken to be true. Keith Ward's account of what must be taken to be true, is that:

> There exists a supremely perfect creator, since that is the only proper object of unlimited devotion. That in turn entails that any created universe will have a specific character – it will be intelligible, morally ordered and goal directed. Consequently, a demonstration that this universe is not rationally ordered, or that it is non-purposive or morally cruel or even indifferent, will undermine belief in God. It is clear, then that theism is falsifiable. [...] It is also confirmable, if the universe, as experienced, mediates, at least in part, a personal presence; if it is rationally ordered; if it seems purposive; if it seems conducive to the realization of beauty and virtue, understanding and creativity; and if the idea of God seems coherent and plausible. (Ward 1996, 98)

The danger though, constantly present in the science-religion dialogue, is to forget that the aims of science and religion are quite different and that this has a great impact on how one should understand how science and religion (and theology) are methodologically related.

Reference

Barbour, I., 1997: *Religion and Science: Historical and Contemporary Issues*, San Francisco.
Byrne, P., 1995: *Prolegomena to Religious Pluralism*, London.

Clayton, P.; Knapp, S., 1996: Rationality and Christian Self-Conceptions, in: Richardson, W. M.; Wildman, W. J., (eds.), 1996: *Religion and Science: History, Method, Dialogue*, London, 131-142.

Dawkins, R., 1989: *The Selfish Gene*, 2nd ed., Oxford.

Dawkins, R., 1995: A Reply to Poole, in: *Science and Christian Belief*.

Gould, S. J., 1999: *Rocks of Ages: Science and Religion in the Fullness of Life*, New York.

MacIntyre, A., 1985: *After Virtue: A Study in Moral Theory*, 2nd. ed., London.

Murphy, N., 1990: *Theology in the Age of Scientific Reasoning*, Ithaca.

Murphy, N.; Ellis, G., 1996: *On the Moral Nature of the Universe*, Minneapolis.

Peacocke, A., 1993: *Theology for a Scientific Age*, Minneapolis.

Peacocke, A., 2001: *Paths from Science towards God*, Oxford.

Richardson, W. M.; Wildman, W. J., 1996: Introduction, in: Richardson, W. M.; Wildman, W. J., 1996: *Religion and Science: History, Method, Dialogue*, London, 84-92.

Stenmark, M., 1995: *Rationality in Science, Religion and Everyday Life*, South Bend.

Stenmark, M., 2004: *How to Relate Science and Religion*, Grand Rapids.

Tilley, T. W., 1995: *The Wisdom of Religious Commitment*, Washington.

Ward, K., 1987: *Images of Eternity*, London.

Ward, K., 1996: *God, Chance and Necessity*, Oxford.

Wilson, E. O., 1978. *On Human Nature*, Cambridge, Mass.

Wolterstorff, N., 1996: Entitled Christian Belief, in: Richardson, W. M.; Wildman, W. J. 1996: *Religion and Science: History, Method, Dialogue*, London, 145-150.

Yandell, K., 1999: *Philosophy of Religion*, London.

Dirk Evers

„Der bestirnte Himmel über mir ..."
Kosmologie und Spiritualität

1. Einleitung

Bei den folgenden Ausführungen soll es darum gehen, das Verhältnis der wissenschaftlichen Erforschung von Aufbau und Entstehung unseres Kosmos zu solchen religiösen Grundhaltungen zu erörtern, die man unter dem Stichwort ‚Spiritualität' zusammenfassen könnte. Dazu wird in einem ersten Abschnitt (2.) kurz dargestellt, dass und wie die Anfänge des neuzeitlichen Weltbildes darauf aus waren, die Stellung des Menschen in einem von Gott eingerichteten Kosmos zu bestimmen. Die Dynamik der weiteren Entwicklung der Kosmologie führte jedoch in diesem Punkt zu einer Enttäuschung: auf die Frage nach der Stellung des Menschen im Gefüge der Schöpfung und nach dem Sinn seiner Existenz bleibt der Kosmos stumm (3. u. 4.), und es stellt sich die Aufgabe, in dieser Situation dem genauer nachzugehen, was mit Spiritualität angesichts kosmologischer Erkenntnis eigentlich noch gemeint sein kann: Was heißt es, wenn wir im christlichen Sinne von Spiritualität sprechen (5.)? Aus diesen Überlegungen ergeben sich m.E. vier Grundsätze einer sich am Geist des christlichen Glaubens orientierenden Spiritualität (6.), die offen ist für die Erkenntnisse der neuzeitlichen Kosmologie.

2. Die Stellung des Menschen im Kosmos

Die Kosmologie, die Lehre und Wissenschaft vom Aufbau, vom Entstehen und Vergehen des Universums hat seit Menschengedenken eine entscheidende Rolle dafür gespielt, wie der Mensch sich selbst verstand und dieses sein Selbstverständnis einordnete in das Ganze der Wirklichkeit. An den Himmelsphänomenen schulte der *antike* Mensch seine Beobachtungsgabe, entwickelte er seine Geometrie und Mathematik, in ihnen sah er die in allem, auch in seiner irdischen Wirklichkeit waltende göttliche Vernunft in vollkommener Weise am Werk. Aristoteles (384-322 v. Chr.) berichtet, schon Anaxagoras (+428 v. Chr.) habe auf die Frage, warum es besser sei geboren zu werden als zu sterben, geantwortet: „Um den Himmel zu betrachten und die den ganzen Kosmos umfassende Ordnung" (Aristoteles x, 13f.). Nach antiker Vorstellung ist der Mensch dazu gemacht, den Himmel als den Prospekt der göttlichen Werke zu bewundern und in dieser Kontemplation der Himmelserscheinungen seinen eigenen Geist mit dem Geist Gottes in Einklang zu bringen. Für Platon konstituieren die Umschwünge der Gestirne in ihrer Regelmäßigkeit und Präzision die Zeit als das Abbild der Ewigkeit. Ihnen zu folgen und nachzudenken garantiert dann auch die Regelmäßigkeit des philosophischen Denkens und seine Ausrichtung auf das ewige Sein der Ideen als dem Urbild des Kosmos. Den Gesichtsinn, so Platon, hat der Gott uns deshalb verliehen,

> damit wir die Umläufe der Vernunft am Himmel erblickten und sie für die Umschwünge des eigenen Denkens benutzten, [...] damit wir [...] in Nachahmung der durchaus von allem Abschweifen freien Bahnen des Gottes unsere eigenen, dem Abschweifen unterworfenen einrichten möchten.[1]

Diese Vorstellung ist dann über Ovid auch in die lateinische Tradition gewandert, so dass der frühchristliche Schriftsteller Lactantius (ca. 260-325/330) im 3. Jahrhundert nach Christus fragt:

> Erklärt nicht bereits die Körperhaltung und die Gestalt des Gesichts, dass wir nicht dem stummen Vieh gleichen? Denn dessen Wesensart ist niedergerichtet zum Boden [...] und hat keine Gemeinschaft mit dem Himmel, den sie nicht schaut. Der Mensch wird dagegen durch seine gerade Haltung und sein hochgerichtetes Gesicht zur Betrachtung der Welt veranlasst. Er tauscht mit Gott den Blick, und Vernunft erkennt Vernunft.[2]

‚Spectator caeli', Himmelsbeobachter, nannte das lateinische *Mittelalter* diese herausgehobene Stellung des Menschen. Mit der biblischen Sicht des Kosmos steht dies in Einklang, stellt doch auch der Dichter der 19. Psalms fest: „Die Himmel erzählen die Herrlichkeit Gottes, und das Werk seiner Hände verkündet das Firmament!" (Ps 19,2). Und auch in der biblischen Tradition ist die Betrachtung des Himmels eng verbunden mit dem Selbstverständnis und der Selbsterfahrung des Menschen, wenn es in Psalm 8 heißt: „Wenn ich sehe die Himmel, deiner Finger Werk, den Mond und die Sterne, die du bereitet hast: was

---

[1] Platon, *Timaios* 47bf. Vgl. auch *Nomoi* 10, 897c: „[...] der ganze gewaltige Lauf des Himmels und aller Himmelskörper hat mit der Bewegung, dem Umschwung, den Berechnungen eines vernünftigen Geistes eine ähnliche Natur [...]."
[2] Lactantius, *De ira Dei* 7.4.

ist der Mensch, dass du seiner gedenkst, und des Menschen Kind, dass du dich seiner annimmst?"

Auch der Beginn der *neuzeitlichen Kosmologie*, die Kopernikanische Wende, bedeutet in dieser Hinsicht noch keine Infragestellung. Eher im Gegenteil: Sie ist in vielerlei Hinsicht die konsequente Fortsetzung der antiken und mittelalterlichen Sicht des Menschen als des spectator coeli. Kopernikus' System scheint das antike Projekt der „Rettung der (Himmels-)Phänomene" allerdings auf eine neue Stufe zu heben, und die Entschlüsselung der mathematischen Natur der Himmelsbewegungen durch Kepler und ihre Anwendung durch das kontrollierte Experiment auf terrestrische Phänomene durch Galilei scheinen zu versprechen, dass mit der Aufdeckung der wahren Verhältnisse und vernünftigen Gesetzmäßigkeiten der Welt auch der Platz und die Bedeutung des Menschen in ihr aufgezeigt und zugleich ihr Schöpfer verherrlicht werde. Das neue Weltbild verlangt Abschied zu nehmen von der ptolemäischen Geozentrik und der aristotelischen Physik. Doch mit derselben Absicht, mit der Kosmologie seit jeher betrieben worden war, zur Verherrlichung Gottes, dessen vornehmstes Geschöpf sich durch eben diese Erkenntnisfähigkeit auszeichnet.

Der Konflikt eines Kopernikus, Kepler oder Galilei mit kirchlichen und theologischen Autoritäten war deshalb auch kein Konflikt zwischen Theologie und Naturwissenschaft, sondern einer theologischen Anschauung mit einer anderen. So hat Kopernikus, geweihter Priester und Domherr in Frauenburg, seine berühmte Schrift „De Revolutionibus" Papst Paul III. gewidmet mit dem Hinweis, dass nun durch seine Sicht des Alls die „Bewegungen der Weltmaschine, die um unseretwillen vom besten und genauesten aller Werkmeister gebaut ist" (Copernicus 1990, 73), klarer zu verstehen und besser zu berechnen sind. Und Kepler gar versteht seine Astronomie als eine höhere Form von Theologie und als Exerzitium christlicher Frömmigkeit. So schreibt er in einem Brief vom 2. Oktober 1595: „Ich wollte Theologe werden, lange war ich in Unruhe. Nun aber sehet, wie Gott durch mein Bemühen auch in der Astronomie gefeiert wird." (nach Krafft 1999, 133) Kepler nennt sich selbst ‚Priester Gottes am Buche der Natur' (Kepler 1598, 7), durch das Gott uns das umfassende Wissen über sein Wesen und die Schöpfung mehr und mehr offenbare.

Vorbereitet ist diese Haltung durch die schon auf Augustinus zurückgehende Rede, dass Gott der Verfasser zweier Bücher sei, das der Heiligen Schrift und das der Natur. Das ganze Spätmittelalter ist bewegt von der Frage, ob und wie die geschaffene Kreatur als Buch Gottes verstanden werden kann, gleichsam als Abbild und Spiegel dessen, was Gott in der Heiligen Schrift direkt offenbart hat.[3] Galilei kann dann diese Lehre vom Buch der Natur aufnehmen, um damit gegen die in der Scholastik oft vertretene Trennung von Wissen und Glauben anzukämpfen: „Denn die Heilige Schrift und die Natur gehen gleicherweise aus dem göttlichen Wort hervor, die eine als Diktat des Heiligen Geistes, die andere als gehorsamste Vollstreckerin des göttlichen Wortes." (Galilei 1968, 316) Die neue Philosophie, wie sich die junge Naturwissenschaft selbst nennt, schöpft nach Galilei aus eben diesem Buch der Natur, das im Universum nun offen vor Augen liegt. Denn jetzt ist es endlich gelungen, die Sprache dieses Buches zu entziffern, denn es „ist in mathematischer Sprache geschrieben, und seine Buchstaben sind Dreiecke, Kreise und andere geometrische Figuren, ohne diese Mittel ist es unmöglich, ein einziges Wort zu verstehen, irrt man vergeblich in einem dunklen Labyrinth umher." (Galilei 1968a, 232)

Die Astronomie erscheint als die bessere Theologie und geradezu als rechter Gottesdienst, der endlich das Verhältnis von Gott, Mensch und Universum mit Hilfe des Lichtes der Vernunft und der Mathematik zurechtbringt, es dem Dunkel der Unwissenheit entreißt und hell erstrahlen lässt. Dieser Grundzug der Kosmologie der frühen Neuzeit, den wir bei Kopernikus, Kepler und Galilei sahen, reicht noch bis hin zu Newton, und auch der junge Kant zeigt in seiner *Allgemeinen Naturgeschichte und Theorie des Himmels* von 1755 noch die Nachwirkungen davon. Es geht also weniger um die Frage, ob die neue Kosmologie eine christliche sei oder nicht, ob sie theistisch oder atheistisch zu verstehen sei, sondern es geht darum, was wir aus dem Buch der Natur bloß mit Hilfe der Vernunft wirklich erkennen können und was uns das über den Schöpfer und über uns selbst zu verstehen gibt. Es geht sozusagen um das Recht einer neuen Spiritualität in Bezug auf die Natur.

3. Die Stellung des Menschen in der Schöpfung

Doch schnell zeigt sich, dass die Dynamik der nun einsetzenden Entwicklung eine andere Richtung nimmt und die ursprünglich vorausgesetzte Einheit von Gottes-, Welt- und Selbstverständnis des Menschen, die die neuen Wissenschaften auf neuen, sicheren Grund zu stellen beanspruchten, sich immer mehr auflöste. Ursprünglich angetreten, mit der Aufdeckung der wahren Verhältnisse und der vernünftigen Gesetzmäßigkeiten der Welt auch den Platz und die Bedeutung des Menschen in ihr aufzuzeigen, hat die Wissenschaft unter der Eigen-

---

[3] Vgl. den bekannten Rosenhymnus des Alanus de Insulis: „omnis mundi creatura / quasi liber et pictura / nobis est et speculum" (MPL 210, 579a).

dynamik ihrer Methode diese Fragestellung zunehmend aus dem Blick verloren, ist sie ihr sozusagen unter den Händen zerfallen. „Wissenschaft", so stellt der Philosoph Hans Blumenberg fest, „floriert zu Lasten der Fragen, zu deren Beantwortung sie in Gang gesetzt wurde." (Blumenberg 1989, 97)

Diese Entwicklung setzt kurz nach der Veröffentlichung von Kopernikus' *De Revolutionibus* ein. Schon Giordano Bruno spekuliert ganz folgerichtig über das Planetensystem hinaus und betrachtet die heliozentrische Struktur des Kopernikanischen Kosmos als unangemessen, weil überhaupt kein Zentrum des Kosmos auszumachen sei. Wenn man sich vorstellt, auf den Mond versetzt zu sein, so sieht man die Erde so am Himmel stehen, wie wir von der Erde aus den Mond betrachten, eine Vision, die erst vor etwas mehr als dreißig Jahren reale Anschauung wurde. Wenn wir dies auf Sonnen und Planetensysteme übertragen, so Bruno, dann gelangen wir zu der Einsicht, dass auch die Fixsterne Sonnen wie die unsere sein müssen, von denen aus betrachtet unsere Sonne als Stern leuchtet und die dann von Planeten wie den unsrigen, womöglich bewohnten, umkreist werden. Und dies würde sich erstrecken bis ins Unendliche.[4]

Ein unendliches Universum, erfüllt mit unzähligen Planetensystemen – dieser Gedanke Brunos ist für seine Zeit ungeheuerlich. Noch zehn Jahre nach Brunos Hinrichtung als Ketzer (vor allem wegen seiner Leugnung der Trinität und der Transsubstantiation, dann aber auch wegen der Unendlichkeit des Kosmos und der Pluralität der Welten) schreibt Kepler, der Zeit seines Lebens an einer geschlossenen Fixsternschale festhält, an Galilei, der mit dem Fernrohr soeben die Jupitermonde entdeckt hat: „Hättest du auch Planeten entdeckt, die einen Fixstern umlaufen, dann würde das für mich eine Verbannung in das unendliche All Brunos bedeutet haben." Und er fährt fort: Mir bereitet „schon der bloße Gedanke einen dunklen Schauer, mich in diesem unermesslichen All umherirrend zu finden", das „jener unglückselige Bruno in seiner grundlosen Unendlichkeitsschwärmerei" gelehrt hat (zit. nach v. Dithfurth 1981, 325, Anm. 77). Doch Brunos Entgrenzung des Kosmos in eine Unendlichkeit vieler Welten

---

[4] Der historische Primat für die Annahme einer unendlich ausgedehnten Welt gehört wohl Thomas Digges, der über die Welt jenseits unseres Sonnensystems und den Charakter der Fixsterne als eigene Sonnen schon 1576 in seiner Schrift „A Perfit Description of the Caelestiall Orbes" spekulierte, vgl. Koyré (1969, 42ff.). Doch für Digges ist die unendliche Ausdehnung der Fixsternschale weiterhin ‚sphärisch' mit dem Sonnensystem als ‚Mittelpunkt'. Das unendlich ausgedehnte Universum ist gerade in seiner Unendlichkeit und mit seinen unzähligen Sonnen „die Wohnung des großen Gottes, die Heimstatt der Erwählten und der himmlischen Engel" (Koyré 1969, 44), so dass Koyré das Fazit zieht: „Wir sehen also, daß Thomas Digges seine Sterne an einen theologischen Himmel setzt, nicht in ein astronomisches Firmament." (Koyré 1969, 45)

erweist sich durch die instrumentelle Himmelsbeobachtung und die sich allmählich auftuenden ungeheuren Dimensionen der kosmischen Räume als die richtige Sicht des Kosmos. Auch die Sonne ist nicht das Zentrum des Universums. Ein solches Zentrum gibt es in den unbegrenzten Räumen des Kosmos gar nicht, in denen sich Sonnen auf Sonnen türmen, die sich wieder zu Galaxien anordnen, von denen es wiederum noch einmal so viele gibt wie Sonnen in unserer eigenen Milchstraße.

Die Kosmologie des 20. Jahrhunderts hat dann gezeigt, was Kant schon vermutet hatte, dass diesen unbegrenzten Räumen ungeheure Zeiten entsprechen, in denen aus einem anfänglichen Urknall und aus gänzlich ungeordneten, hoch energetischen gasförmigen Zuständen sich in einer Jahrmilliarden dauernden Entwicklung die Galaxien, Sonnen und Planeten langsam zusammenklumpten. Durch die fortgesetzte Expansion des Kosmos dünnt sich der Raum immer mehr aus, in den gravitativen Zusammenballungen der Sterne setzen Fusionsprozesse ein, die Materie- und Energieflüsse hervorrufen, die sich in die Strahlungssenke des expandierenden Raumes hinein ausbreiten können.

Und es sind eben diese Energiedissipationen, die es am Ende auch ermöglicht haben – zumindest einer winzigen und durch das Zusammentreffen ganz spezieller Umstände ausgezeichneten, vielleicht sogar einzigartigen Nische des Kosmos, auf unserer Erde – einen Prozess der Selbstorganisation der Materie anzutreiben, in dessen Verlauf eine Fülle an Lebewesen entstand und verging und aus dem dann auch wir als fühlende, denkende und Kosmologie treibende Wesen hervorgingen. Damit scheinen sich die kosmologischen Entdeckungen gegen ihren Entdecker zu wenden, der immer mehr erkennt, dass angesichts der Unermesslichkeit des Kosmos, in dem unsere Schicksalsmaße nicht vorkommen, unsere eigene Existenz bedeutungslos erscheint und die Verankerung der Anthropologie in der Kosmologie sich aufzulösen beginnt. War Bruno noch eine Ausnahmeerscheinung, so beginnt sich diese Einsicht spätestens mit Newton allgemein durchzusetzen.

Und so ist auch Kants berühmtes Diktum am Ende der Kritik der praktischen Vernunft zu verstehen, dem der Titel dieses Aufsatzes entnommen ist, wo es heißt:

> Zwei Dinge erfüllen das Gemüth mit immer neuer und zunehmender Bewunderung und Ehrfurcht, je öfter und anhaltender sich das Nachdenken damit beschäftigt: der bestirnte Himmel über mir und das moralische Gesetz in mir. Das erste fängt von dem Platze an, den ich in der äußern Sinnenwelt einnehme, und erweitert die Verknüpfung, darin ich stehe, ins unabsehlich Große mit Welten über Welten und Systemen von Systemen, überdem noch in grenzenlose Zeiten

ihrer periodischen Bewegung, deren Anfang und Fortdauer [...] Der erstere Anblick einer zahllosen Weltenmenge vernichtet gleichsam meine Wichtigkeit, als eines thierischen Geschöpfs, das die Materie, daraus es ward, dem Planeten (einem bloßen Punkt im Weltall) wieder zurückgeben muß, nachdem es eine kurze Zeit (man weiß nicht wie) mit Lebenskraft versehen gewesen. (Kant 1908, 161f.)

Ist der Blick zu den Sternen für den Königsberger Philosophen die vernichtende Einsicht in die kosmische Bedeutungslosigkeit des Menschen, so gelingt es ihm als Aufklärer, diese Einsicht noch ins Positive zu wenden. Denn andererseits entdeckt er in dem moralischen Gesetz, das den Menschen vor ein ebenso unabweisliches „Du sollst" stellt, dasjenige Moment, das den Menschen über den toten physikalischen Kosmos unendlich erhebt. Das moralische Gesetz in mir

[...] fängt von meinem unsichtbaren Selbst, meiner Persönlichkeit, an und stellt mich in einer Welt dar, die wahre Unendlichkeit hat [...] [es] erhebt dagegen meinen Werth, als einer Intelligenz, unendlich durch meine Persönlichkeit, in welcher das moralische Gesetz mir ein von der Thierheit und selbst von der ganzen Sinnenwelt unabhängiges Leben offenbart. (Kant 1908, 161f.)

Doch die Evolutionstheorie und die neuere Anthropologie, die den Menschen ins Tierreich einordnet, sowie die Erkenntnisse der Hirnforschung, die Bewusstseinsprozesse in die Naturbetrachtung einzuholen sich anschickt und die die enge Verbindung von Denken und Fühlen aufzeigt, lassen auch hieran Zweifel aufkommen. So unendlich erhaben über Tierreich und Sinnlichkeit mag der Mensch vielleicht doch nicht sein, und ob seine Vernunft der schlechthin freie Souverän ist, als den sie die Aufklärung betrachtete, erscheint fraglich.

4. Der Sinn unserer Existenz und das Schweigen des Kosmos

Damit haben wir uns die beiden Gesichter der geistesgeschichtlichen Entwicklung der westlichen Zivilisation vor Augen geführt. Das eine Gesicht ist das des Fortschritts, das andere das der Entfremdung. Das vertrautere und im Selbstverständnis der Naturwissenschaften naheliegendere ist das des Fortschritts, der langen, heldenhaften und gegen viele dunkle Mächte kämpfenden Emanzipation aus einer primitiven Welt voll dumpfer Unwissenheit, Leiden und Beschränkungen zur hellen, modernen, aufgeklärten Welt des sich ständig erweiternden Wissens, der Freiheit von autoritärer Bevormundung und des Wohlergehens, ermöglicht durch die vorurteilslose Entwicklung des menschlichen Verstandes, der naturwissenschaftlichen Erkenntnis und der technologischen Fertigkeiten.

Das andere Gesicht unserer Zivilisation ist die Geschichte der Auflösung eines ursprünglichen Beheimatetseins in der Schöpfung, des Einsseins von Mensch, Natur und Kosmos. Die Ungeheuerlichkeiten der kosmischen Räume und Zeiten sowie die kontingente Geschichte der ziellosen Entwicklung organischen Lebens in der Nischenexistenz auf unserem Planeten in einem ansonsten lebensfeindlichen Weltall haben die bis ins Alltagsbewusstsein eingedrungene Einsicht provoziert, dass die Geschichte der neuzeitlichen Kosmologie nur darlegt, „wie ein peripheres Bewusstsein sich selbst auf die Spur kommt, dies zu sein" (Blumenberg 1989, 2).

Der Mensch ist jedenfalls nicht das Resultat einer zielstrebigen Anstrengung der Natur. Er findet sich in einer peripheren Nische und erfährt sich zugleich als Zufallsprodukt lokaler Tendenzen der kosmischen Eigendynamik. Eine funktionale Ordnung des Kosmos hin auf den Menschen ist nicht zu entdecken. Der Physiker Steven Weinberg hat diese Einsicht so zusammengefasst:

> Ich bin der Meinung, dass es keinen Sinn gibt, der mit den Methoden der Naturwissenschaft entdeckt werden kann. Ich denke, dass das, was wir bisher entdeckt haben – ein unpersönliches Universum, das nicht unmittelbar mit den Menschen verbunden ist –, auch das sein wird, was wir weiterhin finden. Und dass die letzten Naturgesetze, wenn wir sie entdeckt haben, etwas Eisiges, Kaltes und Unpersönliches an sich haben werden.[5]

Und am Ende mag diese Einsicht gar auf die Kosmologie selbst zurückfallen. Denn nicht nur wird der Mensch zum Randereignis der Natur nivelliert, sondern damit auch seine denkerischen und wissenschaftlichen Anstrengungen selbst, haben sie doch das Zufallsprodukt Mensch zur Voraussetzung, so dass es außerhalb „dieser niedrigen Existenzform in einem Säugetierhirn [...] keine ‚Kosmologie'" (Blumenberg 2000, 110) gibt.

Was nun? Bleibt uns nur die Alternative zwischen einer die Einsichten der Naturwissenschaften verdrängenden zweiten Naivität und einer jede Frage nach Sinn und Bestimmung unseres Daseins als illusionäre Projektion verwerfenden wissenschaftlichen Vernunft? Oder, wie es hellsichtig der große evangelische Theologe Friedrich Daniel Schleiermacher schon 1829 unter Bezug auf den christlichen Glauben formulierte: „Soll der Knoten der Geschichte so auseinan-

---

[5] Fernseh-Interview 1995: „I believe that there is no point in the universe that can be discovered by the methods of science. I believe that what we have found so far, an impersonal universe in which it is not particularly directed toward human beings is what we are going to continue to find. And that when we find the ultimate laws of nature they will have a chilling, cold impersonal quality about them."
URL: [http://www.pbs.org/faithandreason/transcript/wein-frame.html]

dergehen? Das Christentum mit der Barbarei, und die Wissenschaft mit dem Unglauben?" (1990, 345-347).

Ich denke, damit ist genau das Feld abgesteckt, in dem sich die Frage nach dem Zusammenhang von Weltbetrachtung und Frömmigkeit, von Vernunft und Glauben, von Kosmologie und Spiritualität heute bewegt. Wie können wir eine Spiritualität entwickeln, die diese starre Alternative aufzulösen in der Lage ist? Wie können wir nach unserem Leben und dem Sinn des Daseins so fragen, dass wir die Erkenntnisse der Wissenschaften ernst nehmen ohne uns die Frage für unsinnig erklären zu lassen?

5. Spiritualität

Doch was ist das eigentlich, Spiritualität? Versuchen wir zunächst eine grobe Begriffsbestimmung. Der Begriff leitet sich vom lateinischen ,spiritualis' ab, das das neutestamentliche ,pneumatikos' (z.B. 1. Kor 2,14-3,3) übersetzt und nichts anderes als ,geistlich' heißt. Es wird vor allem in den Briefen des Paulus als Gegenbegriff zu ,fleischlich' (sarkikos) gebraucht und meint damit die Orientierung am Glauben und am Geist Jesu im Gegensatz zur Orientierung an den Mächten der Welt und den eigenen Kräften. Dieses Gegensatzpaar ist dabei nicht zu verstehen als Ausdruck einer dualistischen Weltsicht. Das Substantiv ,spiritualitas' taucht dann erst im 5. Jh. auf als Charakterisierung echten christlichen Lebens. Wir brauchen uns die verschlungene Geschichte des Begriffs nicht detailliert weiter vor Augen zu führen, er ist jedenfalls in geistlichen Werken des Mittelalters recht populär und gelangt schon im Spätmittelalter als Fremdwort in die europäischen Umgangssprachen.

Im 18. und 19. Jh. allerdings geht er dann weitgehend verloren und wird in seiner modernen Bedeutung zu Beginn des 20. Jhs. durch die französische Ordenstheologie wiederbelebt. Im Unterschied zur äußeren Erfüllung der Gebote und zur Befolgung der Riten meint Spiritualität jetzt das ,innere' religiöse Leben und wird damit unterschieden von der rational orientierten dogmatischen Theologie, die abstrakt die Inhalte des Glaubens studiert. Von diesen Gegensätzen aus ist der Begriff auch in die Alltagssprache gewandert und meint nun diejenigen Aspekte christlichen Lebens einschließlich konkreter Übungen und Praktiken, die das innere religiöse Erleben betreffen. In den letzten Jahrzehnten wurde dies dann ausgeweitet auf religiöses Erleben überhaupt, auch außerhalb institutionalisierter Religion.

Für den Theologen ist es wichtig, dass Spiritualität auf den Begriff des ,Geistes' zurückgeht. Es ist deshalb mehr damit gemeint als bloß eine bestimmte

Form persönlichen emotionalen Erlebens. Das erschließt sich vielleicht am e-
hesten, wenn wir im christlichen Verständnis danach fragen, was zum Beispiel
den *Geist* der Liebe vom *Gefühl* der Liebe unterscheidet (vgl. Fischer 2002,
127ff.; Fischer 2002a, 214-235). Zunächst fällt auf, dass Geist immer eine überpersonale Kategorie meint. Wenn ich im *Geist* der Liebe empfinde und handele,
so bin ich auf etwas bezogen, das nicht nur mir gehört und was ich nicht selbst
produziere, sondern an dem ich teilnehme. Und während sich mein *Gefühl* der
Liebe auf eine bestimmte Person richtet und in den Eigenarten dieser Person
seinen Anhalt findet und dadurch hervorgerufen wird, ist der Geist der Liebe gerade von den Eigenschaften der Person unabhängig. Wenn ich mich jemandem
im Geist der Liebe zuwende, so geschieht dies unabhängig von den individuellen Eigenschaften der Person. Und während mein *Gefühl* der Liebe enttäuscht
und verletzt werden kann, ist der *Geist* der Liebe darauf aus, sich unabhängig
von den Reaktionen der anderen zu bewähren, wirksam zu werden und sich
durchzusetzen. *Geist* kann sich mitteilen, kann begeistern, *Gefühle* werden erwi-
dert oder auch nicht. *Geist*, so könnte man zusammenfassend sagen, ist eine ü-
berindividuelle Strukturierung der Lebenswirklichkeit, an der wir teilhaben können und durch die unser Leben, unser Verhalten, unsere ganze Existenz geprägt
und ausgerichtet wird, so dass dieser Geist seinerseits durch uns in einer Beziehung oder Gemeinschaft wirksam werden kann. Und das gilt nicht nur für religiöse Zusammenhänge, sondern auch für profane Lebenspraxis. So ist der Geist
der Liberalität, der Toleranz oder der Humanität etwas, was sich nicht unbedingt
aus religiösen Quellen speist, und doch ist er eine Dimension, die für unser sozi-
ales und politisches Gemeinwesen unabdingbar ist.

  Spiritualität in diesem Sinne ist dann nicht bezogen auf übernatürliche o-
der transphysische Gegebenheiten, die man durch persönliche Introspektion erkennt, sondern meint eine Lebensform, die die Wirklichkeit als sozusagen für
die Geist-Dimension offen interpretiert und wahrnimmt und von daher Orientierung für die eigene Lebenspraxis gewinnt. In christlicher Tradition gesprochen
soll an dieser Stelle natürlich der Geist Jesu Christi selbst wirksam werden, der
sich in Glaube, Hoffnung und Liebe (1. Kor 13,13) erweist. Wenn die Bibel berichtet, dass Jesus Christus seinen Jüngern seinen Geist gab, dann heißt dies,
dass sie in seine Geschichte mit einbezogen wurden, dass sie von einem Geschehen mitgerissen wurden, dem sie sich nicht entziehen konnten.

6. Christliche Spiritualität?

Wenn wir nun von einem solchen Begriff von Spiritualität ausgehen, nach dem nicht ein Individuum durch besondere Bewusstseinstechniken transphysikalische Wirklichkeiten erspürt, sondern wir unser Leben nach einem bestimmten, gemeinschaftlich kommunizierbaren Geist ausrichten, wie können wir dann das Universum verstehen als offen für diese Geistesgegenwart, und wie müssen wir umgekehrt die spirituelle Dimension unseres Lebens interpretieren, wenn wir das Wissen um die Kosmologie ernst nehmen? Vier Aspekte scheinen mir dabei besonders wichtig: 1. Die Prozesshaftigkeit der Schöpfung; 2. Ein geändertes Gottesbild; 3. Die Vergänglichkeit und Endlichkeit der Schöpfung; 4. Der Umgang des Menschen mit der Natur.

6.1 Die Prozesshaftigkeit der Schöpfung

Zunächst einmal schildert uns, wie wir gesehen haben, die neuzeitliche Kosmologie den Kosmos als ein ungeheures Geschehen, das sich aus einem chaotischen Anfangszustand langsam in riesigen Räumen und Zeit entwickelt. Es gibt keine materielle Struktur im Universum, die nicht entstanden wäre. Die Galaxien und Sterne entwickeln sich aus Zusammenballungen der Dichteunterschiede des frühen Universums. Unser Planet ist eine abgekühlte heiße Kugel, die aus den Überresten von in frühen Sternen erbrütetem Material entstand. Die auf ihm ganz allmählich einsetzende Evolution ist ermöglicht durch die Komplexität der materiellen Zustandsformen und den stetigen Energiefluss durch das Sonnenlicht. All das zeigt eine ungeheure Dynamik.

Damit stellt jedenfalls der Kosmos nicht, wie das Johannes Calvin oder im vorigen Jahrhundert der große Theologe Karl Barth noch gesehen haben, eine Art Theater dar, das *theatrum gloriae Dei*. Der Kosmos ist nicht eine durch den Schöpfer hergestellte Bühne, die den Schauplatz und die Kulissen liefert, vor denen sich dann das eigentliche Drama zwischen Gott und Mensch vollzieht. Die Schöpfung entsteht erst im kontingenten Prozess ihres Werdens. Ihr Sinn liegt nicht darin, Raum, Zeit und Gelegenheit für eine dann ihren eigentlichen Sinn ausmachende Geschichte bereitzustellen. Die Schöpfung selbst ist ein Prozess, und der Mensch ist in diesen Prozess eingebunden. Die neuzeitliche Kosmologie zeigt den Menschen als verwoben in den Zusammenhang des werdenden Seins. Er ist nicht hineingesetzt in den fertigen Raum der Schöpfung, wie es das Bild des Schauplatzes oder der Bühne nahe legt.

Für den Geist, mit dem wir die Schöpfung und unseren Ort in ihr betrachten, heißt dies, dass es ein Geist der Achtung und des Respekts vor der Schöpfung und der Natur auch über den Menschen hinaus sein muss. Die Schöpfung ist kein Machwerk, und sie ist erst recht nicht um unsretwillen gemacht. Sie ist zuerst und zunächst um ihrer selbst willen da und auch um ihrer selbst willen interessant. In dieser Achtung gründet alle unvoreingenommene Naturforschung und Wissenschaft. Wir müssen nichts aus den Naturphänomenen herauslesen, sie müssen für nichts stehen, wir können sie für sich stehen lassen.

Zu einer christlichen Spiritualität des Kosmos gehört es darüber hinaus, Neues aufmerksam wahrzunehmen und als eine weiterführende Chance zu begreifen. Die Schöpfung ist nicht einfach gegeben, sie geschieht. Sie ergeht sich nicht in trivialen Wiederholungen, sie kennt keine langweiligen Variationen eines belanglosen Themas. Und wir sind nicht nur Betrachter der Schöpfung, wir sind aktive Mitarbeiter und Gestalter in ihr. Es muss ein Geist der Offenheit und der Bereitschaft sein, der unseren Umgang mit der Natur prägen soll, der wahrnimmt, dass in diesem kostbaren Teil des Kosmos in unseren Grenzen von Raum, Zeit und Möglichkeiten uns Dinge in die Hand gelegt und anvertraut sind, für die wir verantwortlich sind, im Guten wie im Schlechten.

6.2 Ein geändertes Gottesbild

Das hat Folgen für unser Gottesbild. Gottes Schöpfertätigkeit ist nicht zu verstehen als eine einmalige Hervorbringung der Welt, die er dann sich selbst überließe. Die Welt ist keine Maschine und Gott kein Ingenieur, der sie konstruiert und in Gang gesetzt hätte. Sondern Gottes Schöpfersein müssen wir heute verstehen als seine aktive Teilhabe, sein Involviertsein in das Geschehen, das die Schöpfung ausmacht. Gott ist als Schöpfer dabei in dem kreativen und überraschend Neues hervorbringenden Geschehen des Kosmos. Und deshalb ist Gott auch nicht wie in der metaphysischen Tradition vor allem als der Grund des Seins, sondern der Grund des Werdens zu bestimmen. Die Schöpfung ist ein Spiel der Möglichkeiten, durch das der Schöpfer uns hervorbrachte und zu dem auch wir beitragen können.

Gott ist also nicht in seinen Werken manifest als ihr Konstrukteur, der dynamische Charakter der Schöpfung verbietet den Schluss von den Gestalten der Schöpfung auf den Gestalter. Auch durch die Teleskope der Astronomen werden wir Gott nicht sehen und in den Aufzeichnungen der Kernteilchenzertrümmerer ihn nicht entdecken. Die Muster der Galaxien, das Echo des Urknalls in der

Hintergrundstrahlung, das Entstehen und Vergehen von Sternen, die Schönheit der kosmischen Nebel und die Unerreichbarkeit und Stetigkeit der Himmelskörper – dahinter steckt keine geheime Botschaft, keine verborgene Bedeutung, aus der wir den Schöpfer herauslesen könnten.

Der bestirnte Himmel über uns kann uns begeistern als das gegenüber allem erkennenden Zugriff immer noch Größere und bei aller Unermesslichkeit doch Begreifbare, in dem auf uns wunderbar erscheinende Weise alles entstanden ist, was uns umgibt. Alle lebendigen Wesen und auch wir selbst wurden geboren aus Sternenstaub und verdanken sich vielfältiger und überaus komplexer Zusammenhänge des ganz Kleinen und ungeheuer Großen. Doch zugleich verweigert uns der Kosmos als solcher jede Sinnstiftung und verweist uns zurück an das Nahe, das uns vor Händen und Augen Liegende, an das Konkrete, das uns anvertraut ist.

Das kann in Kongruenz gesehen werden zum Ursprung des biblischen Gottesbildes. Der biblische Gott hat seinen Ursprung nicht in philosophischen oder naturwissenschaftlichen Überlegungen und Reflexionen. Er beruht auf lebensweltlichen und geschichtlichen Erfahrungen, auf der Erfahrung politischer Befreiung, gelingender menschlicher Versöhnung und Beziehung, auf den Erfahrungen mit dem Menschen Jesus von Nazareth, auf seinen Geschichten und Gleichnissen, auf dem Miterleben seines Lebens, Sterbens und den Erscheinungen nach seinem Tode durch seine Jünger. Es sind immer Begegnungen mit einem Du in, mit und unter den existentiellen Erfahrungen gelebten Lebens, durch die sich Gottes Geist als verbindend und begeisternd mitteilt. Solche Erfahrungen lassen sich nicht methodisch reproduzieren und objektivieren, sie sind und bleiben existentielle Gewissheit, nicht aber manifeste Sicherheit und als solche ein Wagnis, das auf Vertrauen beruht. Man wird durch sie sozusagen in das Geschehen der Schöpfung verwickelt. Nichts anderes wollte Jesus mit seinen Gleichnissen erreichen: uns verwickeln, uns ein beziehen in Gottes Geschichte mit seinen Geschöpfen, damit wir Kinder unseres Vaters im Himmel werden, der seine Sonne aufgehen lässt über Böse und Gute und es regnen lässt über Gerechte und Ungerechte.

Wir werden wohl wie die biblischen Schriftsteller und Psalmisten immer neue Lieder singen müssen, um mit dem mithalten zu können, was wir durch die Wissenschaft, aber auch durch unser Leben an Neuem und Überraschendem entdecken. Ein weiteres Merkmal einer für die Naturwissenschaften offenen Spiritualität wäre also die Bereitschaft, sich überraschen zu lassen und darauf zu vertrauen, dass es nichts gibt, was nicht auf seine Weise in einer Beziehung zum Grund des Werdens steht. Die in dieser Gewissheit sich ausdrückende Glaubenswahrheit kann deshalb auch nie Besitz werden. Sie wird nie endgültigen Status erreichen. Wir können immer nur *theologia viatorum*, eine Theologie derer treiben, die auf dem Weg sind.

6.3 Die Vergänglichkeit und Endlichkeit der Schöpfung

Doch dem Prozesscharakter und der Offenheit der Schöpfung, die uns zeigt, dass alles entstanden und nichts konstruiert ist, entspricht die Kehrseite dieser Einsicht, dass alles, was entsteht, auch wieder vergehen muss. Alle Energieflüsse des Kosmos werden eines Tages an ein Ende kommen, sei es, dass sie in einem expandierenden Weltall immer weiter ausgedünnt werden, sei es, dass sich alle Struktur in einer gewaltigen Implosion in einem Energieball auflöst. Die Sonne wird jedenfalls schon früher aufhören zu leuchten, unser Erdball wird unbewohnbar werden, und auch wenn terrestrisches Leben auf andere Himmelskörper auswandern würde, wäre dies nur ein Aufschub auf Zeit. Am Ende, so sagen es die derzeit besten Theorien der Materie, werden selbst die Protonen zerfallen und mit ihnen alle komplexere Materie (Baryonen).

Der Zerfall, die Endlichkeit aller Erscheinungen, ist die Kehrseite des Entstehens. Eine christlich orientierte Spiritualität wird diese Endlichkeit und Vergänglichkeit aller geschöpflichen Erscheinungen nicht auflösen in eherne, kosmische Gesetzmäßigkeit, in denen auch unser flüchtiges Dasein in irgendeinem Sinn aufgehoben ist. Die Schöpfung stellt kein Projekt dar, das auf einen anderen Sinn hin angelegt wäre als einfach da zu sein. Der Weltprozess selber kann Ewigkeit und Vollendung nicht gewähren, er muss es aber auch nicht. Zu dem Geist der Offenheit und Demut gehört auch die Auseinandersetzung mit der eigenen Begrenztheit und Endlichkeit.

6.4 Der Umgang des Menschen mit der Natur

Das alles impliziert auch einen behutsamen und respektvollen Umgang mit der uns umgebenden Natur. Darin können sich der Glaube an einen Schöpfergott und die naturwissenschaftliche Wahrnehmung der Natur sehr nahe kommen. Denn eine der Aporien der neuzeitlichen Naturwissenschaft ist die immer stärker werdende Einsicht, dass das schon auf Francis Bacon und René Descartes zurückgehende Projekt einer rein machtförmigen Naturwissenschaft ein Irrweg ist. Ein Zugang zur Natur, der nicht von Offenheit und Respekt geprägt ist und die Natur auf das reduziert, was an ihr gesetzmäßig fassbar und technisch manipulierbar ist, droht das Leben auf unserem Planeten in eine Katastrophe zu reißen.

Demgegenüber ist darauf hinzuweisen, dass auch schon in den Naturwissenschaften selbst die Grenzen dieses Zugangs deutlich geworden sind, z. B. in der Erkenntnis, dass wir quantentheoretische Möglichkeit und raumzeitliche Wirklichkeit unterscheiden müssen, oder in der Erkenntnis, dass Naturvorgänge so fein und dicht gewebt sein können, dass ein manipulativer oder auch nur prognostischer Zugang gänzlich unmöglich wird. Natur ist nicht nur vorhanden als objektivierter Gegenstand, sondern auch als kommunikatives Gegenüber, sie ist nicht nur der im Sinne Kants peinlich Verhörte,[6] sondern auch der sich erschließende oder verweigernde Partner (vgl. Böhme 1993, 38-49).

Andererseits sollte der Theologe nicht vergessen, dass die Naturwissenschaften nicht nur die Gegenspieler der Theologie und des Gottesglaubens waren und sind, sondern in ihrem Kern oft bis heute ein ehrfürchtiges Interesse an der um ihrer selbst willen interessanten Schöpfung bewahrt haben. Das Interesse an der Natur als solcher, das interesselose Wohlgefallen an ihr, die Entdeckerfreude, die Ehrfurcht vor ihren Geheimnissen, die mit der Lösung ihrer Rätsel in keinem Widerspruch, sondern oft in einem sich gegenseitig steigernden Zusammenhang steht, nicht nur die Hybris des machenden, sondern auch die Demut des forschenden Menschen, die Disziplin und aufklärerische Helle der mathematischen und empirischen Methoden, die nach den authentischen Antworten der Natur auf unsere Fragen unter Absehung eigener Vorurteile suchen, die großartigen, Offenbarungen gleichenden Durchbrüche zu neuer Erkenntnis an den Nahtstellen der Wissenschaftsgeschichte – in all dem ist das, was ich als spirituelle Grundhaltung des Glaubens zu beschreiben versuchte, dem Anliegen des Naturwissenschaftlers sehr nahe.

Ich plädiere also für keine esoterische, sich spekulativ in eine mystische Physik oder gar Trans-Physik steigernde Spiritualität, die am Ende doch nur je subjektive Projektionen hervorbringt, sondern für ein aufmerksames Hinsehen auf die Phänomene, das die Beantwortung der Frage nach der eigenen Existenz und Sinndeutung nicht als Ergebnis wissenschaftlicher Theoriebildung erwartet, sondern sich vom Geist Jesu und des christlichen Glaubens dazu anleiten lässt, sie immer wieder neu zu finden. Eine solche Spiritualität steht durchaus in

---

[6] Vgl. Kant, 1787, B XIII: „Die Vernunft muß mit ihren Principien, nach denen allein übereinstimmende Erscheinungen für Gesetze gelten können, in einer Hand und mit dem Experiment, das sie nach jenen ausdachte, in der anderen an die Natur gehen, zwar um von ihr belehrt zu werden, aber nicht in der Qualität eines Schülers, der sich alles vorsagen läßt, was der Lehrer will, sondern eines bestallten Richters, der die Zeugen nöthigt auf die Fragen zu antworten, die er ihnen vorlegt."

Spannung und Gegensatz zu einem naturalisierenden Verständnis der Wirklichkeit, das für die spirituelle Dimension kein Sensorium hat. Doch zugleich behauptet sie einen unbedingten Realitätssinn darin, dass sie ohne Verkürzungen auf den Reichtum kreatürlichen Lebens achten möchte, auf die Dimension menschlicher Existenz ebenso wie auf die wissenschaftlicher Erkenntnis, auf Liebe, Vertrauen und Wahrhaftigkeit im Umgang miteinander und mit den Rätseln der Natur. Damit tritt sie aber auch zugleich in Gegensatz zu allen in sich geschlossenen theologischen Konzeptionen von Wirklichkeit, die aus theologischen Grundsätzen heraus meinen, wenigstens die Grundzüge einer umfassenden „theory of everything" parat zu haben.

Eine solche Spiritualität als Offenheit für die Dynamik der Schöpfung im Geiste Gottes impliziert gerade nicht das oft eingeforderte Ideal einer absolut konsistenten, umfassenden Weltanschauung, die ein auf dem neuesten Stand befindliches naturwissenschaftliches Weltbild und religiöse Sinndeutung auf vollkommen kohärente Weise miteinander verbindet. Der katholische Theologe Karl Rahner hat so etwas wie eine existentielle Erkenntnistheorie gefordert, die zugeben sollte, dass es auch eine Koexistenz von gleichzeitigen Überzeugungen im selben Subjekt geben darf, bei denen eine *positive* und einsichtige Synthese nicht oder noch nicht erreicht ist (Rawer/Rahner 1981, 36f.). Heutzutage gilt zudem, dass die zunehmende Ausdifferenzierung und Isolierung verschiedener Wissens- und Lebensbereiche, selbst innerhalb eines Subjekts und einer Biographie, integrierende Momente, die zudem gegenüber der heute geforderten Schnelligkeit und Entschlossenheit als bloße Zeitverschwendung wirken, nur schwer wirksam werden lässt. Die Pluralität der Wissenschaften und der Lebenswelten macht abgeschlossene Weltbilder zunehmend verdächtig – und das ist wohl auch gut so. Zwischen gelungener oder gar abgeschlossener Synthese von wissenschaftlicher Erkenntnis mit religiösen Überzeugungen einerseits und der Feststellung eines unversöhnlichen Widerspruchs zwischen ihnen andererseits liegt ein weites Feld, auf dem wir uns als forschende und glaubende Geschöpfe wiederfinden.

Literatur

Blumenberg, H., 1989: *Die Genesis der kopernikanischen Welt*, Bd. 1-3, 2. Auflage, Frankfurt/M.

Blumenberg, H., 2000: *Die Vollzähligkeit der Sterne*, Frankfurt/M.

Böhme, G., 1993: Das Desiderat einer hermeneutischen Begründung der Naturwissenschaft, in: Ders., *Am Ende des Baconschen Zeitalters*, Frankfurt/M, 38-49.

Copernicus, N., 1990: De revolutionibus, in: Ders., *Das neue Weltbild. 3 Texte: Commentariolus, Brief gegen Werner, De revolutionibus I.* Übers. u. hg. v. H. Zekl, Hamburg.

Dithfurth, H. v., 1981: *Wir sind nicht nur von dieser Welt. Naturwissenschaft, Religion und die Zukunft des Menschen*, Hamburg.

Fischer, J., 2002: *Theologische Ethik. Grundwissen und Orientierung*, Stuttgart.

Fischer, J., 2002a: Zur Frage der Übersetzbarkeit religiöser Perspektiven, in: *Freiburger Zeitschrift für Philosophie und Theologie* 1/2, 214-235.

Galilei, G., 1968 (1615): Lettera alla Granduchessa di Toscana Cristina di Lorena sull'auorità delle S. Scritture e la libertà della szienza, in: *Le opere ... Nuova ristampa della edizione nazionale*, Vol. V, Firenze.

Galilei, G., 1968a (1615): Il Saggiatore, in: *Le opere ... Nuova ristampa della edizione nazionale*, Vol. V, Firenze.

Kant, I., 1911 (1787): Kritik der reinen Vernunft, in: *Kants gesammelte Schriften*, hg. von der Königlich Preußischen Akademie der Wissenschaften, Erste Abtheilung, Werke, Bd. 3, B XIII, Berlin.

Koyré, A., 1969: *Von der geschlossenen Welt zum unendlichen Universum*, Frankfurt/Main.

Krafft, F., 1999: „... *Denn Gott schafft nichts umsonst!" Das Bild der Naturwissenschaft vom Kosmos im historischen Spannungsfeld Gott – Mensch – Natur*, Münster/Hamburg/Berlin/Wien/London.

Rawer, K.; Rahner, K., 1981: Weltall – Erde – Mensch, in: F. Böckle u.a (Hg.), *Christlicher Glaube in moderner Gesellschaft*, Bd. 3, Freiburg, 36f.

Schleiermacher, F.D.E., 1990 (1829): Über die Glaubenslehre. Zwei Sendschreiben an Lücke, hg. v. H.-F. Traulsen: *Kritische Gesamtausgabe* I.10, Berlin/New York.

Sigurd Martin Daecke

Gott in der Natur?

Zur Theologie des Dialogs
zwischen Naturwissenschaft und Religion

Was ist im Dialog zwischen Naturwissenschaft und Religion unter „Theologie" zu verstehen? Partner dieses Gesprächs sind neben den Naturwissenschaftlern ja nicht nur Fachtheologen, sondern auch Philosophen und allgemein an naturwissenschaftlichen und religiösen Fragen Interessierte. Sie sind keine Theologen im akademischen Sinne, haben aber sehr wohl eine Theologie, das heißt ein Verständnis von Gott und seiner Beziehung zu Mensch und Natur. Um diese Theologie im weiteren Sinne – diese Theologie von uns allen – geht es hier. Auch eine solche Theologie von Nichttheologen kann und soll wissenschaftliche Theologie sein.

Das erste, was ein Theologe lernen muss, wenn er einen Dialog mit Naturwissenschaftlern und naturwissenschaftlich Interessierten führt, ist also, dass er kein Monopol, keinen Alleinvertretungsanspruch für die Theologie hat. Wer über Gott und die Natur nachdenkt, der treibt Philosophie und Theologie, auch wenn er sie nicht studiert hat. Das protestantische Prinzip des allgemeinen Priestertums der Glaubenden schließt das Nachdenken über den Glauben, die Reflexion des Glaubens, ein – also die Theologie. Diese ist kein abgezäuntes Reservat – jeder *darf*, ja jeder *soll* sich hier einmischen. Von Gott und seiner Beziehung zur Natur zu sprechen ist kein Privileg derer, die ein Theologiestudium absolviert haben.

1. Theologie der Naturwissenschaftler

Eine solche Theologie von Naturwissenschaftlern müssen wir Theologen nicht nur respektieren, sondern auch dankbar dafür sein. Denn sie schlägt im Dialog die Brücke zwischen den beiden Wissenschaften, sie schafft die gemeinsame Sprache, die die Verständigung erst möglich macht. Wir Theologen sollten froh sein, dass die Naturwissenschaftler die theologische Sprache leichter lernen als wir die naturwissenschaftliche.

Denn die Theologie der Theologen braucht die Theologie der Naturwissenschaftler, um als „Theo-logie" überhaupt von *Gott reden* zu können. Der Mensch ist ja zunächst Naturwesen, und die Welt als Gegenstand der Theologie sind auch der Kosmos und die Natur. Ohne Hilfe durch Kosmologie und Naturwissenschaft, durch Physik und Biologie kann die Theologie daher gar nicht angemessen reden von Gott, den sie den Schöpfer nennt, und auch nicht vom „kosmischen Christus".

Für die Theologie ist die vom Glauben als Schöpfung Gottes verstandene Natur das ihr und der Naturwissenschaft Gemeinsame: Denn damit setzt der Glaube den Gegenstand der Naturwissenschaft in enge Beziehung zu Gott, als Gottes Werk und als Weise der Gotteserkenntnis. So ist die Natur Gegenstand sowohl der Naturwissenschaft als auch der Theologie, wenn auch in verschiedener Hinsicht. Die Natur hat für die Theologie eine doppelte wichtige Bedeutung:

Erstens kann die Theologie nicht von der *Schöpfung* Gottes sprechen, ohne die Natur wirklich zu kennen – und das heißt heute: ohne das Naturverständnis der Naturwissenschaften zu kennen. Mit der These aus Karl Barths Vorwort zu seiner Schöpfungslehre, „dass es hinsichtlich dessen, was die heilige Schrift und die christliche Kirche unter Gottes Schöpfungswerk versteht, schlechterdings keine naturwissenschaftlichen Fragen, Einwände oder auch Hilfestellungen geben kann" (Barth 1945, Vorwort), begann ein verhängnisvoller Irrweg der Theologie, der erst seit den Schöpfungslehren der letzten beiden Jahrzehnte des 20. Jahrhunderts korrigiert wurde, seit etwa Jürgen Moltmann (1985), Christian Link (1991) und Wolfhart Pannenberg (1991) mit Hilfe des naturwissenschaftlichen Naturverständnisses von der Schöpfung sprachen: Ohne die Naturwissenschaften zu befragen, könne die Theologie nicht angemessen und sachgemäß von Gottes Schöpfung reden, so vor allem Wolfhart Pannenberg. „Um den Wahrheitsanspruch des christlichen Glaubens argumentativ darlegen zu können", muss die Theologie

> versuchen, die Grundbegriffe, Verfahren und Ergebnisse der Naturwissenschaften beim theologischen Reden von der Welt als Schöpfung Gottes so zu berücksichtigen, dass die naturwissenschaftliche Weltbeschreibung als eine besondere Zugangsweise zur Schöpfungswirklichkeit der Welt verstanden werden kann. (Pannenberg 1995, 140)

Zweitens spielt die Natur, sofern sie als Schöpfung Gottes verstanden wird, auch für die *Gotteserkenntnis* eine wichtige Rolle. Die „natürliche Gotteserkenntnis", die bereits Paulus (Röm 1,20f.) voraussetzte, die von der römisch-katholischen Kirche gelehrt wird und die – nach einigen kritischen Ansätzen bereits im 19.

Jahrhundert – vor allem von der evangelischen Wort-Gottes-Theologie im zweiten Drittel des 20. Jahrhunderts entschieden bestritten wurde, erhielt in den letzten Jahrzehnten gerade durch moderne Naturwissenschaftler eine aktuelle Bedeutung sowie neue naturphilosophische und naturtheologische Grundlagen.[1]

Einerseits also die Erkenntnis und das Bekenntnis der Natur als Gottes Schöpfung und andererseits die Erkenntnis Gottes aus der Natur, des Schöpfers aus seiner Schöpfung, die „natürliche Gotteserkenntnis" – beides verleiht dem christlichen Glauben die „Bodenhaftung" im Natürlichen und lässt ihn angewiesen sein auf die Naturerkenntnis der Naturwissenschaftler und auf *ihre* Theologie.

Umgekehrt können Naturwissenschaftler, die ihre Forschungsergebnisse im Horizont des Ganzen deuten, das Geheimnisvolle und Wunderbare, das Sinngebende und Ordnende, vielleicht auch Planende und Lenkende, das sie in der Natur finden, im Lichte des Schöpfungsglaubens als „Gott" erkennen. So kann mit den Gedanken sowohl der Göttlichkeit der schöpferischen Prozesse in der Naturwirklichkeit als auch der natürlichen Gotteserkenntnis eine *Theologie der Naturwissenschaftler* begründet und entworfen werden.

2. Haben Physik und Theologie nichts miteinander zu tun?

Für die moderne, exakte Naturwissenschaft ist ja gerade ihr so genannter „methodischer Atheismus" bestimmend. Das heißt: Seit de Laplace Napoleon, als dieser ihn fragte, welche Rolle Gott denn in seinem System spiele, selbstbewusst antwortete: Sire, ich brauche diese Hypothese nicht – seitdem ist der Gottesgedanke weder zur Erklärung naturwissenschaftlicher Erkenntnisse notwendig noch wollen die Naturwissenschaften Gott in der Natur finden. Gott ist heute also weder Grund noch Ziel naturwissenschaftlicher Erkenntnisse, und die naturwissenschaftlichen Methoden führen nach der üblichen Meinung auch nicht zur Erkenntnis Gottes in der Natur – ebenso wenig wie etwa die historische Methode zur Einsicht in das Handeln Gottes in der Geschichte führt. Wenn heute also der methodische Atheismus legitimes Element des naturwissenschaftlichen Weltbildes ist, wenn man Gott als Antwort auf naturwissenschaftliche Fragen nicht mehr braucht, dann entsteht das Problem, was die Naturwissenschaft mit ihm überhaupt noch zu tun haben solle. Denn die Naturwissenschaften benötigen Gott nicht, in ihnen kommt Gott nicht vor.

---

[1] Vgl. dazu auch Daecke (1990; 1992, 9-20. 135-154; 1994, 249-270; 1997, 79-96; 1998, 671-690).

Kann und darf die Physik überhaupt theologische Fragen stellen? Der Kölner Theoretische Physiker Peter Mittelstaedt hat auf seine Frage „Führt die moderne Physik zu theologischen Fragen?" entschieden geantwortet: „Nein!" Die Physik führt nicht zu theologischen Fragen. Denn es gäbe keine Erkenntnislücken mehr, die theologische Antworten erfordern würden. Fragen, die von der Physik gestellt werden, könnten von ihr selber beantwortet werden, und andererseits seien physikalische Aussagen für theologische Fragestellungen irrelevant. Wenn die Physik nun also nicht einmal mehr zur *Frage* nach Gott führt, dann hat offenbar die Physik mit Gott und daher auch mit der Theologie nichts zu tun. Diese Auffassung wiederholt Mittelstaedt, gleichsam in umgekehrter Perspektive, in einem Aufsatz mit dem Titel „Über die Bedeutung physikalischer Erkenntnisse für die Theologie" (Mittelstaedt 2000, 135-148). Sein Fazit lautet auch hier wieder: Die Theologie hat der Physik nichts mehr zu sagen.

Wenn die Physik nun also nicht einmal mehr zur *Frage* nach Gott führt, dann hat offenbar die Physik mit Gott und daher auch mit der Theologie wirklich nichts zu tun – von einer Theologie der Naturwissenschaftler ganz zu schweigen. So bleiben die beiden Welten hier getrennt, die Physik braucht die Theologie nicht, und die Theologie kann mit der sich selbst genügenden Physik nichts anfangen. Ein Dialog zwischen Theologen und Physikern wäre daher überflüssig, er würde ja zu nichts führen, und so bleibt jeder hinter seinen Grenzen. Grenzüberschreitungen finden nicht statt – weder zu einer christlichen Theologie der Natur noch zu einer Theologie der Naturwissenschaftler.

Für die meisten Naturwissenschaftler gibt es nur diese saubere Trennung von Glauben und Wissen, von Religion und Naturwissenschaft, von transzendentem Gott und säkularer Natur in diesem geordneten Verhältnis zueinander, diese Nichteinmischungspolitik auf der Basis wohlwollender Neutralität. Bei dieser schiedlich-friedlichen Gütertrennung wird der Naturwissenschaft die Natur überlassen, während die Theologie sich auf Aussagen über die Beziehung zwischen Mensch und Gott zurückzieht.

So vertritt ein anderer theoretischer Physiker, Wolfgang Weidlich, ein – wie er es nennt – „geläutertes Verhältnis zwischen naturwissenschaftlicher und religiöser Erfahrung und Wahrheit" und unterscheidet dabei die objektivierende und distanzierende Wahrheit der Naturwissenschaften von der subjektiven und existentiellen Wahrheit der Religion, die also „eine andere Dimension als die Wahrheit der Naturwissenschaft" habe. Unter der Voraussetzung dieses „doppelten Wahrheitsbegriffs" sei der Theologe „zuständig für die Sinnfrage menschlicher Existenz auf der Grundlage der transzendenten Grenzerfahrung mit Gott", während der Naturwissenschaftler zuständig sei „für die Erkenntnis der stabilen und reproduzierbaren Strukturen der Schöpfung" (Weidlich 2000). Die Physik nimmt der Theologie also nicht nur die Natur weg, sondern auch die „Schöpfung" – und es gab tatsächlich theologische Schöpfungslehren, die sich nur mit dem Geschöpf Mensch befassten, also auf theologische Anthropologie reduziert waren (z.B. Graß 1974).

Die Naturwissenschaft bekämpft jetzt Gott zwar nicht mehr, aber sie braucht ihn einfach nicht. Da der Gott des christlichen Glaubens in einen anderen Raum, auf eine andere Ebene weggeschoben wurde, stört dieser individuelle, subjektive Gott die Naturwissenschaftler auch nicht – er hat ja mit der Naturwissenschaft nichts zu tun.

Nach dieser heute sowohl bei den meisten Naturwissenschaftlern als auch den meisten Theologen vorherrschenden Auffassung einer „doppelten Wahrheit" stehen *naturwissenschaftliche* Aussagen über die *Natur* und *theologische* Aussagen über *Gott* jeweils auf zwei unterschiedlichen Ebenen oder sind in zwei verschiedenen Räumen angesiedelt. In dieser Sicht stehen naturwissenschaftliche und Glaubensaussagen weder im Widerspruch zueinander noch bestätigen sie einander, denn sie haben jeweils eine ganz verschiedene Qualität. Und so können Konflikte überhaupt nicht entstehen. Natur und Gott werden also in zwei getrennten Welten, in zwei verschiedenen Räumen gegeneinander isoliert. Der Schweizer Theologe Markus Huppenbauer nennt diese Position das „independence-Modell", das „alle Konflikte zwischen Theologie und Naturwissenschaften sozusagen durch ihre Wegerklärung" zu lösen versucht, weil „die Reibungsflächen" dabei wegfallen (Huppenbauer 1999, 70).

3. Theologie für das Zeitalter der Naturwissenschaften

Die der eben dargestellten genau entgegengesetzte Position vertreten einige englische Naturwissenschaftler. Sir John Polkinghorne, Professor für theoretische Physik am Queens College in Cambridge und zugleich anglikanischer Theologe, Priester der Kirche von England, fragt: „Können wir in einem Zeitalter der Naturwissenschaften [...] die Einsichten der Religion noch in angemessener Weise ernst nehmen, ohne unsere intellektuelle Redlichkeit aufzugeben?" Und er ist überzeugt, dass „an Gott glauben im Zeitalter der Naturwissenschaften" – so einer seiner Buchtitel – uneingeschränkt möglich ist (Polkinghorne 2000; ders. 2001).

Gerade „für eine naturwissenschaftliche Zeit" sei Religion aber nicht nur möglich, sondern sogar notwendig, um Antworten auf die Sinnfrage zu geben, meint Arthur Peacocke, ebenfalls zugleich Naturwissenschaftler und Theologe, zunächst Dozent für Biochemie in Oxford und Verfasser eines verbreiteten Lehrbuches, sodann Priester und Dekan des Clare College, Cambridge, schließlich Direktor eines von ihm gegründeten Forschungsinstituts für Naturwissenschaft und Theologie in Oxford. Denn mit „der Frage nach dem Sinn des Seins [...] überschreiten wir unweigerlich die Grenzen der Naturwissenschaft". Das Sein kann nur erklärt werden und erhält nur einen Sinn von der „Existenz einer letzten Wirklichkeit als Quelle alles Seins" her, „die wir in unserer Sprache ‚Gott' nennen" (Peacocke 1998).

Peacocke und Polkinghorne, diese beiden kirchlich ordinierten Naturwissenschaftler in Cambridge und Oxford, sind mit ihren zahlreichen Veröffentlichungen bereits seit Jahrzehnten die führenden europäischen Vordenker im Gespräch zwischen Naturwissenschaft und Theologie. Der Dialog zwischen diesen beiden Wissenschaften hat in England, wie auch in den USA, eine viel längere und vor allem reichere Tradition als auf dem Kontinent – erwähnt seien nur noch Ian G. Barbour, Thomas Torrance und Philip Hefner. Peacocke erklärt das so:

> Da Newton und Darwin ihre Ideen zuerst in England vortrugen, hatte die Church of England – ein wenig früher als andere Kirchen – die Hauptlast der von diesen Schlüsselfiguren ausgelösten Revolution unseres Denkens über die natürliche Welt zu tragen.

Doch während sich in England schon bald eine Tradition der „Konsonanz" (Polkinghorne) von Naturwissenschaft und Theologie ausbildete, folgten im deutschen Sprachraum auf die Zeit der Konfrontation und des Kampfes gegeneinander gegen Ende des 19. und zu Beginn des 20. Jahrhunderts gleich die im vorigen Abschnitt geschilderten Jahrzehnte des zwar konflikt-, aber auch sprachlosen distanzierten Nebeneinanders, bei dem man sich nicht mehr stritt, aber auch nichts mehr zu sagen hatte: eine friedliche Koexistenz ohne jede Kommunikation.

Und noch heute gibt es vor allem im angelsächsischen Raum diese sowohl personelle als auch sachliche „aktive Interaktion" zwischen beiden Wissenschaften, vertreten durch anerkannte Naturwissenschaftler, die kirchlich ordiniert wurden und theologische Entwürfe vorlegten, um zu zeigen, wie auf der Grundlage des heutigen naturwissenschaftlichen Welt- und Menschenbildes intellektuell redlich von Gott und seinem Handeln in dieser Welt gesprochen werden kann. Selbst ein Agnostiker wie Stephen Hawking bedient sich noch christlicher Terminologie, auch wenn er damit die Ablösung der Theologie durch die

Physik meint: „Die Gesetze der Natur zu kennen, heißt die Gesetze Gottes zu kennen. Am Ende dieses Jahrhunderts werden wir den Plan Gottes kennen."

Beide, Peacocke und Polkinghorne, bezeichnen ihre wissenschaftstheoretische Position in den Naturwissenschaften als „kritischen Realismus". Noch wichtiger aber ist ihre Gemeinsamkeit darin, dass beide diese naturwissenschaftliche Methode auf ihre Theologie übertragen und damit einen einheitlichen Ansatz für beide Wissenschaften gewinnen: „Ich behaupte", schreibt Peacocke, „dass ein kritischer Realismus auch im Hinblick auf religiöse Sprache und theologische Behauptungen die geeignetste und angemessenste Philosophie darstellt. Der kritische Realismus in der Theologie würde den Standpunkt vertreten, dass theologische Begriffe und Modelle als einseitig und unzureichend, aber als notwendig, ja sogar als einzige Möglichkeit, auf die ‚Gott' genannte Wirklichkeit und Gottes Beziehung zur Menschheit zu verweisen, betrachtet werden sollten." Kritischer Realismus bedeutet, dass sowohl die Naturwissenschaften als auch die Theologie die Wirklichkeit beschreiben und sich dabei auf Fakten beziehen: Beide Wissenschaften beschäftigen sich – so Peacocke – „mit Realitäten, auf die man sich beziehen und auf die man hinweisen kann, die aber nicht vollkommen wirklichkeitsgetreu beschrieben werden können". Naturwissenschaft und Theologie sind „interagierende Zugänge zur Wirklichkeit", und daher muss „die Theologie danach streben, mit der wissenschaftlichen Betrachtung der natürlichen Welt wenigstens nicht unvereinbar zu sein."

4. „Bottom up" – Wiederbelebung der „natürlichen Theologie"

Von der Naturwissenschaft auf die Theologie überträgt auch Polkinghorne seinen „bottom-up-Ansatz" (sein Denken „von unten nach oben"), der nach Evidenz für die Erkenntnisse strebt und „auf der Suche nach Verständnis bei den Erfahrungen ansetzt und von dort zu den Interpretationen fortschreitet." In diesem Sinne proklamiert er eine „Wiederbelebung", eine „Wiederkehr der natürlichen Theologie", die „sich als Ergänzung zu den Naturwissenschaften" versteht, „indem sie über das selbstbegrenzte Gebiet jener Wissenschaften hinausgeht und Metafragen bedenkt, die naturwissenschaftlicher Forschung entspringen, aber die Grenzen des allein naturwissenschaftlich zu Verstehenden sprengen." So gehört für Peacocke der Gottesgedanke zu den „Implikationen der naturwissenschaftlichen Perspektive", und die Fragen, wer oder was Gott ist und wie er „mit der Welt interagiert", erwachsen aus „der Erörterung der Implikationen verschiedener Aspekte des Weltbilds der Wissenschaft." Weil die Welt die Schöpfung eines rationalen Gottes ist, sei sie dem menschlichen Geist verständlich, sei die Ordnung des Universums in ihrer Tiefe als dem Plan Gottes entsprechend erkennbar.

So gehören beide Autoren im Streit um das „anthropische Prinzip"[2] in seiner „starken" Version zu deren Befürwortern, die darin eine „Häufung von Argumenten für die Existenz Gottes" (Polkinghorne) sehen. Peacocke beschreibt das anthropische Prinzip folgendermaßen: „Sieh dir nur diese merkwürdigen Zufälle an, die unsere Existenz in diesem einmaligen Universum ermöglicht haben" – daraus könne nur gefolgert werden, dass der Ursprung des Universums „in einem schöpferischen personalen Gott liegt". Beide Wissenschaftler betonen allerdings, dass eine solche Deutung die Naturwissenschaften transzendiert und Glauben voraussetzt. Die natürliche Theologie gewinnt – so Polkinghorne – ihre Argumente für die Existenz Gottes allerdings „an der Welt", während eine Theologie der Natur unmittelbar vom Gottesglauben ausgeht und ihn sodann argumentativ auf die Welt bezieht. Der letztere Ansatz – man könnte sagen: jetzt umgekehrt von „oben" nach „unten" – integriert etwa die gegenüber der Physik „metaphysisch zu zweideutigen" Einsichten der Biologie in den christlichen Glauben.

„Die wissenschaftliche Betrachtung der natürlichen Welt einschließlich des Menschen" bereichert nach Peacocke unser Verständnis Gottes, des personalen Schöpfers, als „beste Erklärung" alles Seienden. So nötige uns etwa die Reflexion der Rolle des „Zufalls" in der Schöpfung, anzuerkennen, dass Gott „sich selbst bei der Schöpfung Beschränkungen auferlegt" und somit „eine ‚sich selbst begrenzende' Allmacht und Allwissenheit besitzt", so dass er „weder eine alles andere beherrschende Macht über das Weltgeschehen noch vollkommenes Wissen über zukünftige Ereignisse besitzt". Dass Gott „ein Risiko eingeht" und seine „Ziele aufs Spiel setzt", wenn er sich für die Offenheit der natürlichen Systeme und die Freiheit des Menschen in seiner Schöpfung entscheidet, ist Peacockes Interpretation der traditionellen Lehren von der Kenosis, der Selbstentäußerung, und der Selbsthingabe Gottes. Und das Leiden Gottes versteht er so, dass Gott in den natürlichen Prozessen immanent wird und in, mit und unter den schöpferischen Prozessen der Welt und ihrer offenen Entfaltung in der Zeit leidet. Ähnlich denkt auch Polkinghorne: Unsere Welt ist „nicht die Schöpfung eines kosmischen Tyrannen", Gott hat „Respekt für die Integrität der Schöpfung". Problematisch ist, dass bei Peacockes erhellender Deutung alter Begriffe

---

[2] Zum „anthropischen Prinzip" vgl. auch Daecke (1999, 79-99; 2001, 312-323).

wie der Selbstentäußerung, der Selbsthingabe und des Leidens Gottes deren ursprünglich christologischer Sinn verdunkelt wird.

Doch wie ist nun Gottes Handeln in der Welt, seine „Interaktion mit der Welt" (Peacocke) zu verstehen, wenn durch das naturwissenschaftliche Weltbild die dualistische Vorstellung eines Gottes, der von außen in das Weltgeschehen „eingreift" und die von ihm selber geschaffenen Naturgesetze aufhebt, ausgeschlossen wird? Auf diese entscheidende Frage laufen die Gedankengänge beider Autoren hinaus.

Polkinghornes „Ansatz, mittels einer ontologisch interpretierten Chaostheorie menschliches und göttliches Handeln zu verstehen", seine „Darstellung [...], welche die kausale Fuge in den Wolken der Unvorhersagbarkeit physikalischer Prozesse verortet", erscheint mir jedoch nicht sehr überzeugend. Die „kausale Fuge", die Gottes Handeln in der Welt denkbar macht, in der „ontologischen Offenheit" der natürlichen Prozesse zu finden, ist nichts grundsätzlich Neues gegenüber dem Versuch des deutschen Physikers Pascual Jordan vor bereits vier Jahrzehnten, die Denkmöglichkeit Gottes und seines Wirkens mit der Öffnung der Naturprozesse durch die Quantentheorie und die Heisenbergsche Unbestimmtheitsrelation zu begründen (Jordan 1963). Führt diese Theorie aber nicht nur zu einer neuen Version des alten „Lückenbüßergottes"? Wie bereits seit langem die Kritiker dieses apologetischen Ansatzes in der deutschen Diskussion, so fragt nun auch Peacocke: „Sollen wir also einen ‚Gott der unvorhersagbaren Lücken‘ ins Feld führen?" Auch ein so verstandenes Handeln Gottes sei „interventionistisch", d.h. man stellt sich Gottes Handeln in der Welt als ein Eingreifen von außen vor.

Ob allerdings Peacockes eigenes schwieriges Konzept der „Von-oben-nach-unten" („top-down")-Kausalität überzeugender ist, erscheint diskutabel. Er sieht eine solche Kausalität in der Evolution und fragt:

> Könnten wir die Welt als Ganzes im Licht dieser Eigenschaften der natürlichen Welt nicht als ein zusammenhängendes System betrachten, dessen allgemeiner Zustand ein kausaler Faktor ‚von-oben-nach-unten‘ [...] sein kann? [...] Ich meine, dass diese neue Betrachtung der Art, wie Kausalität in unserer komplexen, hierarchisch aufgebauten Welt wirkt, eine neue Quelle für die Reflexion der Frage, wie Gott mit dieser Welt interagieren könnte, darstellt.

Nach dem Modell des Pan-*en*-theismus „ist das gesamte System der Welt ‚in Gott‘, der [...] ihr als ganzer [...] gegenwärtig ist. Wenn Gott auf dieser zusätzlichen Ebene der Totalität mit der ‚Welt‘ interagiert, dann könnte er ‚von-oben-nach-unten‘ ursächlich wirken, ohne die Gesetze und Regelmäßigkeiten" der natürlichen Welt aufzuheben. „Gott ist also als der ständige, überpersonale, einigende und eine Einfluss auf alles Sein zu denken." Gegen diese holistische Erklärung von Gottes Handeln wendet allerdings wiederum Polkinghorne ein:

> Wenn diese top-down-Kausalität jedoch als ein genuines kausales Prinzip existieren soll, darf das durch die bottom-up-Kausalität bestimmte Netzwerk nicht so eng gestrickt sein, dass es keinen Einfluss des Ganzen auf seine Teile mehr zulässt.

Aber auch wenn ausgerechnet bei der für beide Autoren zentralen Frage nach dem Handeln Gottes in dieser Welt Fragen offen bleiben, so sollte die Schultheologie doch mehr, als es bisher geschehen ist, diese beiden von Naturwissenschaftlern entworfenen „Theologien für eine naturwissenschaftliche Zeit" zur Kenntnis nehmen und davon lernen. Denn sie sind, so Peacocke, „ein Angebot für jene, die den christlichen ‚Weg' gehen möchten, aber bislang glaubten, hierzu ohne den Verlust ihrer intellektuellen Integrität nicht in der Lage zu sein."

5. Natürliche Theologie und Theologie der Natur

Arthur Peacocke und John Polkinghorne haben das Konzept einer neuen natürlichen Theologie der Naturwissenschaftler entwickelt, einer theologischen Denkbewegung gleichsam von unten nach oben, sowie einer darauf antwortenden Theologie der Natur, die – wieder bildlich gesprochen – zwar von oben *her* denkt, aber nach unten *hin*, das heißt, die den in seinem *Wort* geoffenbarten Gott auch in der *Natur* sucht: Dieses Konzept liegt dem Entwurf Peacockes zugrunde, ist aber besonders von Polkinghorne in seinem letzten Buch „Science and Theology" (1998) reflektiert worden.

Ein Gespräch der Theologie mit der Naturwissenschaft – ebenso wie mit der Philosophie und anderen Wissenschaften – ist nur dann möglich, wenn eine „natürliche", vernünftige Gotteserfahrung der Gesprächspartner anerkannt wird. Wenn wir Christen deren „natürliches" Gottesbild von vornherein für unangemessen halten, weil es durch die Vernunft gewonnen ist, dann wird das Gespräch gar nicht erst beginnen. Daher kann eine natürliche Theologie die gemeinsam anerkannte Grundlage bilden für ein Gespräch zwischen der Naturwissenschaft und der Religion auf dem Wege zu einer neuen Theologie der Natur. Im Gedanken der Offenbarung Gottes können sich Naturwissenschaftler und Theologen treffen, auch wenn sie sich für die einen in der Naturerkenntnis, für die anderen in der Bibel ereignet.

Die Worttheologie, die sich auf die biblische Offenbarung Gottes, insbesondere auf Jesus Christus gründet, bedarf der Ergänzung durch eine natürliche

Theologie, die von der Welt- und Naturerfahrung des Menschen ausgeht. Ohne natürliche Theologie fallen Wissenschaft und Religion, Forschen und Glauben in zwei sauber voneinander getrennte Bereiche der menschlichen Existenz auseinander, liegen sie auf ganz verschiedenen Ebenen. Aber ich finde es verheißungsvoll, dass nicht nur Theologen, sondern auch Naturwissenschaftler heute wieder nach einer neuen natürlichen Theologie fragen. Gibt es nun eine Vermittlung zwischen der theistischen Trennung einer ungöttlichen Natur von einem übernatürlichen Gott einerseits und ihrer pantheistischen Verschmelzung andererseits, zwischen Welttranszendenz und Weltimmanenz Gottes, zwischen dem persönlichen Schöpfer der Natur und dem schöpferischen Prozess in der Natur? Es sieht ja so aus, als stünden sich im Gegenüber von kirchlicher und natürlicher Theologie, von Wortoffenbarung und Naturoffenbarung wieder nur die seit Jahrhunderten gleichen Fronten von Theismus und Pantheismus gegenüber. Wie kann dieses starre Schema gesprengt werden, wie kann Gott als zugleich transzendent und immanent, als sowohl übernatürlich wie auch natürlich gedacht werden?

Diese falschen Alternativen werden gesprengt, die Gegensätze überwunden durch eine Theologie der Natur, die Gott und Natur, Religion und Naturwissenschaft verbindet. Die natürliche Theologie von Naturwissenschaftlern steigt mittels der Vernunft auf von der Natur zu Gott hin, bildlich gesprochen: *von unten nach oben*. Eine christliche Theologie der Natur dagegen denkt umgekehrt gleichsam von oben nach unten: Aufgrund der biblischen Wortoffenbarung weiß sie von der Präsenz Gottes in der Natur, in der Materie, in der Evolution des Universums, des Lebens, des Menschen und des Geistes. Die Theologie der Natur braucht die „natürliche Theologie" der Naturwissenschaftler und muss sie in sich aufnehmen. Sonst würde sie den ihr nur aus dem Wort bekannten Gott in der Natur nicht wiederfinden. Aber die natürliche Theologie braucht auch die Theologie der Natur, die den Gott des christlichen Glaubens in der Natur erkennt: Sonst würden die Naturwissenschaftler das Lenkende und Planende, das Geheimnisvolle und Wunderbare, das sie in der Natur finden, überhaupt nicht als „Gott" identifizieren – die meisten Naturwissenschaftler kommen ja auch ohne diese Deutung aus.

Eine solche wechselseitige Befruchtung von natürlicher und Natur-Theologie ist die Voraussetzung des Gesprächs zwischen Naturwissenschaftlern und Theologen, weil sie die Brücke zwischen diesen Wissenschaften baut, die Brücke, die den Graben überspannt, der die beiden Welten trennte. Denn Naturwissenschaft und Religion dürfen nicht mehr in zwei Welten getrennt bleiben. Ihren Gegensatz zu überwinden ist die gemeinsame Aufgabe einer christlichen

Theologie der Natur und einer „natürlichen" Theologie der Naturwissenschaftler.

6. Transzendenz und Immanenz Gottes zugleich

Die Natur, von der die Naturwissenschaftler sprechen, die sie beobachten und a-nalysieren, ist ja nichts anderes, als was wir theologisch „Gottes Schöpfung" nennen. Die Natur, die Objekt der Naturwissenschaft ist, ist dieselbe Natur, von der wir glauben – und theologisch reflektieren –, dass in ihr der biblische Gott als Schöpfer, als in die Welt eingegangener Christus und als Geist gegenwärtig ist. So können also Natur und Gott gar nicht in zwei getrennte Räume, in zwei verschiedene Welten auseinander dividiert werden. Und wenn Theologen das tun, so ist das in einem meiner Ansicht nach falschen, im Grunde gnostischen, dualistischen Schöpfungsverständnis begründet, das dem christlichen Gottesbild nicht gerecht wird.

Wenn der Physiker Wolfgang Weidlich (vgl. Abschnitt 2) die Wirklichkeit aufteilt und dabei der Religion als ihren Gegenstand die subjektive menschliche Existenz zuteilt, der Physik dagegen die objektiven Strukturen der Schöpfung, so ist dabei einerseits anzuerkennen, dass er den Gegenstand der Physik mit Gottes Schöpfung identifiziert. Andererseits aber kann und darf der christliche Glaube sich nicht auf die existentielle Gott-Mensch-Beziehung beschränken lassen und damit die Schöpfung – den halben ersten Artikel des Glaubensbekenntnisses – den Naturwissenschaften preisgeben. Dass das im 19. und 20. Jahrhundert vielfach geschehen ist, ist eine der Ursachen unserer ökologischen Krise.

Um gemeinsam mit den Naturwissenschaftlern von Gott sprechen zu können, muss sich die Theologie allerdings auch von einem einseitig theistischen Gottesbild, das heißt demjenigen eines ausschließlich „hoch über seiner Schöpfung thronenden" und von außen in sie eingreifenden Gottes, verabschieden und „Gott *in* der Schöpfung", den in der Natur präsenten Gott – so Jürgen Moltmann (1985) – erkennen und bekennen.[3] So kann auch das immanente, unpersönliche, prozesshafte Gottesbild vieler Physiker mit dem personalen Gott des christlichen Glaubens vereinbart werden. Die Theologie muss im Dialog mit den Naturwissenschaftlern das traditionelle theistische Gottesbild verbinden mit der Vorstellung eines Gottes *in* der Natur. Nur so kann sie die Herausforderung durch das

---

[3] Damit stimme ich der Auffassung von A. Benz zu, dass eine „kritische Integration der naturwissenschaftlichen Resultate in die Theologie" notwendig sei (vgl. Benz 2001).

Gottesbild der Physiker annehmen, das Gott auch immanent als Ordnung des Kosmos (so Einstein), bzw. als Prinzip der Wirklichkeit (so Heisenberg) versteht. Allerdings begründen die Theologen diese Immanenz Gottes in der Natur anders als die Physiker, nämlich nicht unpersönlich, sondern personal.

Das Hin und Her zwischen innerweltlichem und außerweltlichem Gott, zwischen der Sicht Gottes in der Natur und über der Natur, zwischen sakralem und säkularem Naturverständnis, zwischen Heiligkeit und Weltlichkeit der Natur ist so alt wie der Gottes- und der Schöpfungsglaube. Schon im Gegenüber von Altem Testament und griechischer Naturphilosophie finden wir dieses Nebeneinander und Gegeneinander von Theismus und Pantheismus, und im Gespräch mit heutigen Naturwissenschaftlern dauert es – nun auf dem Boden des evolutionär-prozesshaften Weltbildes – immer noch an. Wird auf der einen Seite Gott verleugnet und auf der anderen die Welt? Wird hier das Gottesbild verkürzt und dort das Weltbild ignoriert? Es ist unbefriedigend, sich nur auf die eine *oder* auf die andere Seite zu schlagen. Das Entweder-Oder von jenseitiger Sonderwirklichkeit und diesseitigem Werdeprozess ist eine falsche Alternative. Einen Kompromiss zwischen beiden gibt es allerdings auch nicht. Aber das scheinbar Unvereinbare, der Gott der christlichen Verkündigung und der Gott der Physiker, Gott über der Natur und Gott in der Natur, ist vereint in Gott selber, der als *Schöpfer* der Natur zugleich transzendent *und* immanent ist, der als in Jesus *Geschöpf* gewordener Schöpfer in die Welt ein-, aber nicht in ihr aufgeht, und der als *Geist* zwar in der Materie wirkt, aber sie im Werdeprozess transzendiert.

7. Drei Aspekte der Gegenwart Gottes in der Natur

Wenn ich mit dieser dreifachen Beschreibung der Immanenz – der Weltlichkeit Gottes als Schöpfer, als Geschöpf und als Geist – auf die drei Aspekte der Erfahrung Gottes in der Natur anspiele, so tue ich es nicht, um die Rede von Gott durch zusätzlichen dogmatischen Ballast zu erschweren, sondern ganz im Gegenteil, um mit den Mitteln der theologischen Reflexion zu begründen, dass das Gottesbild einer Theologie der Natur zugleich dasjenige einer natürlichen Theologie ist, und um theologisch Rechenschaft darüber abzulegen, dass der immanente Gott der natürlichen Gotteserfahrung kein anderer ist als der transzendente Gott des christlichen Glaubens. Ich setze also keine Trinitätslehre voraus, ich rede nicht von Personen der Trinität, sondern von den drei Weisen, wie wir Gott in Materie und Geist finden, von den drei Aspekten, unter denen wir ihn in der Natur erfahren können.

Als Schöpfer, als schöpferischer Prozess, ist Gott der Welt, die er in seiner fortlaufenden Schöpfung immer noch weiter erschafft, immanent. Diese natürliche Erfahrung Gottes ist der berechtigte Aspekt naturreligiös-pantheistischer Vorstellungen von der Heiligkeit der Welt und der Natur. Aber auch Arthur Peacocke schreibt, „dass Gott der Schöpfer einer Welt immanent ist, die er noch erschafft. Gott ist überall und immer in den Prozessen und Ereignissen der natürlichen Welt", „in allen schöpferischen Prozessen am Werk". Gott ist sowohl der Schöpfer des Weltprozesses als auch darin immanent als „agent" am Werk (Peacocke 1979, 204).

Aber nicht nur in der Materie ist Gott in seiner durch Ausbeutung und Zerstörung bedrohten Schöpfung anwesend, sondern auch im Geist. Als Geist wirkt Gott schaffend und erhaltend in den natürlichen Werdeprozessen. So ist für Jürgen Moltmann, wie der Titel seiner Schöpfungslehre lautet, „Gott *in* der Schöpfung", und zwar „durch seinen Geist [...] auch in den Materiestrukturen präsent [...] Der Geist ist die immanente Weltpräsenz Gottes" (Moltmann 1985, 113.219). Im schöpferischen Geist ereignet sich die fortlaufende Schöpfung Gottes. Auch nach Peacocke verwirklicht Gott als Geist die Möglichkeiten der Materie auf jeder Ebene und Stufe des kosmischen Evolutionsprozesses, und dieser natürliche Werdeprozess ist das Werk des Heiligen Geistes (vgl. Peacocke 1971, 173f.).

Doch wie wir bereits sahen, besteht − wenn Gott allein unter seinen Aspekten als Schöpfer und als Geist in der Natur erfahren wird −, die Gefahr, dass er das Gesicht verliert, unter dem wir Christen ihn kennen und erkennen, das Gesicht, mit dem er sich als Mensch gezeigt hat: Jesus Christus. Und daher wird Gott als Schöpfer in der Natur und als Geist in der Materie oft gar nicht erkannt. Aber Zentrum des christlichen Glaubens ist ja, dass der Schöpfer in Jesus zum Geschöpf geworden ist. Und auch unter diesem, dem christologischen, Aspekt ist er in der Natur gegenwärtig.

Eine Schöpfung, die nicht nur das Werk des Schöpfers und nicht nur von seinem Geist erfüllt ist, sondern in die er selbst eingegangen ist, kann erst recht „heilig" genannt werden, weil Gott sie nicht nur geschaffen, sondern erlöst und geheiligt hat. Weil Gott in Jesus in die Leiblichkeit, in die Natur eingegangen ist, um sie zu erlösen, hat er sie geheiligt. Ernesto Cardenal hat in seinem „Buch von der Liebe" geschrieben: „Die Natur ist für den Christen heiliger, als sie es je für den heidnischen Pantheismus war [...] Die Fleischwerdung des Wortes geht über alles hinaus, was sich pantheistische Philosophen je träumen ließen." (Cardenal 1978, 93f., 101)

8. Die „sakramentale" Erfahrung Gottes in der Natur

Aber nicht nur der Katholik Cardenal denkt so, sondern auch der lutherische schwedische Bischof und frühere stellvertretende Generalsekretär des Lutherischen Weltbundes, Jonas Jonson, versteht (in einem Vortragsmanuskript) die Menschwerdung Gottes in Jesus Christus als „Identifikation Gottes mit der geschaffenen Welt", durch die sie „einen unendlichen Wert in sich" erhält. Diesen „Eigenwert alles Geschaffenen" nennt auch Jonson die „Heiligkeit der Natur". Er bezeichnet diese christologisch verstandene Anwesenheit Gottes in seiner Schöpfung als „sakramental", weil die Gegenwart Christi in Brot und Wein, in den Gaben der Schöpfung, in den Naturelementen, ein exemplarisches Zeichen dafür ist, dass Gott sich in Jesus Christus personal nicht nur mit dem Menschen verbunden hat, dass er ihn also nicht vor aller übrigen Schöpfung erwählt und über sie erhöht hat, sondern dass Gott auch die Natur und die Materie angenommen und ausgezeichnet hat.

Auch Arthur Peacocke hat vor allem in verschiedenen Schriften der 70er Jahre eine – so lautet einer seiner Titel – „sakramentale Sicht der Natur" vertreten. Inkarnation bedeutet für ihn, dass Gott in Christus nicht nur Mensch geworden, sondern in die Materie eingegangen ist. Sie sei „die Vollendung des Prozesses kosmischer Evolution" in Jesus.[4] Die Vorstellung eines „sacramental universe" hat in der anglikanischen Theologie bereits eine längere Tradition und geht u.a. auf das Buch „Nature, Man and God" von Erzbischof William Temple aus dem Jahre 1934 zurück: Alle natürlichen Tatsachen und Ereignisse sind Zeichen und Symbole für göttliche Zwecke und Ziele und in diesem Sinne Sakramente.

Der Begriff „sakramental" versucht zu erklären, dass auch der in der Natur anwesende Gott das Gesicht Jesu Christi zeigt, dass Gott also nicht nur unpersönlich als schöpferischer Prozess, sondern personal in der Materie gegenwärtig ist. Wenn für viele, insbesondere evangelische Christen diese sakramentale Vorstellung weniger hilfreich ist, so beruht das auf einem Missverständnis. Man darf sich weder durch die katholische Sakramentenlehre abschrecken lassen noch durch das protestantische liturgische Abendmahlsritual. Denn die Gegenwart Christi in Brot und Wein bedeutet ja gerade seine Anwesenheit in den natürlichen, alltäglichen Lebensvollzügen wie Essen und Trinken sowie in den natürlichen Elementen, in den Früchten der Natur und den Gaben der Schöpfung, für die Brot und Wein als die elementarsten Nahrungsmittel exemplarisch stehen.

---

[4] Peacocke (1971, 170; 1975, 132ff.).

9. Gott in der Natur – Natur in Gott

Wenn in Jesus *Gott* zugleich als *Mensch*, wenn der Schöpfer zugleich als Geschöpf, wenn der Geist, etwa im Sakrament, zugleich als Materie verstanden, wenn Gott also sowohl transzendent als auch immanent, sowohl jenseitig als auch diesseitig vorgestellt werden kann – dann kann man sich Gott sowohl *über* als auch *in* der Natur denken, sowohl personhaft als auch unpersönlich, sowohl theistisch als auch pan*en*theistisch. Beides ist zugleich wahr – und nur eines von beidem zu sagen, ist lediglich die halbe Wahrheit.

Jürgen Moltmann, der sich zur „immanenten Weltpräsenz Gottes", zur „göttlichen Weltimmanenz" bekennt, findet einen Mittelweg zwischen der Trennung von Gott und Welt im Theismus und ihrer Verschmelzung im Pantheismus, indem er auf die Vorstellung des Pan-*en*-theismus zurückgreift, „nach dem Gott, der die Welt geschaffen hat, zugleich der Welt einwohnt, und umgekehrt die Welt, die er geschaffen hat, zugleich in ihm existiert", „der Erkenntnis der Präsenz Gottes in der Welt und der Präsenz der Welt in Gott" (Moltmann 1985, 109, 27). Und sogar Gerhard Ebeling sprach in diesem Sinne davon, „dass Gott in allem ist und alles in Gott" (Ebeling 1979, 292). Weil Gott größer, umfassender ist als Natur, geht er nicht in ihr auf, obwohl er eine Einheit mit ihr ist, und die Natur wird nicht selber vergöttlicht. Die Transzendenz Gottes wird auch durch seine Immanenz in der Natur nicht aufgehoben, das heißt, der jenseitige, überweltliche Aspekt Gottes bleibt neben dem diesseitigen und innerweltlichen erhalten, Gott ist beides zugleich.

Auch nach Arthur Peacocke wirkt der *transzendente* Schöpfer des Weltprozesses *in* diesem und durch ihn immanent schöpferisch. Der Biochemiker und Theologe spricht von „transcendence-in-immanence and immanence-in-transcendence". Ebenso wie Moltmann (1985, 109) versteht er das Gott-Welt-Verhältnis nach dem pan*en*theistischen Modell: Der Schöpfer ist nicht vor oder jenseits der Welt, aber Gottes Sein geht auch nicht in der Welt auf und verströmt nicht in ihr, vielmehr wird die Welt als Sein „in" Gott verstanden: „Gott als Schöpfer einer selbstschöpferischen Welt *in* Gottes eigenem Wesen". So ist der „transzendente Eine dem schöpferischen Prozess immanent".[5] So begründet Peacocke Gottes Immanenz in der Natur, die seine Transzendenz nicht aufhebt, nicht nur sakramental von der Inkarnation her, sondern auf diese Weise auch panentheistisch: Gott geht nicht in der Welt auf, löst sich in ihr nicht auf, denn die Welt ist in Gott (vgl. Peacocke 1979, 207.238).

---

[5] Peacocke (1986, 131f.; 1979, 204f.; 1996, 170-188; 1998, 161.165).

Wenn nun Gott in der Natur und diese in Gott ist, könnte man auch auf diese panentheistische Weise begründen, dass die Natur heilig ist. Aber um klarzustellen, dass die Natur nicht selbst göttlich, dass die Heiligkeit keine eigene numinose Qualität der Natur oder des Kosmos ist, sondern ihnen von Gott geschenkt, verliehen – also gleichsam eine „sekundäre" Heiligkeit[6] –, ist es besser zu sagen: Die Natur wird durch Gott, durch ihre unmittelbare Beziehung zu Gott *geheiligt.*

Eine Theologie, die sakramental und pan*en*theistisch begründet, dass Gott in der Natur ist und sie damit heiligt, ist nicht auf ein dualistisches, theistisches und – so Peacocke – „interventionistisches" Bild von einem jenseitigen Gott festgelegt, der von oben oder von außen die Evolution steuert oder in sie eingreift. Gott braucht nicht als irgend etwas mit den natürlichen Prozessen Konkurrierendes oder sie Ergänzendes gesehen zu werden. Für den Christen ist der transzendente Gott, der sich in Jesus Christus offenbart hat, gerade deshalb zugleich ein immanenter und natürlicher Gott, der auch der natürlichen Gotteserkenntnis, dem Denken der Naturwissenschaftler, ihrer *Theologie* zugänglich ist.

Das ist ja gerade das Wesen *Gottes,* dass nur verschiedene, scheinbar gegensätzliche Vorstellungsweisen *zugleich* seine ganze Größe und Fülle erfassen und zum Ausdruck bringen können. Wenn man schon vom natürlichen Licht nur mit den komplementären Vorstellungen von Welle *und* Korpuskel reden kann, so erst recht vom *ewigen* Licht.[7] Die biblische Rede von der Menschwerdung Gottes und von Jesus als Gottes Sohn bringt zum Ausdruck, dass Gott nicht nur im Jenseits, sondern auch im Diesseits ist. Und auch die sakramentale Gegenwart Christi in Brot und Wein ist ein Symbol für die Anwesenheit Gottes *in* aller Materie und Natur, ein Symbol für die Immanenz des Transzendenten.

Gott selbst ist unter dreifachem Aspekt – als Schöpfer, als Natur- und Menschgewordener und als Geist – die bestimmende Wirklichkeit *in* der Natur, *in* dieser werdenden und sich wandelnden Weltwirklichkeit geworden. Daher kann man von Gott angemessen nur noch in derjenigen Sprache reden, die die natürliche Wirklichkeit beschreibt, die er heute bestimmt. Nur derjenige Glaube hat also eine Zukunft und kann ein souveräner Partner der Naturwissenschaften beim gemeinsamen Entwurf eines – so schon Karl Heim – „Weltbilds der Zukunft" werden, der von dem Gott spricht, der sich heute *in* unserer wissenschaftlich verstandenen Welt offenbart.

---

[6] Gregorios (1978, 82ff.); vgl. dazu Daecke (1985, 262ff.).
[7] Die Komplementarität spielt auch in Polkinghornes Theologie eine Rolle.

Oben im Titel steht ein Fragezeichen hinter „Gott in der Natur". Es erinnert uns daran, dass Gott nicht in der Natur aufgeht und sich nicht in ihr auflöst, dass der ihr immanente Gott zugleich transzendent bleibt, weil auch die Natur in Gott ist, der sie umgreift und übergreift – und dass daher die Natur nicht in sich heilig oder gar göttlich ist, sondern durch Gott geheiligt wird.

Literatur

Barth, K., 1945: *Kirchliche Dogmatik III/1*, Zollikon/Zürich.

Benz, A., 2001: *Die Zukunft des Universums. Zufall, Chaos, Gott*, München.

Cardenal, E., 1978: *Das Buch von der Liebe*, 6. Aufl., Gütersloh.

Daecke, S., 1985: Säkulare Welt – sakrale Schöpfung – geistige Materie. Vorüberlegungen zu einer trinitarisch begründeten praktischen und systematischen Theologie der Natur, in: *Evangelische Theologie* 45, 261-276.

Daecke, S., 1990 ²1992: Kann man Gott aus der Natur erkennen?, in: Bresch, C.; Daecke, S. M.; Riedlinger, H. (Hg.): *Kann man Gott aus der Natur erkennen? Evolution als Offenbarung*, Freiburg/Basel/Wien, 9-20.

Daecke, S., 1990, ²1992: Gott der Vernunft, Gott der Natur und persönlicher Gott. Natürliche Theologie im Gespräch zwischen Naturwissenschaft und Worttheologie, in: Bresch, C.; Daecke, S. M.; Riedlinger, H. (Hg.): *Kann man Gott aus der Natur erkennen? Evolution als Offenbarung*, Freiburg/Basel/Wien,135-154.

Daecke, S., 1994: Theologie der Natur als „natürliche" Theologie?, in: Hummel, G. (Hg.): *Natural Theology versus Theology of Nature? / Natürliche Theologie versus Theologie der Natur?*, Berlin/New York, 249-270.

Daecke, S., 1997: Kann es eine Theologie der Natur geben? Zur Frage des Verhältnisses von Naturwissenschaft und Theologie, in: Fischbeck, H.-J. (Hg.): *Gott und die Physik*, Mülheim an der Ruhr, 79-96.

Daecke, S., 1998: Auf dem Weg zu einer Theologie der Natur? Das Verhältnis von Naturwissenschaft, „natürlicher Theologie" und Theologie der Natur in der Sicht eines evangelischen Theologen, in: Schmidt, M.; Reboiras, F. D. (Hg.): *Von der Suche nach Gott* (FS Helmut Riedlinger), Stuttgart/Bad Cannstatt, 671-690.

Daecke, S., 1999: Sinn im Zufall? Das anthropische Prinzip und seine Bedeutung, in: Fischbeck, H.-J.(Hg.): *Vom Sinn im Zufall*, Mülheim an der Ruhr, 79-99.

Daecke, S., 2001: Anthropogenese aus theologischer Sicht, in: Rahmann, H.; Kirsch, K. A. (Hg.): *Mensch – Leben – Schwerkraft – Kosmos*, Stuttgart, 312-323.

Ebeling, G., 1979: *Dogmatik des christlichen Glaubens*, Bd. I, Tübingen.

Graß, H., 1974: *Christliche Glaubenslehre* Bd. 2, Stuttgart.

Gregorios, P., 1978: Mastery and Mystery, in: *The Human Presence. An Orthodox View of Nature*, Geneva.

Huppenbauer, M., 1999: Schöpfung – kein Blick aufs Ganze, sondern Wahrnehmen des Einzelnen, in: Nagorni, K. et al. (Hg.): *Der Schöpfung auf der Spur. Theologie und Naturwissenschaft im Gespräch*, Karlsruhe.

Jordan, P., 1963: *Der Naturwissenschaftler vor der religiösen Frage. Abbruch eine Mauer*, Oldenburg/Hamburg.

Link, Chr., 1991: *Schöpfung*, Bd. 2. Schöpfungstheologie angesichts der Herausforderungen des 20. Jahrhunderts, Gütersloh.

Mittelstaedt, P., 2000: *Führt die moderne Physik zu theologischen Fragen?*, Unveröffentlichtes Vortragsmanuskript.

Mittelstaedt, P., 2001: Über die Bedeutung physikalischer Erkenntnisse für die Theologie, in: Weingartner, P. (Hg): *Evolution als Schöpfung?*, Stuttgart, 135-148.

Moltmann, J., 1985: *Gott in der Schöpfung. Ökologische Schöpfungslehre*, München.

Pannenberg, W., 1991: *Systematische Theologie,* Bd. II, Göttingen.

Pannenberg, W., 1995: Das Wirken Gottes und die Dynamik des Naturgeschehens, in: Gräb, W. (Hg.): *Urknall oder Schöpfung?*, Gütersloh, 140.

Peacocke, A., 1971: *Science and the Christian Experiment*, London.

Peacocke, A., 1975: A Sacramental View of Nature, in: Montefiore, H.: *Man and Nature*, London.

Peacocke, A., 1979: *Creation and the World of Science*, Oxford.

Peacocke, A., 1986: *God and the New Biology*, London.

Peacocke, A., 1996: Natur und Gott. Für eine Theologie im Zeitalter der Wissenschaft, in: Fuchs, G.; Kessler, H. (Hg.): *Gott, der Kosmos und die Freiheit. Biologie, Philosophie und Theologie im Gespräch*, Würzburg.

Peacocke, A., 1998: *Gottes Wirken in der Welt. Theologie im Zeitalter der Naturwissenschaften*, Mainz.

Polkinghorne, J., 2000: *An Gott glauben im Zeitalter der Naturwissenschaften. Die Theologie eines Physikers*, Gütersloh.

Polkinghorne, J., 2001: *Theologie und Naturwissenschaften. Eine Einführung*, Gütersloh.

Temple, W., 1934: *Nature, Man and God*, London.

Weidlich, W., 2000: Vortragsmanuskript.

III. Sinnliches

Hubert Meisinger

Die Heiligkeit des Lebens – eine verlorene Idee?
Spurensuche in der aufgeklärten Welt

1. Von der wechselseitigen Integration religiöser und säkularer Weltbilder – Herausforderung und Aufgabe

Eine Spurensuche in der aufgeklärten, modernen Welt nach der Idee, nach der Dimension der Heiligkeit des Lebens ist Thema dieses Beitrages. Er zielt damit auf die Möglichkeit und Herausforderung einer wechselseitigen Integration von religiösen und säkularen Weltbildern als Beispiel für einen gelingenden Dialog zwischen den Naturwissenschaften und der Theologie, der für beide Dialogpartner bereichernd ist – im Sinne einer „freundschaftlichen Wechselwirkung", bei der sich naturwissenschaftliche und theologische Einsichten oder Überzeugungen weder vermischen noch trennen, sondern im vereinenden Gegensatz zusammengehalten werden und sich gegenseitig befruchten. Diese Denkfigur der „freundschaftlichen Wechselwirkung" entwickelt der dänische Theologe Viggo Mortensen (1995, 262, vgl. 277) im Anschluss bzw. in Auseinandersetzung mit dem ebenfalls aus Dänemark stammenden Philosophen K. E. Løgstrup, der anhand der klassischen Zweinaturenlehre des Chalcedonense (451 n. Chr.) veranschaulicht, was unter einem vereinenden Gegensatz theologisch zu verstehen wäre.[1]

Wechselwirkung ist erforderlich, um die eigene Existenz zu profilieren und sich ihrer Eigenart, Begrenzung und Stärke bewusst zu machen. Diese „lebendige Wechselwirkung oder organische Interaktion" (Mortensen 1995, 267) hat vor allem auch die praktischen Bedingungen eines Dialogs im Auge: „Das lebendige Wort muss der Ausgangspunkt sein, und wenn das Gespräch seinen

---

[1] Das Konzil von Chalcedon fand vom 8. Oktober bis zum 1. November 451 in Chalcedon, einer Stadt in Bithynien in Kleinasien, statt und entschied den lange und erbittert geführten Streit um das Verhältnis zwischen der göttlichen und der menschlichen Natur in Jesus Christus. Es definierte Christus als wahren Gott und wahren Menschen zugleich, und zwar „unvermischt und ungetrennt".

Lauf nimmt, wird es auch gelingen, die Sache so zu formulieren, wie es gerade jetzt verstanden werden muss." (Mortensen 1995, 267) Damit ein Dialog Gestalt annehmen kann, müssen die Teilnehmenden etwas von sich selbst aufgeben und sich im Engagement für die gemeinsame Sache auf das gemeinsame Erkenntnisstreben einlassen. Dabei gilt es, sowohl sich selber und seiner Position nicht untreu zu sein, als auch den Mut zu zeigen, eigene Positionen und Überzeugungen aufs Spiel zu setzen. Ein solcher Dialog hat über seine Bedeutung für Theologie und Naturwissenschaft auch eine Bedeutung für die Gesellschaft: Der Theologie verhilft er dazu, den Kontakt zur „wirklichen" Welt nicht zu verlieren. Der Naturwissenschaft macht er die metaphysische Grundlage und die sozialen Umstände des Lebens bewusst. Für die Gesellschaft klärt er die Grundlagen, auf deren Basis Entscheidungen zur wissenschaftlichen und technischen Umbildung der Gesellschaft getroffen werden. Ein Dialog im Sinne dieser „freundschaftlichen Wechselwirkung" stellt einen gelungenen Schritt von einer Multidisziplinarität zu einer echten Interdisziplinarität dar.

Bevor dieser Schritt überhaupt weiter angedacht werden kann, bedarf es zunächst (Kapitel 2) einiger klärender Bemerkungen: Was meint überhaupt die „Idee von der Heiligkeit des Lebens"? Was ist „heilig"? Und im weiteren Verlauf: Ist die „Heiligkeit des Lebens" eine „Idee"?

Die Treffer meiner „privaten Suchmaschine" im Hinblick auf die gestellte Aufgabe werde ich in einem zweiten Teil (Kapitel 3) darstellen, der überschrieben ist mit: „Von Bildern und Symbolen der Bibel in einer aufgeklärten Welt – Heiligkeitsmotiv und wechselseitige Dialogfähigkeit".

Zum Schluss (Kapitel 4) versuche ich in einer Art „Apologie der aufgeklärten Vernunft" die Notwendigkeit der Religion in einem postmodernen Zusammenhang zu begründen und lade damit zum weiteren Nachdenken über die „Heiligkeit des Lebens" als Essenz unserer aufgeklärten Existenz ein.

2. Heilig, Profan und die Moderne

Wenn wir von „heilig" sprechen, haben wir meist den Gegensatz von „heilig" und „profan" gedanklich im Hintergrund. Die Begrifflichkeiten selbst weisen eine lange Geschichte auf, die bis in die römische Zeit zurückreicht. Erst mit dem Auftreten der interkulturellen, anthropologischen Perspektive im späten 19. Jh. wurde dieser Gegensatz zu einer bedeutenden deskriptiven Kategorie in der allgemeinen vergleichenden Religionswissenschaft. Das Konzept diente dazu, „bestimmte Arten der Erfahrung und des Verhaltens zu beschreiben, die sich quer durch alle menschlichen Kulturen finden". Als heilig galt, was „ausgesondert ist und eine ursprüngliche Form von Kraft und Wirksamkeit mit sich führt".[2]

Die Vorstellung vom Gegensatz von heilig und profan entwickelte sich vereinfacht dargestellt in zwei unterschiedlichen theoretischen Bahnen: In einer soziologischen Tradition, die mit der französischen Schule von Emil Durkheim verknüpft ist, und einer phänomenologischen Tradition, die u.a. von Rudolf Otto geprägt wurde.

Durkheim war der Meinung, dass die Unterscheidung zwischen heiligen und profanen Bereichen ein Kennzeichen der Religion sei. Unter heiligen „Dingen" verstand er Gegenstände, Personen, Zeiten, Orte und Vorstellungen, die eine Gesellschaft mit Unverletzlichkeit und besonderer Macht ausstatten und die der Identität ihrer Mitglieder dienen. Profane Dinge können das Heilige potenziell verletzen und schwächen. Das „Heilige" ist hier kein theologischer Begriff, sondern eine Kategorie menschlichen Sozialverhaltens: Jede Gesellschaft schafft sich selbst ihre Konstruktionen von heilig und profan.[3]

Im Gegensatz zu dieser soziologischen Tradition bringen phänomenologische Modelle das Heilige mit dem Bezugspunkt religiöser Erfahrung selbst, dem Göttlichen, in Verbindung. Otto setzte das Heilige mit dem „ganz Anderen" gleich, so dass der Kern der Religion in der „Begegnung mit dem Heiligen" bestimmt wurde – eine Begegnung, die Otto „mysterium fascinosum et tremendum" nannte, moderner formuliert: Das Heilige ist gekennzeichnet durch die Erfahrung der Ambivalenz von Resonanz und Absurdität – Resonanz als positive Erfahrung des Übereinstimmens, des Verstehens und der Liebe, Absurditätserfahrung als das Ausbleiben dieser Resonanz.[4]

Diese moderne Interpretations Ottos unterscheidet aber nicht zwischen heiligen und profanen Dingen. Jeder Gegenstand, wie materiell er auch sein

---

[2] Paden (2000, Sp. 1528-1530. 1528). An ihm und Vroom (2000, Sp. 1533-1534) orientiere ich mich bei meinen Ausführungen zum Verhältnis von heilig und profan.

[3] Vor allem „in der traditionellen europäischen philosophischen Gotteslehre wird die Heiligkeit seit R. Descartes mit ihren religiösen Konnotationen in abstrakten Prädikaten wie Transzendenz, Einheit und Vollkommenheit begrifflich (unvollständig) erfasst. Damit wird das Profane der Welt nicht religiös im Sinne der Unreinheit und Unheiligkeit, sondern als reine Weltlichkeit interpretiert. Die Unterscheidung von hl./profan wird dann meistens zu der von Transzendenz-Säkularität." (Vroom 2000, 1533) Vorausgesetzt wird eine radikale Unterscheidung zwischen Gott und der Welt, bei der Gott alleine heilig ist, die Welt weder profan noch heilig, sondern lediglich wesentlich gut ist. Erst vermittelt durch Christus werden alle, die an ihn glauben, zu Heiligen.

[4] Vgl. Theißen (1988). Man kann darin auch eine moderne Interpretation der Vorstellung der „schlechthinnigen Abhängigkeit" Friedrich Daniel Ernst Schleiermachers sehen (so Theißen 2000, 418). Auch die Vorstellung der „Ekstase" von Paul Tillich spiegelt sich m.E. darin wider, vgl. Tillich (1987, 85-191, bes. 135-139).

mag, selbst ein Baum oder ein Stein, können als Zeichen einer anderen, göttlichen (oder kosmischen) Dimension fungieren, die in die gewöhnliche oder profane Welt einbricht[5]. Für Mircea Eliade, der in seinem Ansatz soziologische und phänomenologische Modelle kombiniert, gibt es viele Spielarten des Heiligen, abhängig von den Umweltsystemen, die die Lebensgrundlagen liefern: Sonne und Himmel, Erde und Fruchtbarkeit, schamanische Geographien und verinnerlichte Welten des Yoga. Nur der religiöse Mensch, der *homo religiosus*, erlebt die heiligen Öffnungen in Raum und Zeit der ihn umgebenden Welt. Nichtreligiösen Menschen hingegen fehlt der Zugang zu dieser Dimension der Transzendenz, sie leben in einer vollkommen profanen Welt.[6]

Diese klassischen Systeme können heute kritisch betrachtet werden. Ihre Fortschreibungen leisten jedoch einen beachtlichen Beitrag, biblische Hermeneutik, also das Verstehen und Verständnis der Bibel, und modernes Bewusstsein so miteinander ins Gespräch zu bringen, dass die „Heiligkeit des Lebens", von der viele biblische Texte sprechen, nicht nur eine bloße schillernde „Idee" bleibt, sondern ihren realen Ausdruck in der Weltwirklichkeit findet.

Wer modern sein will, wird auf diese Idee verzichten können. Wer postmodern empfindet, ahnt, dass Unersetzliches verloren ginge, wenn die Idee der „Heiligkeit des Lebens" aufgegeben würde.[7]

Es geht mir an dieser Stelle nicht um eine explizite Thematisierung der Moderne-Postmoderne-Diskussion, die sich auch als Zweite Moderne oder Postmoderne Moderne u.a. bezeichnen ließe. Vielmehr geht es mir darum, Wirklichkeitserfahrungen der „Heiligkeit des Lebens" in denkender Reflexion auf die Spur zu kommen,[8] nach *Interferenzmustern* des „Heiligen" mit dem „Profanen" und umgekehrt zu suchen.[9] Daher sei die Frage erlaubt: Was ist eigentlich *modern*?

Das heimliche Programm der modernen Welt, wodurch sie sich von der Vergangenheit abhebt, besteht nicht in bestimmten Theorien über Welt und Mensch, sondern in dem Prinzip: Nichts gilt, weil es in der Vergangenheit gegolten hat,

---

[5] Vgl. neben Theißen auch Eliade 1998.
[6] Vgl. Eliade 1998, der hierfür den Begriff der „Hierophanien", der „Manifestationen des Heiligen" entwickelt (nach Paden 2000, Sp. 1529). In diesem Zusammenhang bleibt die Frage zu klären, ob Religiosität nicht ein grundsätzliches Attribut des Menschen ist, das sich jedoch in unterschiedlichen Erscheinungsweisen äußert.
[7] Formuliert in Anlehnung an Theißen (2000, 412).
[8] Vgl. Gerber (1998). Zur Postmoderne vgl. einführend Strube (1997), Brown (1997) und Beuscher (1997). Einen weiterführenden Entwurf zur Frage nach der Moderne liefert Latour (1995).
[9] Zum Gedanken der Interferenz vgl. Beuscher (1997, 90) und die von ihm genannte Literatur.

sondern weil es (1.) die freie Zustimmung von Menschen findet, (2.) sachlich notwendig ist und (3.) im Dialog mit anderen vertreten werden kann. [...] Kriterien für Geltungsansprüche sind die Autonomie des Einzelnen, die Eigengesetzlichkeit von Sachbereichen und die Chance, im Dialog Zustimmung zu finden. Postmodern ist ein sympathischer Zweifel, ob diese Kriterien zu eindeutigen Schlüssen führen oder nicht zu sehr unterschiedlichen Ergebnissen. Aber auch die Postmoderne vertritt diese Kriterien, nur toleranter, skeptischer, selbstkritischer - oder sie wird antimodern. (Theißen 2000, 412f)

Annäherungsweise – und mit aller Vorsicht formuliert – „postmodern" ausgerichtet ist auch dieser Beitrag: Ich werde im Folgenden keine „großen Erzählungen", keine Meta-Erzählungen vorstellen, die die Idee der Heiligkeit des Lebens in irgend einer Form letzt begründen können oder wollen. Ich werde auf einige kleine Erzählungen unseres Lebens hinweisen, die mir auf meiner Spurensuche nach der Idee der Heiligkeit des Lebens in einer aufgeklärten Welt begegnet sind – *Interferenzmuster* möchte ich vorstellen. Vielleicht finde ich damit die freie Zustimmung der Leserinnen und Leser und kann diesen etwas von der sachlichen Notwendigkeit der Argumentation im Dialog mit dem Vorzustellenden und mit den Lesenden selbst vermitteln.

3. Von Bildern und Symbolen der Bibel in einer aufgeklärten Welt – Heiligkeitsmotiv und wechselseitige Dialogfähigkeit

3.1 Das Heiligkeitsmotiv

Meine Suche orientierte sich an Bildern und Symbolen der Religion – begrenzt auf die christliche Religion und ihrer Reflexion in der Theologie – und der säkularen Welt, die ich unter den Obergriff des *Heiligkeitsmotives* stellen möchte. Unter „Heiligkeitsmotiv" verstehe ich ein Grundmotiv der biblischen Sprache, das zusammen mit anderen Grundmotiven gewissermaßen die „Grammatik der Bibel" bildet:

> Regeln, nach denen die Worte und Sätze verknüpft und strukturiert sind. Wir erlernen diese Regeln intuitiv beim Spracherwerb. Kein Christ [und keine Christin] muss sie reflektierend formulieren können, so wenig wir die grammatischen Regeln unserer Muttersprache artikulieren müssen, um sprechen zu können. Aber zweifellos ist es eine Hilfe, solche Regeln ins Bewusstsein zu heben, wenn es Störungen in der Sprachverwendung gibt oder wenn wir unsicher werden, was den biblischen Grundmotiven, d.h. den Regeln der ‚Muttersprache' un-

seres Glaubens, entspricht. Denn nicht die vielen Geschichten, Bilder und Normen sind in der Bibel das Entscheidende, sondern ihre Grundmotive.[10]

Diese Grundmotive bilden kein strenges System und werden auch nicht endgültig formuliert werden können. Sie sind eher „einem Mobile vergleichbar, das immer in Bewegung ist und doch eine verborgene Struktur enthält."[11] Sie sind der „Geist der Bibel". Anhand solcher Grundmotive ist ein Brückenschlag zu unserer (post-)modernen Welt möglich, denn sie haben Entsprechungen, Analogien, in den Grundmotiven unseres modernen, säkularen Bewusstseins.[12] Strukturell in etwa gleiche Saiten werden in uns zum Schwingen, zur Resonanz gebracht. Damit wird ein gegenseitiges Verstehen und ein wechselseitiger Dialog erst möglich.

Das *Heiligkeitsmotiv* lässt sich *theologisch* vielleicht folgendermaßen beschreiben: Menschen leben in einer besonderen Beziehung zu Gott. Von Gott her sind sie konstituiert, in Christus angerufen und aufeinander bezogen.

Diesem Heiligkeitsmotiv entspricht im *säkularen* Bewusstsein die Tendenz der Überhöhung des Menschen oder menschlicher Artefakte zu (vor-) letztgültigen Realitäten, die Gemeinschaft ermöglichen.

Im Gegensatz zu den säkularen Basismotiven sind die biblischen Motive immer auf Gott und Jesus Christus bezogen, den beiden unhintergehbaren „Axiomen" christlichen Glaubens: dem Glauben an den einen und einzigen Gott (der monotheistischen Grundüberzeugung, die Juden und Christen verbindet) und dem Glauben an Christus (der christologischen Grundüberzeugung, die Juden und Christen trennt).[13] Ein säkularisiertes Bewusstsein sieht in solchen Motiven menschliche Entwürfe, hervorgebracht durch humane Kreativität – auch

---

[10] Theißen (2000, 428). Vgl. Theißen (1994b, v.a. 29-34). Grundlegend hierzu ist Ritschl (1986, 147-166) und Ritschl (1984).

[11] Theißen (1994b, 30). Er formuliert hier eine offene Liste mit fünfzehn solcher Grundmotive (20-32). Das „Heiligkeitsmotiv" setzt diese Liste fort.

[12] Vgl. Theißen (1994b, 33-34). Z.B. entspräche dem Weisheitsmotiv: „Die Welt ist durch Gottes Weisheit geschaffen, die sich in ihren unwahrscheinlichen Strukturen und ihrer Schönheit zeigt, sich oft aber unter ihrem Gegenteil verhüllt – bis hin zur ‚Torheit' des Kreuzes, in der Gottes Weisheit radikal verborgen ist" (30), „die in allen Wissenschaften vorausgesetzte ‚Regelmäßigkeit' der Welt" (33).

[13] Theißen (2000, 430) führt aus: „Offen bleibt dabei, wie diese Verbindung zu deuten ist. Werden sie in ihm inkarniert? Ist ihre christologische Verankerung ‚noetisch' oder ‚ontisch'? Im gelebten Glaubensleben ist entscheidend, dass Menschen in ihrem Denken und handeln von diesen Grundmotiven durchdrungen sind, d.h. dass sie in konkreten Menschen ‚inkarniert' und für andere ‚erkennbar' werden. Solche Christen verstehen sich untereinander unabhängig von ihrer ‚liberalen' oder ‚orthodoxen' theologischen Positionen."

„Gott" ist ein solches Ergebnis menschlicher Kreativität (vgl. Daecke/ Schnakenberg 2000; Söling 2002).

Bei meiner Suche werde ich zuerst im Bereich der Werbung fündig.

3.2 Vom wechselseitigen Dialog der Zeichensprache des Glaubens mit der Zeichensprache der modernen Welt

3.2.1 Taufe und „ewiges" Leben

Eine besonders gelungene Werbung eines großen hessischen Fahrzeugherstellers ist mir bereits Ende 1998 aufgefallen:[14]

„Ein paar Tropfen, und das Geschrei ist groß".

---

[14] DER SPIEGEL Nr. 46, 9.11.1998, S. 41-43. – Eine postmoderne Interpretation dieser Werbung könnte geschehen im Anschluss an Jean-François Lyotard: „Die Postmoderne wäre dasjenige, das im Modernen in der Darstellung selbst auf ein Nicht-Darstellbares anspielt; das sich dem Trost der guten Form verweigert, dem Konsensus des Geschmacks, der ermöglicht, die Sehnsucht nach dem Unmöglichen gemeinsam zu empfinden und zu teilen; das sich auf die Suche nach neuen Darstellungen begibt, jedoch nicht, um sich an deren Genuss zu verzehren, sondern um das Gefühl dafür zu schärfen, dass es ein Undarstellbares gibt. [...] Es sollte endlich Klarheit darüber bestehen, dass es uns nicht zukommt, *Wirklichkeit zu liefern*, sondern Anspielungen auf ein Denkbares zu erfinden, das nicht dargestellt werden kann." (Lyotard 1996, 29.30) Für manche mag diese Werbung in ihrem Bezug zu einer impliziten Religiosität auch ein Klischee bedienen, doch halte ich die vorgestellte postmoderne Interpretation für weiterführender.

„Es sei denn,
man ist vollverzinkt.

Der neue Opel Astra.
Und die Straße lebt."

Das sehr konkrete und auch in unserer Gesellschaft noch lebendige biblische Bild der Heiligkeit des Lebens, die Taufe eines Kindes, als Hinweis auf ein neues Produkt und dessen (nicht alleinige) besondere Eigenschaft: 12 Jahre Garantie gegen Durchrostung. Theologisch könnte man von einer Säkularisierung des Glaubens sprechen: die Zeichensprache des Glaubens geht in unserer heutigen Lebenswirklichkeit auf – nicht unter, wie man vielleicht auch meinen könnte. Soweit die eine Richtung.

In eine andere Richtung weist das Medizinfenster von Johannes Schreiter, dessen erfolgreicher Spurensuche in einer aufgeklärten Welt ich nachspüre.

Dieses Fenster war ursprünglich Teil einer großartigen Gesamtkomposition, die für die Heidelberger Heiliggeistkirche entworfen wurde: seine Grundfarbe Rot als Farbe des Heiligen Geistes weist noch jetzt darauf hin. Aber es hat dort nie seinen Platz gefunden, da mit solcher „Modernität" nicht umgegangen werden konnte. Zu sehen war es beim Kirchentag 1987 in Frankfurt/M., dann beim Kirchentag 1989 in Berlin, der mit diesem Fenster für sein Motto: „Unsere Zeit in Gottes Händen" aus Psalm 31 warb. Jetzt befindet es sich in der Stiftskirche in Darmstadt, die sich in unmittelbarer Nähe des Ev. Krankenhauses Elisabethenstift befindet. [15]

---

[15] Ausgeführt mit W. Derix, Taunusstein, im Auftrag der Ev. Kirche von Hessen und Nassau. Abdruck mit freundlicher Erlaubnis der Evangelischen Kirche in Hessen und Nassau und des Ev. Krankenhauses Elisabethenstift, Mutterhaus. Vgl. Schreiter (1987, 123), Theißen (1994a) und Sundermeier (2005, 10. 65f.).

Wieder möchte ich von einer Zeichensprache sprechen: der Zeichensprache unserer modernen, aufgeklärten Welt. Ein Ausschnitt dieser modernen Welt, Bilder und Symbole aus der medizinischen Wissenschaft, kommuniziert mit uns. Tritt in einen Dialog mit uns.

Dargestellt sind die Herzschläge eines Embryos, oben im roten Bereich, und die eines Sterbenden, aufgedruckt auf Papier. Das Elektrokardiogramm wird zum Symbol für das menschliche Leben mit seinem Anfang und seinem Ende. Dieses Leben wird durch zwei blaue Flecken eingegrenzt: Dem Stern als Zeichen für die Geburt, dem das Kreuz am Ende des EKGs entspricht. Aber für den Künstler ist die Lebenslinie nicht zu Ende. Sie verbreitert sich, wird blau und ergießt sich dann in ein blaues Feld, der Farbe des Himmels. Der Künstler drückt aus: „Meine Zeit steht in Gottes Händen" – wir kommen aus Gottes treuen Hand und Gottes Reich und kehren dahin zurück. Blau als Farbe der Grenzsituationen unseres Lebens: Geburt und Tod. Menschliche Zeichensprache in Wissenschaft und Technik wird hier transparent für Gott. Weist auf Gott hin. Und das alles durch kleine Veränderungen in der Perspektive, die EKGs zu lesen.

Nun gut, mögen einige von Ihnen denken: An den Grenzen des Lebens und unserer Wissenschaft, da mag Religion und der Gottesgedanke ja noch eine Bedeutung haben. Ansonsten aber ist Religion entbehrlich.

Betrachten Sie mit mir deswegen noch einmal das Kunstwerk, und kehren wir noch einmal in den Dialog mit diesem offenen Kunstwerk zurück. Durch ein Datum, „4. September 1965", erhält das Fenster eine neue Dimension. Es ist das Sterbedatum Albert Schweitzers, der im Dienste der Wissenschaft, der Theologie, der Mission und der Kunst und vor allem im Dienste des leidenden Mitmenschen sein Leben gelebt hat. Dieses Datum ist eine Frage danach, wie ich mein Leben gestalte, welche Prioritäten ich setze, wie Gott in meinem Leben vorkommt, welche Ehrfurcht vor dem Leben mich bestimmt. Wir werden ermutigt, mit unseren Möglichkeiten und Fähigkeiten zum Ebenbild Gottes, zum Heiligen Gottes zu werden, nicht als Klon Gottes und auch nicht als Klon Albert Schweitzers. Und wir werden ermutigt – wenn auch in einem Prozess von Versuch und Irrtum – verantwortungsbewusst die Welt mitzugestalten.

Bedeutsam ist, dass die Zeichen, die der Künstler in diesem Fenster aufnimmt, zum Alltag vieler Menschen gehören. Eine Ärztin oder ein Arzt, Pflegende, auch ein in der entsprechenden Entwicklung tätiger Ingenieur begegnet solchen oder entsprechenden Zeichen mitten in ihrem oder seinem Leben. Diese Zeichensprache, die wir Menschen konstruieren und mit der wir die Wirklichkeit abbilden, kann mitten im Leben transparent werden für Gott, den Grund der Heiligkeit des Lebens. Damit handelt es sich hier nicht nur um eine ethische, sondern zutiefst theologische Aussage.

Hier findet sie statt, die *Integration von religiösen und säkularen Weltbildern* – aus zwei Perspektiven: die Heiligkeit des Lebens wird zur Expression profaner Mitteilungen verwendet (Opel-Werbung), profane Mitteilungen werden zur Expression der Heiligkeit des Lebens verwendet (Medizin-Fenster von Johannes Schreiter).

Im Folgenden sollen m.E. äußerst gelungene Beispiele für die *wechselseitige Integration von religiösen und säkularen Weltbildern* vorgestellt werden.

3.2.2 Schöpfung und Heilung

Zwei „Kirchenfenster mit naturwissenschaftlichen Inhalten" finde ich besonders beeindruckend: Sie finden sich in der Barockkirche von Darmstadt-Wixhausen und bilden Ergebnisse aus der Forschung der Gesellschaft für Schwerionenforschung (GSI) ab – einer der bedeutendsten Einrichtungen physikalischer und biophysikalischer Grundlagenforschung weltweit, u.a. verantwortlich für die Entdeckung der Elemente 107-112 unseres Periodensystems, von denen Element Nr. 110 offiziell Darmstadtium genannt wurde.

Unter anderem aus der Arbeit des Kreises „Theologen und Physiker im Gespräch", dem v.a. Physiker der GSI und Theologen der Ev. Kirche in Hessen und Nassau angehörten und in dem Erkenntnisse und Anwendungen der modernen Physik in Zusammenhang mit religiösen Themen und Fragestellungen diskutiert werden, war die Idee zur Gestaltung dieser beiden Fenster erwachsen.

Sie wurden 1997 installiert. Verantwortlich für ihre Konzeption und Umsetzung war der Darmstädter Künstler Thomas Duttenhoefer.[16]

Das Südostfenster (rechts) hebt auf die Schöpfung der chemischen Elemente im Universum, die Nukleosynthese im Verlauf gewaltiger Supernova-Explosionen ab. Es zeigt neben der Darstellung eines Kometen (als Sinnbild des Weihnachtssterns) die Häufigkeitsverteilung der Atomkerne im Sonnensystem als Funktion ihrer Masse. Darunter, über die ganze Fensterbreite gehend, ist die Bindungsenergie pro Nukleon als Funktion der Massenzahl dargestellt.

Das Nordostfenster (links) stellt anhand von Ergebnissen aus der biologischen Forschung und mit Blick auf eine neu entwickelte Tumortherapie bei der GSI die Nutzbarmachung von naturwissenschaftlichen Erkenntnissen zum Wohle des Lebens dar. Es zeigt im linken oberen Teil die Doppelhelix-Struktur der DNA. Rechts oben ist die Energiedosis des Strahls in Abhängigkeit von seiner Eindringtiefe aufgezeichnet – einerseits für herkömmliche Gammastrahlen, andererseits für Ionenstrahlen, die den Vorteil haben, nahezu ihre gesamte Energie am Bahnende, also im Tumor selbst abzugeben, wie die spitze Kurve zeigt.

---

[16] Die Beschreibungen der Fenster orientieren sich an erklärenden Texten auf Postkarten und weiterem Informationsmaterial zu den Fenstern. Für die Erlaubnis, die Bilder abdrucken zu können, danke ich Herrn Pfarrer Hans-Eberhard Ruhl, Vorsitzender des Kirchenvorstandes der ev. Kirchengemeinde Darmstadt-Wixhausen, und Herrn Prof. Dr. Günter Siegert, GSI.

Unterhalb ist annähernd symmetrisch die Überlebenswahrscheinlichkeit der Zelle im Gamma- und Ionenstrahl abgebildet.

Auf Postkarten, die in Zusammenarbeit zwischen Kirchengemeinde und Gesellschaft für Schwerionenforschung entstanden sind, werden die Fenster, die Inhalte aus der Wissenschaft in den Raum der Kirche hineintragen, in den wissenschaftlichen Kontext der Arbeit an der GSI re-integriert:

Das „Schöpfungs-Fenster" vor einer Supernova-Explosion im Bildhintergrund (SN 1987 A), schematisch umrahmt vom Experimentierspeicherring und über dem schematisch dargestellten Fragmentseparator der GSI.

Das „Heilungs-Fenster" im Behandlungsraum mit einem goldfarbenen quadratischen Fenster, aus dem der Ionenstrahl die Patientin bzw. den Patienten erreicht. An welcher Stelle der Strahl seine größte Wirkung entfaltet, zeigt die Positronenemissionstomographie-Aufnahme oben links.

Links unten auf der Postkarte sind zusätzlich die therapeutisch wichtigen Schädigungen aufgezeigt, die ein einzelnes Kohlenstoff-Ion in der Materie erzeugt. Sie führen zu irreparablen Doppelstrangbrüchen der Erbinformation DNA in der Tumorzelle – mit dem Ziel der Heilung der Patientin bzw. des Patienten.

Besser als an diesen Fenstern, ihrer Entstehung und ihrer Wirkungsgeschichte, kann der wechselseitige Dialog der Zeichensprache des Glaubens mit der Zeichensprache der modernen Welt als kommunikativer Prozess fast nicht dargestellt werden. Diese *wechselseitige Integration von religiösen und säkularen Weltbildern* geht weit über die Kommunikationsstruktur der Werbung hinaus. Vor diesem Hintergrund ist es zusätzlich zu bedauern, dass das Medizinfenster von Johannes Schreiter nie im Kontext der Gesamtkomposition zu sehen sein, aus der heraus die Motivation und Botschaft noch deutlicher würden.

4. Von der Notwendigkeit der Religion – Apologie der aufgeklärten Vernunft

Die Heiligkeit des Lebens – von einem Verlust kann keine Rede sein. Aber: nur eine Idee? – Nein, sondern vielmehr, so das Fazit meiner Überlegungen: *Essenz unserer aufgeklärten Existenz.*

Lebenswissen beherbergen nicht nur die so genannten Lebenswissenschaften, sondern auch Geisteswissenschaften, hier dargestellt am Beispiel der Theologie, der reflektierten und reflektierenden Auseinandersetzung mit Religion. Wer „postmodern" sein möchte, wird der Auseinandersetzung mit der Religion nicht aus dem Wege gehen, sondern sie gerade suchen[17] – persönlich und/oder wissenschaftlich –, da sie mit zu den relevanten und prägenden Stifterinnen unserer westlichen Kultur gehört.[18]

Davon sehr deutlich zu unterscheiden ist der offensichtliche Relevanzverlust der institutionalisierten Formen von Religion in den großen christlichen Kirchen. Die hier vorgestellte „Spurensuche nach der verlorenen (?) Idee von der Heiligkeit des Lebens in der aufgeklärten Welt" könnte als Modell dienen für die Suche der Kirche (in ihren mannigfachen Erscheinungsformen) nach existenzieller und essenzieller Selbst- und Fremdvergewisserung ihrer Überzeugungskraft in einer postmodernen Welt. Dabei gehört die Berücksichtigung der Autonomie des Einzelnen ebenso dazu wie der Erweis ihrer sachlichen Notwendigkeit und die Chance, einen Dialog zu führen und im Dialog Zustimmung zu finden. Sie wird dabei den säkularisierten Anspruch der angeblich freien Selbstentfaltung des Menschen kritisch hinterfragen und gegebenenfalls als illusionär darstellen müssen: Leben steht immer in der Ambivalenz von freier Selbstentfaltung und Antwort auf eine Herausforderung, Beziehung auf eine letztgültige Wirklichkeit, die in traditioneller Sprache „Gott" genannt wird: Gott als der „Einheit von Sein und Sinn, von Wirklichkeit und Wert, von Macht und Güte"[19]. Darin besteht gerade das Proprium, das Kennzeichnende ihrer Zeichensprache, das diese kommunizieren will.

---

[17] Josuttis (1988, 16) merkt dazu an, die Postmoderne habe „mit der selbstverständlichen Integration von Religion ein Gift geschluckt, das für sie nicht leicht zu verdauen sein wird", weil „in den Lebensquellen des christlichen Glaubens kritische Impulse stecken, die allen restaurativen Interessen entgegenstehen".

[18] In unterschiedlichen funktionalistischen oder systemischen Betrachtungen wird der Religion eine wichtige Aufgabe für die Aufrechterhaltung und das Überleben einer Gesellschaft zugemessen. Vgl. z.B. Luhmann (1977), oder Campbell (1975). Bei Campbell spielt die Altruismus-Frage eine entscheidende Rolle, vgl. hierzu Meisinger (1996).

[19] Theißen (1994, 85), auf den ich mich bei den Überlegungen in diesem Absatz beziehe.

Die „Heiligkeit des Lebens": im Sinne der einleitend erläuterten „freund-schaftlichen Wechselwirkung" ist sie sowohl *Essenz einer theologisch aufge-klärten Existenz* als auch *Essenz einer aufgeklärt theologischen Existenz.*

Literatur

Beuscher, B., 1997: Art. Postmoderne III. Praktisch-theologisch, in: *Theologische Realenzy-klopädie* 27, 89-95.

Brown, D., 1997: Art. Postmoderne II. Systematisch-theologisch, in: *Theologische Realenzy-klopädie* 27, 87-89.

Campbell, D. T., 1975: On the Conflicts between Biological and Social Evolution and bet-ween Psychology and Moral Tradition, in: *American Psychologist* 30, 1103-1126 (repr.= Zygon 11 (1976) 167-208).

Daecke, S. M.; Schnakenberg, J. (Hg.), 2000: *Gottesglaube - ein Selektionsvorteil? Religion in der Evolution - Natur- und Geisteswissenschaftler im Gespräch*, Gütersloh.

Eliade, M., 1998: *Das Heilige und das Profane*, Frankfurt/M.

Gerber, U. (Hg.), 1998: *Religiosität in der Postmoderne*, Darmstädter Theologische Beiträge zu Gegenwartsfragen Bd. 3, Frankfurt/M.

Josuttis, M., 1988: Religion - eine Gefahr der Postmoderne. Anmerkungen zur Lage der Prak-tischen Theologie, in: *Evangelische Kommentare* 21, 16-19.

Latour, B., 1995: *Wir sind nie modern gewesen. Versuch einer symmetrischen Anthropologie*, Berlin.

Luhmann, N., 1977: *Funktion der Religion*, Frankfurt/M.

Lyotard, J.-F., [2]1996: Beantwortung der Frage: Was ist postmodern?, in: ders.: *Postmoderne für Kinder. Briefe aus den Jahren 1982-1985*, Wien, 11-31.

Meisinger, H., 1996: *Liebesgebot und Altruismusforschung. Ein exegetischer Beitrag zum Dialog zwischen Theologie und Naturwissenschaft*, Novum Testamentum et Orbis Antiquus Bd. 33, Freiburg (Schweiz)/Göttingen.

Mortensen, V., 1995: *Theologie und Naturwissenschaft*, Gütersloh.

Paden, W. E., 2000: Art. Heilig und Profan. I. Religionswissenschaftlich, in: *Religion in Ge-schichte und Gegenwart. Vierte Auflage* 3, Sp. 1528-1530.

Ritschl, D., 1986: Die Erfahrung der Wahrheit. Die Steuerung des Denkens und Handelns durch implizite Axiome, in: ders.: *Konzepte. Ökumene, Medizin, Ethik. Ges. Aufsätze*, München, 147-166.

Ritschl, D., 1984: *Zur Logik der Theologie. Kurze Darstellung der Zusammenhänge theologi-scher Grundgedanken*, München.

Schreiter, J., 1987: *Brandcollagen, Zeichnungen, Heidelberger Fensterentwürfe*, H. Gercke, Heidelberger Kunstverein (Hg.), Heidelberg.

Söling, C., 2002: *Der Gottesinstinkt. Bausteine für eine Evolutionäre Religionstheorie*, Gie-ßen. (http://bibd.uni-giessen.de/ghtm/2002/uni/d020116.htm).

Strube, C., 1997: Art. Postmoderne I. Philosophisch, in: *Theologische Realenzyklopädie* 27, 82-87.

Sundermeier, T., 2005: *Aufbruch zum Glauben. Die Botschaft der Glasfenster von Johannes Schreiter*, Frankfurt/M.

Theißen, G., [3]1988: *Argumente für einen kritischen Glauben. Oder: Was hält der Religions-kritik stand?*, Theologische Existenz heute Bd. 202, München.

Theißen, G., 1994a: Kunst als Zeichensprache des Glaubens. Theologische Meditationen zu den Heidelberger Fensterentwürfen von Johannes Schreiter, in: ders.: *Lichtspuren. Predigten und Bibelarbeiten*, Gütersloh, 203-219.

Theißen, G., 1994b: *Zeichensprache des Glaubens. Chancen der Predigt heute*, Gütersloh.

Theißen, G., 2000: Die Überzeugungskraft der Bibel. Biblische Hermeneutik und modernes Bewusstsein, in: *Evangelische Theologie* 60, 412-431.

Tillich, P., 1987: *Systematische Theologie Bd. 1*, Erster Teil: Vernunft und Offenbarung, Berlin/New York, 8. Aufl., unveränd. photomechan. Nachdr.

Vroom, H. M., 2000: Art. Heilig und Profan. IV. Religionsphilosophisch, in: *Religion in Geschichte und Gegenwart (RGG⁴)*. Vierte Auflage 3, Sp. 1533-1534.

Arnold Benz

Die Stille der Sterne

1. Einleitung

Der Dialog zwischen den modernen Natur- und Geisteswissenschaften kennt noch keine etablierten Traditionen. Zwar sind Kontakte von namhaften Größen ihres Faches, wie W. Pauli und C.G. Jung, in der Mitte des vergangenen Jahrhunderts belegt. Es waren eher präliminare Versuche, auf welcher Ebene ein Gespräch möglich wäre. Die Trennung war im Laufe der letzten 500 Jahre so allgemein geworden, dass sie Anlass bot zur Deklaration zweier Kulturen (Snow 1959). Auch einzelne Disziplinen, insbesondere Naturwissenschaft und Theologie, separierten sich immer mehr. Heftige Konflikte, verbunden mit den Namen G. Galilei und C.R. Darwin, gehören heute der Vergangenheit an. In jüngster Zeit haben verschiedene organisierte Begegnungen speziell zwischen Physikern und Theologen stattgefunden (so in Heidelberg, Princeton, Zürich). Es gibt in angelsächsischen Ländern bereits Lehrstühle im neuen Fachgebiet „Science and Religion". Doch der Fortschritt ist noch nicht augenfällig. Eine großartige Synthese der Fachgebiete ist nicht gelungen und scheint nicht bevorzustehen.

Wozu eigentlich der Dialog? Fachwissenschaften brauchen keinen interdisziplinären Dialog. Fühlt sich die Naturwissenschaft nicht immer noch durch religiöse Strömungen belästigt? Kann die Theologie seit Karl Barth nicht besser ohne die Naturwissenschaft zurechtkommen?

Aus meiner persönlichen Erfahrung hat der Dialog durchaus wertvolle und erfreuliche Seiten (vgl. Benz/Vollenweider 2000). Zunächst hat er zur Folge, dass Fachleute genötigt werden, ihr eigenes Gebiet in einen größeren Rahmen zu stellen, auf Fragestellungen von außerhalb der eigenen Wissenschaftsgemeinschaft einzugehen und sich von Nicht-Fachleuten hinterfragen zu lassen. Im Gespräch wird die Kompetenz zur Darstellung der eigenen Wissenschaft vor Außenstehenden gefordert und gefördert. Die Reflexion der eigenen Position ist denn auch der erste Schritt dieses Dialogs, der in den vergangenen Jahrhunderten weitgehend gefehlt und zu den bekannten Missverständnissen geführt hat und immer noch führt.

Der zweite Schritt muss über das Fachvertretertum hinausgehen. Wir kommen im Dialog nicht weiter, wenn die Teilnehmenden hinter den dicken Mauern der eigenen Wissenschaftlichkeit verharren. Als Naturwissenschaftler finde ich es notwendig, jene ganz anderen Dimensionen der Wirklichkeit selbst zu erfahren, von denen die Geisteswissenschaften sprechen. Es geht in diesem Dialog letztlich nicht nur um Informationsaustausch, sondern um eigene, persönliche Teilnahme und entsprechende eigene, persönliche Überlegungen. Nur wer aktiv an Kunst oder Religion teilnimmt und sich persönlich auf ihre Reflexion einlässt, kann kompetent mitreden. Umgekehrt können Geisteswissenschaftler ohne naturwissenschaftliches Wissen nicht gute Diskussionspartner sein, weil sich Naturwissenschaftler von ihnen nicht verstanden fühlen.

Als meinen Einstieg in die Thematik dieses Buches wähle ich die Frage nach der Schöpfung bzw. dem Entstehen von Neuem. Sie ist seit langer Zeit ein zentrales Thema im Gespräch zwischen Theologie und Naturwissenschaft. Nach vielen Jahrzehnten des Konfliktes zeichneten sich in den vergangenen Jahren Konturen einer neuen Gesprächsweise ab, vor allem wenn sich die Dialogpartner ihrer eigenen Positionen bewusster wurden. Die Theologie hat schon Mitte des vergangenen Jahrhunderts den metaphorischen Gehalt der Schöpfungsgeschichten entdeckt. In den Naturwissenschaften hat es etwas länger gedauert, bis die erstaunliche Komplexität der Vorgänge die allzu kühnen Erwartungen eines baldigen vollständigen Wissens gründlich gedämpft haben. Diese Erfahrung möchte ich hier an einem Beispiel skizzieren. Es geht darin um das Entstehen von Neuem aus astrophysikalische Perspektive, nämlich wie ein neuer Stern entsteht. Anhand der relativ langen geschichtlichen Entwicklung unseres Wissens über die Sternentstehung lässt sich damit auch die Methode der Astrophysik bestens darstellen und bewerten: Das astrophysikalische Wissen besteht aus Modellen. Sie gründen auf einer wachsenden Zahl verschiedenster Beobachtungen, die durch immer detailliertere Interpretationen verknüpft werden. Gleichzeitig soll auch eine neue Sicht des Universums vermittelt werden, die eine ungeheure Dynamik in kosmischen Dimensionen von Raum und Zeit enthüllt. Dieses neue Weltbild wird dann in meinem zweiten Schritt, im Dialog mit der Theologie, relevant werden.

2. Noch heute entsteht Neues

Alle Dinge im Universum sind erst im Laufe der Zeit entstanden. Das Universum als Ganzes begann, wie verschiedene Beobachtungen nahe legen, in einem Urknall vor etwa 13,7 Milliarden Jahren.[1] Das Szenario des Urknalls ist heute allgemein akzeptiert, wenn auch die Unsicherheit der Theorien bezüglich der Vorgänge im frühen Universum gegen den Nullpunkt tendiert. Weniger bekannt ist vermutlich, dass kein einziges Objekt des heutigen Universums zur Zeit Null entstanden ist. Selbst die Materie bildete sich nicht etwa ganz am Anfang. Die Bestandteile von Atomkernen (Protonen und Neutronen) entstanden erst eine Mikrosekunde später. Helium entstand einige Minuten später. Galaxien und Sterne begannen sich erst nach einer halben Million Jahren zu bilden, als der Wasserstoff zu Atomen rekombinierte und das Universum „durchsichtig" wurde. Die ersten Planeten formten sich aus dem Staub von früheren Sterngenerationen. Auch die Sonne, und mit ihr die Erde, ist nicht mit den ersten Sternen entstanden, sondern erst neun Milliarden Jahre nach dem Urknall, also weit in der zweiten Hälfte des heutigen Weltalters. Das menschliche Bewusstsein keimte noch viel später auf, erst vor wenigen hunderttausend Jahren. Im Universum geschahen unvorstellbare Umwälzungen bezüglich Zustand und Struktur. Selbst die notwendigen Voraussetzungen, dank derer sich die kosmischen Objekte von Atomen, Sternen bis zu Lebewesen bilden konnten, traten jeweils erst im Laufe der Zeit ein.

Der Kosmos begann demnach nicht wie im Theater, wenn das Bühnenbild und die Schauspieler bereitstehen, der Vorhang sich öffnet und das Spiel beginnt. Die kosmische Entwicklung verlief viel dramatischer, wie wenn anfangs nur glühendes Magma gewesen wäre, das zu Gestein erstarrte, woraus sich ein Gebäude bildete. Darin wäre eine Werkstatt für Bühnenbauten aufgetaucht, dann eine Schauspielschule, eine Bühne. Alles fiele wieder zusammen, würde wieder aufgebaut usw., bis dann schließlich unser Stück gespielt wird.

Der „Big Bang" ist ein interessantes Forschungsgebiet vor allem für mathematische Physiker, die an diesem Ereignis neue Theorien der Materie finden und prüfen können. Der Urknall hat auch einen mythischen Reiz, der

---

[1] Das Wort „Urknall" wird heute in zwei Bedeutungen verwendet: Die einen bezeichnen damit ein Modell, gemäß dem das Universum aus einem heißen, dichten Zustand explosionsartig zu expandieren begann. Andere meinen damit eine hypothetische Singularität mit mathematisch unendlich großer Dichte und Temperatur am Anfang dieser Expansion zur Zeit null. Hier wird der Begriff in seiner ersten, älteren Bedeutung verwendet. Das Urknallszenario, nicht aber die Singularität, ist in der Fachwelt weitgehend akzeptiert, wenn auch Details des heutigen Standardmodells durchaus umstritten sind.

solche Forschungen durchaus beleben kann. Vom rein physikalischen Standpunkt aus gibt es jedoch keinen grundsätzlichen Unterschied zwischen dem Urknall und einer Sonneneruption (riesige Explosion magnetischer Energie in der Sonnenatmosphäre). Es ist die gleiche Art von Physik (letztlich Gravitation und Quantenfeldtheorie), welche die Vorgänge beschreibt. Das ist ein wichtiger Punkt: Wenn wir das Entstehen von Neuem im Universum physikalisch erklären wollen, steht uns grundsätzlich keine andere Physik als jene im Laboratorium zur Verfügung. Es ist erstaunlich, dass sie ausreicht, die meisten Dinge im Universum ansatzweise zu verstehen. Im Folgenden betrachten wir die Entstehung von Sternen als relativ gut verstandenes Beispiel, wie Neues im Universum entstand und immer noch entsteht.

2.1 Der zeitliche, kausale Ursprung

Schon der junge Kant machte sich Gedanken über das Entstehen von Neuem. In seiner *Allgemeinen Naturgeschichte* publizierte er 1755 einen „Versuch von der Verfassung und dem mechanischen Ursprunge des ganzen Weltgebäudes nach Newtonischen Grundsätzen". Weltgebäude meint hier das Sonnensystem, und statt „Versuch" würde man heute vielleicht „Hypothese" oder auch nur „Szenario" sagen. Kant beschreibt, wie die Sonne an einem Ort entstand, wo das Gas dichter war als nebenan. Die etwas größere Schwerkraft der Dichtefluktuation zog das umgebende Gas an. Dadurch wurde die Verdichtung stärker und verleibte sich noch weiteres Gas ein. Der Prozess verstärkt sich; wir würden dies heute „Selbstorganisation" nennen. Kant nahm an, dass während der Kontraktion der Nebel zu rotieren begann und daher eine Scheibe bildete, die wir heute Akkretionsscheibe nennen. In der Scheibe entstanden die Planeten, jeder an seiner heutigen Stelle. Das Kantische Modell hat die Einfachheit und schlichte Eleganz eines Uhrwerks, dem damaligen Paradigma zur Welterklärung.

Im Jahre 1796 entwickelte der bekannte französische Mathematiker und Astronom P.S. Laplace ähnliche Ideen und arbeitete die Theorie weiter aus. Er erklärte die Scheibenrotation mit der Erhaltung des Drehimpulses bei der Kontraktion. Als er seine Arbeit Napoleon vorstellte und dieser fragte, an welcher Stelle Gott vorkomme, antwortete Laplace: „Sire, je n'ai pas besoin de cette hypothèse." Ähnliches hat Kant mit seinem Begriff des „mechanischen Ursprungs" ausgedrückt. Damit wird eine Vorstellung angesprochen, in der Sterne aus existierender Materie nach bekannten Naturgesetzen entstehen, im Gegensatz z.B. zur augustinischen Vorstellung der *Schöpfung aus dem Nichts*.

Neues bildet sich nach den Regeln der Kausalität und des Zufalls. In Laplaces mathematischer Herleitung aus dem wohlbekannten Satz der Impulserhaltung war Gott abwesend. Er wurde nicht nur nicht gebraucht, er schien keinen Platz zu haben in der naturwissenschaftlichen Wirklichkeit, selbst beim Entstehen von Neuem nicht. Hier scheint mir der Kern des neuzeitlichen Agnostizismus zu liegen, denn an diesem Punkt haben sich die Wege von Theologie und Naturwissenschaft getrennt. Ich betrachte es als Aufgabe und Herausforderung, gerade an diesem Punkt den Dialog wieder aufzunehmen.

2.2 Die Natur — ein Geheimnis

Die Kant-Laplace-Theorie bekam bald ernsthafte Kritiker. Sie griffen folgenden Widerspruch auf: In der Akkretionsscheibe eines Sterns bewegt sich jedes Volumenelement auf einer Bahn, die genauso wie eine Planetenbahn durch die Keplergesetze gegeben ist. Und genau wie ein Planet müsste es für immer kreisen. Es schien keinen Grund zu geben, warum das Gasvolumen zu einem Stern kontrahieren sollte. Mit anderen Worten: Es war unerklärbar, warum der Drehimpuls der Planeten konstant blieb, jener der Sonnenmaterie aber verloren ging. Die Kant-Laplace-Theorie konnte zwar das Entstehen der Planeten erklären, aber nicht, wie sich die Sonne und andere Sterne aus dem Gas der Akkretionsscheibe bildeten. Besonderes Gewicht bekam eine Studie Maxwells über die Saturnringe. Sie zeigte, dass sich staubartige oder gasförmige Ringe nicht zu einer Zentralmasse zusammenballen. Die Theorie von Laplace kann erklären, wie Planeten entstehen, nicht aber die Entstehung von Sternen.

Um 1880 schlug daher Bickerton eine alternative Theorie vor, nach welcher sich die Sonne zuerst bildete und die Planeten nachträglich infolge einer Sternkollision aus der Sonne herausgeworfen wurden. Heute wissen wir, dass Sternkollisionen äußerst selten sind und wahrscheinlich in unserer immerhin rund 13 Milliarden Jahre alten Milchstraße noch nie passierten.

Die heutige Astrophysik ist wieder zurückgekehrt zu den Vorstellungen von Kant und Laplace, hat diese aber angereichert mit Hunderten von neuen Elementen. Große Fortschritte gelangen dabei vor allem in den vergangenen fünfzehn Jahren. Dank Beobachtungen im Infrarot und in Millimeterwellen konnte man feststellen, dass allein in unserer Milchstraße, einer Galaxie von einigen hundert Milliarden Sternen, gegenwärtig etwa hundert Millionen Sterne am Entstehen sind. Die Vorgeschichte eines Sterns samt seiner „Geburt" dauert rund zehn Millionen Jahre. Etwa zehn neue Sterne entstehen also jährlich in unserer astronomischen Nachbarschaft. Der Kosmos quillt von Kreativität und Fruchtbarkeit über.

Sterne entstehen gruppenweise in interstellaren Molekülwolken, die für ihre wunderschönen, wolkenartigen Dunkelstrukturen bekannt sind. Zum Glück kollabieren die riesigen Wolken nicht einfach unter ihrer eigenen Schwerkraft. Dies würde zu einer Gaskugel von Millionen von Sonnenmassen führen. Der Gasdruck könnte sich nicht genügend entwickeln, so dass die Kugel zu einem massiven Schwarzen Loch zusammenbrechen würde. Ganz im Widerspruch zu Kant und Laplace würde kein Stern entstehen.

Das interstellare Magnetfeld, von dem Kant und Laplace noch nichts wissen konnten, verhindert dies. Aber es verhindert nicht eine langsame Fragmentierung, durch die sich die Materie allmählich in dichten Wolkenkernen von etwa der Größe eines Lichtjahrs konzentriert. Diese Entwicklung verstärkt sich über mehrere Millionen Jahre, bis die kompaktesten Kerne schließlich unter ihrer eigenen Schwerkraft zusammenbrechen. Dabei fällt das Gas im freien Fall gegen das Zentrum der Kerne, wo der verbleibende Drehimpuls die Materie zu einer rotierenden Scheibe formt.

Das Magnetfeld wird im Kollaps mitgerissen und bildet eine spiralförmige Struktur, welche in der Rotationsachse liegt und die Scheibe mit der Außenwelt verbindet. Die magnetischen Feldlinien wirken wie Zapfenzieher und heben einen Teil der Materie und mit ihr einen Teil des Drehimpulses aus der Scheibe heraus und schleudern ihn weg. Jeder Stern produziert auf diese Weise in einer bestimmten Phase seiner Entstehung zwei Jets, die senkrecht zur Scheibe wegströmen. Magnetfelder wirken vor allem auf das Gas und nur unbedeutend auf Staub und Planeten. Magnetfelder sind wahrscheinlich die Erklärung dafür, dass das Gas in den Scheiben weiter kontrahieren kann und sich nach mehreren Millionen Jahren Protosterne entwickeln.

Nach weiteren drei Millionen Jahren werden Temperatur und Dichte im Zentrum so groß, dass die Verschmelzung von Wasserstoff zu Helium einsetzt und die Kernenergie in einem gewaltigen Ausmaß freigesetzt wird. Der zusätzliche Gasdruck, der durch die neue Energiequelle entsteht, stoppt die Kontraktion. Im innersten Teil des Wirbels bildet sich ein Gleichgewicht zwischen Schwerkraft und Gasdruck: ein Stern ist „geboren".

Das sind nur skizzenhafte Andeutungen, auch sind viele Details dieser Vorgänge noch nicht bekannt. Der Entwicklungsprozess umfasst erstaunlich viele Vorgänge, die ablaufen müssen, damit sich ein Stern, umringt von einem Planetensystem, bilden kann. Das Beispiel der Kant-Laplace-Theorie zeigt, wie die kausale Erklärung eines Vorgangs zu vielen neuen Fragen führte. Es erinnert an das bekannte Problem bei der Bestimmung der Küstenlänge von Europa. Misst man sie mit einem Faden auf einer Landkarte, scheint dies kein Problem zu sein. Will man es aber genauer wissen und geht im Freien mit einem Messband an die Arbeit, erhält man eine größere Strecke, weil auch kleinere Einbuchtungen erfasst werden. Die Frage lässt sich nicht abschließend beantworten, denn es könnte jemand gar mit einem Mikroskop messen und erhielte wieder ein größeres Resultat. Bessere Mikroskope ergäben noch größere Werte. Die Frage nach der Küstenlänge lässt sich nur befriedigend beantworten, wenn wir die Skalenlänge angeben, die uns wichtig ist. Wenn wir sie zum Beispiel abschreiten wollen, wäre es die Meterskala.

Auf die Sternentstehung angewandt, verstehen wir immer mehr und eines Tages vielleicht alles, was wir wissen wollen? Wir werden aber nie alles kennen, so vollständig wie ein Uhrmacher eine Uhr versteht. Dabei gehören Sterne noch zu den einfachsten Objekten, die im Universum entstehen. Unser Wissen vom Universum ist nicht nur beschränkt in Raum und Zeit, auch die Komplexität wird nicht vollständig auszuloten sein.

Nach dem neusten Stand der Astrophysik hat sich das Universum mit einer ungeheuren Dynamik entwickelt. Das Entstehen von Sternen und die Bildung von Planeten stellen nur Teilprozesse dar, die auf kosmischen Vorgängen im frühen Universum wie der Materiebildung aus Quarks und der Galaxien-Entstehung aufbauen. Die Entwicklung auf immer wieder neuen Stufen ist eine fundamentale Eigenschaft des Kosmos. Dabei spielt die Zeit eine wichtigere Rolle, als früher angenommen wurde. Das Neue entstand nicht in einer mythischen Vergangenheit vor dem Anfang der Zeit, sondern mit der Zeit und infolge der Zeit.

Nach der neuen Weltsicht der Naturwissenschaften können wir nicht damit rechnen, dass sie eines Tages die Natur vollständig enträtseln werden. Die nicht-linearen, chaotischen Vorgänge, welche des Neue hervorbringen, entsprechen nicht dem aufklärerischen Paradigma des Uhrwerks. Auch der Schleier der quantenmechanischen Unschärfe und die unverstandene Natur der Elementarkräfte verlangen eine wesentlich bescheidenere Sicht der Dinge. Weil ihr die Vollständigkeit fehlt, kann die Naturwissenschaft nur von richtigen Theorien und Modellen sprechen, falls diese die gegenwärtigen Beobachtungen erklären können, nicht aber von absoluter Wahrheit. Der Wahrheitsgehalt von bestimmten Theorien ist jedoch immerhin so hoch, dass er für technische Produkte anwendbar ist, von denen unser Überleben abhängen kann. Er sollte keineswegs gering geschätzt werden.

Die Fortschritte im Verständnis der Sternentstehung erinnern an ein Wort von C.F. v. Weizsäcker: „Die Physik erklärt die Geheimnisse der Natur nicht weg, sie führt sie auf tieferliegende Geheimnisse zurück." Im Wort „Geheimnis" tönt auch eine subjektive Komponente an. Ich verstehe diesen Wesenszug so, dass auch „mechanische" Erklärungen das Staunen über die Entstehung von Neuem nicht verunmöglichen. Das Aushalten eines Geheimnisses stellt einen Anspruch an den Menschen, weil ein Objekt deswegen nicht vollständig verfügbar ist. Es hat ein Eigenleben, und der Mensch kann zu ihm in eine Beziehung treten.

3. Die Stille der Sterne

Das Staunen rückt eine andere Art von Wahrnehmen ins Blickfeld. Es ist nicht die objektive Art der Naturwissenschaften. Denn nur ein seiner selbst bewusster Mensch kann staunen. Das Staunen ist aber auch nicht ein rein subjektives Geschehen, denn es ist auf ein Objekt gerichtet. Diese Wechselbeziehung zwischen Objekt und Subjekt erinnert an Resonanzphänomene in der Physik, wenn eine äußere Einwirkung, beispielweise ein Violinbogen, eine Saite zum Schwingen bringt.

Wir nehmen die Sterne manchmal auf eine ganz andere Art wahr, anders als durch hochtechnisierte Instrumente. In einer sternklaren Nacht in den Bergen oder in der Wüste sind sie überwältigend, auch ohne dass wir sie wissenschaftlich verstehen. Walt Whitman, ein amerikanischer Dichter des 19. Jahrhunderts, hat diese andere Art der Sternbetrachtung im folgenden Gedicht beschrieben:

> Als ich den gelehrten Astronomen hörte,
> Als die Beweise, die Zahlen, in Kolonnen vor mir ausgebreitet wurden
> Als man mir die Tabellen und Diagramme vorlegte, um zu addieren, dividieren und zu messen,
> Als ich, sitzend, den Astronomen hörte, wie er im Hörsaal mit viel Applaus vor trug,
> Wie bald wurde ich unerklärlich müde und übersatt,
> Bis mich erhebend und hinausgleitend, ich wegschweifte, allein
> In die mystische feuchte Nachtluft, und, von Zeit zu Zeit,
> Hinauf schaute in vollkommener Stille zu den Sternen. (Whitman 1999, 180)

Whitman spricht hier zwei Arten von menschlicher Erfahrung mit dem gestirnten Himmel an: zuerst die objektiven, naturwissenschaftlichen Beobachtungen, das Messen der Astronomen, und dann das poetische, mystische oder religiöse Erlebnis. Bei dieser zweiten Art von Wahrnehmung kann der Mensch nicht in der Zuhörerrolle verharren, es braucht ihn selbst als Beobachtungsinstrument. Whitman hat direkt teilgenommen an dieser zweiten Wahrnehmung der Sterne. Sie hat ihn persönlich betroffen und, bildlich gesprochen, ist er mit dem Kosmos in Resonanz geraten.

Als ich das Gedicht zum ersten Mal las, war ich enttäuscht, wie gering Whitman anscheinend die wissenschaftliche Astronomie achtet. Dann habe ich bemerkt, dass es einen inneren Bezug zwischen den beiden Teilen des Gedichts gibt. Es war nicht eine beliebige dunkle Nacht, von denen es viele gegeben haben mag im stromlosen Neuengland des 19. Jahrhunderts, es war die Nacht des Astronomie-Vortrags. Ich verstehe das Gedicht so, dass das Wissen des Astronomen den Weg bereitet hat zur eigenen Erfahrung des Poeten. Die Astronomie hat ihn mit einem neuen Weltbild konfrontiert und ihm einen Horizont eröffnet, in dem sich Whitman schmerzhaft wieder finden musste und es auch tat.

Auch als berufstätiger Astronom und der objektiven Wissenschaft verpflichtet kenne ich Momente, wie sie Whitman geschildert hat. Einige Leserinnen und Leser erinnern sich vielleicht an eigene Erlebnisse, manche haben sie auch wieder vergessen und die wenigsten haben Gedichte darüber geschrieben. Es sind unvergessliche Augenblicke, in denen die Zeit stillzustehen scheint. Sie können Eckpunkte im Leben sein, an denen sich alles ändert. Sie haben dann eine konkrete Wirkung, und somit auch etwas Wirkliches.

Religiöse Wahrnehmungen sind in vielem ähnlich. Besonders eindrücklich scheint mir das Erlebnis von Blaise Pascal am 23. November 1654 gewesen zu sein, nachts von halb elf bis halb ein Uhr. Der bekannte Mathematiker und Physiker hat es genau datiert, in bruchstückhaften Worten aufgeschrieben und als „Memorial" in sein Kleid eingenäht. Dort wurde das Papier nach seinem Tod gefunden. Wir lesen darauf die geheimnisvollen Worte: „Feuer [...]? Gott Abrahams, Gott Israels und Gott Jakobs, nicht der Philosophen und Gelehrten [...] Vergessen von der Welt und von allen, außer von Gott [...]." (Pascal 1956, 14) Die gestammelten Worte beschreiben offenbar eine religiöse Wahrnehmung und erste Deutungsversuche. Was Pascal wahrgenommen hat, wissen wir nicht genau, denn die Wahrnehmung ist an seine Person gebunden. Wir können es nur mit ähnlichen Wahrnehmungen anderer Menschen oder eigenen Erfahrungen vergleichen. Das hat auch Pascal gemacht. Er setzte seine Wahrnehmungen in Beziehung zu Berichten aus dem Alten und Neuen Testament. Das Erlebnis bekam eine große Bedeutung in seiner Biographie. Es gab ihm eine Grundgewissheit, die ihm niemand entziehen konnte und die nicht ohne Wirkung auf sein Denken blieb. Von Wirklichkeit zu sprechen ist daher naheliegend, obgleich diese Wirklichkeit nicht objektivierbar ist. Sie ist auf die eigene Person bezogen, einem anderen Menschen nicht beweisbar und nur andeutungsweise mitteilbar.

4. Zwei Ebenen von Wahrnehmungen

Wenn Blaise Pascal von „Gott" spricht, ist dies als Deutung seiner Wahrnehmung zu verstehen. Sein Gottesbegriff bezieht sich ausdrücklich nicht auf naturphilosophische Spekulationen oder physikimmanente Phänomene, sondern auf eine Wirklichkeit, die nur einem teilnehmenden Menschen zugänglich ist. Im Gegensatz dazu verlangen die methodischen Voraussetzungen der Naturwissenschaft, dass Messungen und Beobachtungen reproduzierbar und objektiv sein müssen und dass Forschende austauschbar und die Resultate von ihnen unabhängig sind.

Eine religiöse Wahrnehmung lässt sich nicht völlig vom betroffenen Menschen ablösen, auch wenn der oder die Wahrnehmende sie nicht als rein subjektiv empfindet. Manchmal bezieht sie sich auf Wahrnehmungen eines äußeren Objekts oder Geschehens und wird von vielen Menschen ähnlich wahrgenommen. Es gibt Erlebnisse, die das Leben von Menschen in einem sichtbaren und zum Teil sehr positiven Sinn verändern. Die *Wirkung* der religiösen Erfahrung bezeugt dann ihre *Wirklichkeit*. Der Mensch selbst ist jedoch unmittelbar beteiligt an der religiösen Wahrnehmung, er ist das eigentliche „Messorgan" und daher nicht austauschbar. Religiöse Erfahrungen haben eine gewisse Ähnlichkeit mit Kunsterlebnissen, die man metaphorisch als Resonanzphänomene zwischen einem objektiven Gegenstand, z.B. einem Gemälde, und einem Menschen beschreiben könnte.

Es folgt daraus, dass die Ausgangspunkte von Naturwissenschaft und Religion grundverschiedene Wahrnehmungen sind. Die verschiedenen Erfahrungsarten spannen in der Folge auch zwei verschiedene Ebenen von Sprache und Methode auf. In der gegenwärtigen Diskussion zwischen Naturwissenschaft und Theologie führt es immer wieder zu Missverständnissen und falschen Erwartungen, wenn diese beiden Ebenen der Wahrnehmung nicht auseinander gehalten werden. Diese Verschiedenheit ist der Grund dafür, dass die Naturwissenschaft weder Gott begegnen wird, noch ihn widerlegen kann. Es ist aussichtslos, in wissenschaftlichen Resultaten einen Beweis für Gott zu suchen. Von naturwissenschaftlichen Messungen führt kein direkter Weg zu religiösen Erfahrungen, denn sie finden auf verschiedenen Ebenen statt.

Wie Blaise Pascal bemerkte, hat der biblische Gottesbegriff seinen Ursprung weder in philosophischen noch in naturwissenschaftlichen Überlegungen. Pascal beruft sich in seiner Deutung auf die biblischen Erfahrungen und Wahrnehmungen, die sich völlig von jenen der Naturwissenschaft unterscheiden: die Vision eines brennenden Dornbuschs, die Bewahrung auf der Flucht aus Ägypten, Erscheinungen auf einem Berggipfel und nach dem Tod von Jesus, sowie die alltäglichen Erfahrungen seiner Jünger. Es handelt sich immer um Begegnungen mit einem Gegenüber, mit einem „Du". Der Mensch muss daher an dieser Erfahrung teilnehmen. Im Gegensatz dazu verlangen die methodischen Voraussetzungen der Naturwissenschaft, dass Messungen und Beobachtungen reproduzierbar und objektiv sein müssen. Der Experimentator ist austauschbar, und die Messwerte sind von ihm unabhängig.

5. Ein anderer Ursprung

Dieser Gottesbegriff ist im rein naturwissenschaftlichen Sprachspiel nicht plausibel zu machen,[2] weil er sich letztlich auf teilnehmende Wahrnehmungen beziehen muss, die im naturwissenschaftlichen Bereich nicht enthalten sind. Zum Beispiel kann die Zweckmäßigkeit des Universums zum Staunen anregen. Hat ein Mensch eine Beziehung zu Gott aufgrund *anderer* Erfahrungen, kann er in der Sternentstehung neben der kausalen Folge von Ursache und Wirkung staunend das Wirken Gottes erkennen. Wie kann er das, wo doch die kausalen Ursachen mehr und mehr bekannt werden? Es ist das Wiedererkennen eines Musters, das er im Hier und Jetzt, in seinem persönlichen Leben, zu erkennen gelernt hat. Nur dank vorhandener Muster kann ein Mensch im Entstehen von Neuem das sehen, was mit dem biblischen Begriff Schöpfung gemeint ist: Der Vernunftgrund, warum etwas entstand und nicht nichts. Diese Muster sind jedoch nur auf der Ebene der teilnehmenden Wahrnehmungen zu erkennen, so im Staunen oder in mystischen Visionen. Ohne teilnehmende Wahrnehmungen bliebe der Gottesbegriff ein abstraktes Prinzip. Der Weg kann nur über das menschliche Bewusstsein gehen und nicht von der Naturwissenschaft direkt zu religiösen Antworten führen.

Aus den beiden Wurzeln der Erfahrung bilden sich entsprechend zwei Arten von Sprache, Methode und Wissen:

---

[2] Vgl. Fischer (1994) mit seiner Frage: „Kann die Theologie der naturwissenschaftlichen Vernunft die Welt als Schöpfung verständlich machen?"

Das Wissen aus den Erfahrungen der Naturwissenschaft ist praktisch anwendbar, da es überall und immer gilt. Insbesondere ist die strenge Form der mathematischen Gleichung unpersönlich und objektiv. Die Natur und ihre Objekte werden damit in einem gewissen? Grad voraussagbar und technisch verfügbar. Das *Verfügungswissen* der Naturwissenschaft hat in den vergangenen vierhundert Jahren das Leben der Menschen und das Antlitz des Planeten gründlich verändert, was seine guten und schlechten Seiten hat. Das naturwissenschaftliche Wissen erlaubt auch, Kausalketten zurückzuverfolgen und das Entstehen von Neuem in diesem Rahmen zu verstehen.

Die religiösen Erfahrungen schließen den Menschen und seine Existenz ein. Dadurch ist die Sicht weiter als in der Naturwissenschaft. Sie erlaubt auch Orientierung im Ganzen des Kosmos, welche Fragen nach dem Sinn, nach der Bedeutung des Menschen und der Ethik einschließt. Das *Orientierungswissen* der Religion ist auch ein Wissen um die Zukunft und kann Hoffnung vermitteln. Religiöse Wahrnehmungen sind allgemein menschlich, aber nicht reproduzierbar. Weil eine subjektive Komponente bei der Wahrnehmung notwendig dabei ist, kann das Wissen der Theologie nicht zwingend und nicht allgemein konsensfähig sein.

Wir wollen Whitman, einem Menschen des romantischen Jahrhunderts, verzeihen, dass er die zweite Erfahrung offensichtlich höher wertete als die erste. Auch in unserem neuen 21. Jahrhundert und gerade, weil das astronomische Wissen in der Zwischenzeit wahrhaft astronomisch zugenommen hat, ist es wichtig, zwischen den beiden Wahrnehmungsarten zu vermitteln. Denn auch heute suchen sich Menschen zu orientieren anhand solcher direkten eindringlicher Begegnungen mit der Welt und ihrem Schöpfer, wie sie Whitman und Pascal schildern.

Orientierung ist nötig, weil wir nicht nur wissen möchten, woher wir kommen und wie wir entstanden sind. Wichtig ist auch, was die Zukunft bringen wird. Wir sind ein Teil der kosmischen Entwicklung und werden es bleiben. Aus Prognosen der Wissenschaft wie auch aus teilnehmenden Erfahrungen versuchen wir, die Zukunft zu erahnen. Das Nachdenken über die Zukunft ist einer der zentralen Punkte, an dem die Wahrnehmungen beider Ebenen zusammenkommen, sich ergänzen, aber auch aneinander reiben.

6. Verhältnis zwischen Theologie und Naturwissenschaft

Wenn auch die Wurzeln verschieden sind, ein beziehungsloses Gegenüber von Theologie und Naturwissenschaft wäre ein sehr unbefriedigender Zustand. Die Naturwissenschaft wird von Menschen betrieben, die ihre Motivation und Relationen aus einem größeren Rahmen beziehen. Ein bereits erwähntes Beispiel in der Astrophysik ist die Faszination des Ursprungs. Andererseits spielen in der Religion persönliche Bezüge zur Welt und zum praktischen Leben eine wichtige Rolle. Nicht zuletzt: Über Gott lässt sich nicht anders als in Bildern sprechen. Jesus hat vor allem durch Gleichnisse gelehrt. Seine Bilder stammen aus der Alltagswelt und prägen noch heute das Gottesbild unserer Kultur: der gute Vater, der Hausherr, der Weinbergbesitzer. Ein guter Teil der Konflikte zwischen Theologie und Naturwissenschaft folgt daraus, dass sich unsere Bilder der Welt verändert haben, indem sie mehr und mehr der Naturwissenschaft und Technik entstammen. Die Theologie muss sie gegebenenfalls aufnehmen, damit sie ihre Sprache nicht verliert.

Beispiele, wie die Theologie Begriffe aus der säkularen Umwelt aufgenommen hat, finden sich auch in den drei bekanntesten Schöpfungsgeschichten der Bibel. In Genesis 1 wird anhand des babylonischen Weltbilds – man ist versucht von der damals führenden „Naturwissenschaft" zu sprechen – eine durch und durch hebräische Schöpfungsgeschichte erzählt. In Genesis 2 leiht die Lebenswelt der Halbnomaden ihre Sprache, um vom hebräischen Gott zu sprechen. Schließlich wird im Prolog des Johannesevangeliums eine genuin christliche Schöpfung in der Sprache der hellenistischen Gnosis erzählt.

Im Verhältnis von Theologie und Naturwissenschaft bemerke ich zwei gegenläufige Bewegungen. Die eine geht vom Glauben und seinen Erfahrungen aus und deutet die naturwissenschaftlichen Resultate. Eine solche Interpretation kann nur glaubhaft geschehen, wenn die Theologie die Naturwissenschaft und ihre Resultate vorurteilslos, aber kritisch anhört und aufnimmt. Noch viel zu häufig hört man von Theologen, dass sie leider seit dem Gymnasium die Naturwissenschaft wieder vergessen haben, so als wäre das Wissen von der Natur kein wichtiges Kulturgut. Kritisch sollte die Theologie aber auf Grenzen und allfällige Überschreitungen aufmerksam machen, welche von Naturwissenschaftlern meist unbewusst geschehen und selten reflektiert werden. Auch sind Restbestände an aufklärerischer Ideologie heute durchaus noch vorhanden und aufzuzeigen.

Die Schöpfungstheologie deutet die Natur auf eine rationale Weise, aufgrund von Prämissen, die der Glaube vorgibt. Die potentiellen Leistungen einer solchen Theologie sind Orientierung in der Welt, Ethik und Hoffnung auf Schöpfung in der Zukunft (vgl. Fischer 2001; Benz 2001). Ausgangspunkt ist der Glaube, der aus existentiellen Erfahrungen stammen muss, sich aber im Kosmos widerspiegelt. Das Vorbild ist Genesis 1, wo das babylonische Weltbild, das in vielem typisch und in der Antike allgemein verständlich war, theologisch und in monotheistischer Perspektive gedeutet wurde.

Konkret müsste die Schöpfungstheologie aufzeigen, was es bedeutet, z.B. beim Entstehen von Sternen von „Schöpfung" zu sprechen. Das war früher selbstverständlich, wurde aber in der Aufklärung als vorwissenschaftliche Naturerklärung interpretiert. Es genügt jedoch nicht, wieder zu verstehen, was früher damit gemeint war. Gefordert ist vielmehr, es einer heutigen, interessierten Öffentlichkeit, die immer weniger Verständnis für historische Begriffe hat, verständlich zu machen. Schöpfungstheologie muss daher auch in Zukunft immer wieder neu formuliert werden und kann keinen endgültigen Status erreichen. Nicht zuletzt liegt dies an der Tatsache, dass zum Beispiel die Astrophysik kaum je die physikalische Seite der Sternentstehung vollständig verstehen wird.

Die zweite Bewegung beim Austausch zwischen Theologie und Naturwissenschaft geht von der Naturwissenschaft aus, indem sie Bilder für religiöse Inhalte liefert. Bei populärwissenschaftlichen Vorträgen fällt mir auf, wie Zuhörende die faszinierenden Aufnahmen aus dem Universum, welche moderne Großteleskope liefern, nicht nur als Fakt verstehen, sondern sich persönlich ansprechen lassen und existentielle Fragen stellen. Offensichtlich kann der Ausblick in den Kosmos Anstoß geben zum eigenen Nachdenken und zu Metaphern über sich selbst, die Welt und Gott. Bildsprache, die auf dem Wissen um die Natur beruht, gibt es bereits in der Bibel. Zum Beispiel verwendet Paulus das Bild vom Samen, der in den Boden fallen und vergehen muss, um als neue Pflanze zu auferstehen (1. Kor. 15, 35-44). Um verständlich zu bleiben, wird die Theologie eine Bildsprache entwickeln müssen, welche das moderne naturwissenschaftliche Weltbild mit einschließt. Naturwissenschaftliche Resultate werden so zum Kommunikationsmittel für Wissen auf einer anderen Erfahrungsebene. Zu beachten ist freilich, dass Metaphern auch auf das Verständnis zurück wirken. Die verwendeten Bilder prägen selbst einen atheistischen Gottesbegriff. Die Lebensumstände färben sich im Metaphernschatz verschiedener Kulturen ab. Offensichtlich hat sich auch das Gottesbild von Genesis 2 bis Johannes 1 verändert. In der Moderne muss diese Entwicklung weitergehen. Die Entdeckung des Zufalls in der Quantenphysik sollte sich im Bild niederschlagen können, das wir uns vom Schöpfer machen.

Sowohl im Deuten der Natur wie im Prägen von Metaphern werden Theologie und Naturwissenschaft in ein Verhältnis gesetzt. Die beiden Bewegungen ergänzen und bedingen sich. Es wäre fatal, wenn sich Theologie und Naturwissenschaft weiterhin ignorieren oder gar bekriegen würden. Die Spaltung des Weltbildes in Religion und Naturwissenschaft darf nicht der letzte Schluss sein. Am Anfang des dritten Jahrtausends stehen wir zunächst in einer Phase des Dialogs, in dem es um Verstehensfragen geht. Nicht nur das andere Fachgebiet soll verstanden werden, auch die Grenzen des eigenen Gebiets können im Gespräch geklärt werden.

Ein Verhältnis zwischen Theologie und Naturwissenschaft, in dem Deuten und Bildsprache stattfinden, verlangt aber schließlich mehr als den Dialog. Der glaubende Mensch will sich als ein Teil des Ganzen verstehen und wird die naturwissenschaftlichen Resultate in sein religiös geprägtes Weltbild integrieren. Etwas in diese Richtung geschieht in modernen Psalmen aus der Gegenwart. Der Schöpfungstheologie wird daher nichts anderes übrigbleiben, als die Resultate der modernen Naturwissenschaft kritisch zu integrieren, wie es die alten Hebräer mit dem babylonischen Weltbild taten.

Literatur

Benz, A., 2001 (1997): *Die Zukunft des Universums: Zufall, Chaos, Gott?*, Düsseldorf bzw. München.

Benz, A.; Vollenweider, S., 2000: *Würfelt Gott? Ein außerirdisches Gespräch zwischen Physik und Theologie,* Düsseldorf.

Fischer, J., 1994: Kann die Theologie der naturwissenschaftlichen Vernunft die Welt als Schöpfung verständlich machen?, in: *Freiburger Zeitschrift für Philosophie und Theologie*, Jg. 41 (1994), 491-514.

Fischer, K. P., 2001: *Kosmos und Weltende*, Mainz.

Pascal, B., 1956: *Gedanken*, dt. Übers. Stuttgart.

Snow, C. P., 1959: *The Two Cultures and the Scientific Revolution*, London.

Whitman, W., 1999 (1855): *Leaves of Gras*, New York.

William R. Stoeger

Reflections on the Interaction of My Scientific Knowledge With My Christian Belief

1. My Scientific and Theological Autobiography

I have been encouraged by several people, most notably by Professor Michael Arbib,[1] to narrate my scientific and theological autobiography as a case study of how scientific knowledge and theological belief and understanding have inter-acted and modulated each other in a person's developing integration of all the disparate aspects of his or her experience.[2] I shall try to do this from an histori-cal perspective to begin with, and then in the second section attempt to summa-rize the key features of the relationship of my work in science with my spiritual life. Some of the elements of that summary will probably only be understand-able in light of my personal history.

I was raised in a devout Roman Catholic family in southern California. All my elementary and secondary education was received in Catholic schools. It was traditional (before the Second Vatican Council), somewhat strict, but also with a certain openness and balance, particularly in high school. I say this par-ticularly in regard to the relationship between religion and science. From my earliest memories, I always experienced a sense of „wonder" both at what my religious beliefs revealed to me and at what nature was continually surprising us with. And I sensed these as deeply connected with one another. Perhaps that was solidified or at least reinforced by a number of factors. I loved the outdoors,

---

[1] Michael Arbib is the Fletcher Jones Professor and Chairman of the Computer Science, as well as Professor of Neuroscience, Biomedical Engineering, Electrical Engineering and Psy-chology at the University of Southern California. He is founder and first Director of the Cen-ter for Neural Engineering at USC.

[2] The original version of this essay was written as part of the preparation for the Vatican Ob-servatory/Center for Theology and the Natural Sciences (CTNS) meeting on „Neuroscience and the Person: Scientific Perspectives on Divine Action", which led to the publication of a volume of articles with the same title, published in 1999 by the Vatican Observatory and CTNS. It was originally published in *CTNS Bulletin*, Vol. 21, No. 2 (Spring 2001). This re-vised version omits some of the detailed and less relevant footnotes, and expands the discus-sion of some points.

the ocean, the mountains, birds, insects, animals, and had a great deal of opportunity to indulge my fascination with my friends and family, and with the Cub Scouts and Boy Scouts. I always had various nature projects in progress. And I read a great deal about nature and the natural sciences. Furthermore, I was strongly encouraged in these directions by my family. There were close relatives who were involved and interested in engineering and science, and at the same time deeply believing Christians. They often spoke with me about their work and interests, about other scientific topics, and even about religion and its relation to scientific knowledge. And I shared with them what we were learning and discussing in our high-school science and religion classes. None of them ever manifested any particular conflicts between what these two very different approaches to reality revealed. In fact, I never really experienced them as two completely different approaches until much later.

There was indeed the conflict I experienced in the sixth or seventh grade when my granduncle gave me a book on paleontology for Christmas, and I experienced pangs of guilt for reading it. Some of the nuns who taught us had indicated that evolution was dangerous, probably wrong to delve into and not consonant with our Catholic faith. However, after a few months as a freshman in the new local Catholic high school that tension vanished. Our Franciscan religion teacher showed us how evolution was perfectly consistent with Christian belief and teaching, and emphasized that what science demonstrated could never be in conflict with Catholic faith and teaching, properly understood.[3]

---

[3] The basic point here is that the essential truths of Catholic faith are not about the detailed structure and functioning of the physical and biological world, which is the realm of the natural sciences. They concern, instead, the presence and action of God in the world and in our lives, and consequently the ultimate origin, meaning and destiny all things have in God, through Jesus Christ – which are issues outside the competency of the sciences. Furthermore, it has been a central conviction of Catholic and Christian faith that truth must be honored and accepted wherever it is found. If the sciences reveal certain truths about reality, these must be taken very seriously. There sometimes have been and are cases in which the sciences seem to be in contradiction with some tenets of Christian faith and teaching. In those cases, we must accept the truths clearly revealed by the sciences, as long as they are within the realm of their competency – being careful to distinguish these from the philosophical speculation or assertions which appeal to scientific evidence but which may or may not be supportable. At the same time, we need to clarify the essential point of the theological doctrine with which science seems to be in conflict, recovering its fundamental significance and then reinterpreting it in light of our new knowledge and the perspective provided by our deeper knowledge of physical and biological reality. Evolution is a primary example of this dialectic. We have come to recognize that there is no conflict between Catholic teachings and the idea and fact of evolution. God acts through the evolutionary processes to create and sustain.

This simply reinforced my earlier childlike intuition in that regard: There are many different sources of truth, but what they indicate can never be in essential opposition if we properly understand them.[4]

From then on, there was never any doubt about this. That was important for me, because I was deeply engrossed in science and mathematics, and interested in following it as a career. At the same time, I was also very seriously considering the call to be a religious and a priest. In my later years of high school my reading about the Society of Jesus (Jesuits), its history and its ministries, led me to consider entering that order. Part of its attraction was that it would be a way of combining both vocations.[5]

These early years were in retrospect very important for the foundations of the stance I have developed towards the integration of the knowledge we have from faith and from the natural and human sciences. People close to me gifted me with the essential insight early – so that it became almost an intuition. Not an unquestioned one, however. I was law-abiding, but always very critical – and skeptical. I read books in the area of the relationship between religion and science in high school, and discussed such issues with my teachers and a few of my close high-school friends, who were also fascinated by such questions. But the basic insight held up against the challenges and onslaughts we intentionally and unintentionally poured upon it. Immediately after graduating from high school, I entered the Jesuit order and began my Novitiate training. My spirituality and my theological and philosophical acumen developed and deepened over the next years of study – which involved large and broad doses of sciences, math, philosophy and theology, not just in formal settings – but also in even more interesting and intense informal ones. And the central insight that, prop-

---

[4] It is certainly true that beliefs can and do collide! But there are always canons of validity and truth, which apply to beliefs, whether they are of scientific or theological origin. We recognize that some beliefs are simply not justified from a scientific point of view. Other beliefs – though they are philosophically or theologically based – do not stand up to careful philosophical or theological analysis. It is really not possible – given the very different limitations and competencies of these disciplines – for a belief to be scientifically correct but theologically or philosophically incorrect. If there are situations where this seems to be the case, then either the sciences or the philosophy and the theology has overstepped their disciplinary limits.

[5] There is no essential difference between Jesuits and other religious orders. But there is a marked difference in emphasis. Jesuits are called to go wherever or to do whatever is necessary for serving others, advancing the knowledge and understanding of the Good News, and promoting faith and justice. A central demand of their spirituality is to „find God in all things". Thus, God and others can and should be served in any worthwhile and legitimate human endeavor, as long as a person experiences a call to that particular work. Thus, there are Jesuits who exercise their priesthood and their ministry as teachers, social workers, missionaries, scientists, lawyers, doctors, psychologists, artists, and journalists.

erly understood, there could be no essential conflict between the truth of the Gospel and the truth emanating from scientific investigation became more deeply confirmed. My exposure to Franciscan spirituality in high school had helped me find God in nature. The Jesuit version insisted on „finding God in all things." This provided a spirituality to support that intellectual stance, which also received further strong encouragement from official Church teaching, particularly in the documents of the Second Vatican Council and in Papal statements, and from a large number of renowned scientifically and theologically oriented scholars.

Gradually, as I developed the philosophical and theological tools to probe more deeply into these issues – and became a professional astrophysicist and cosmologist along with that – I reflected, studied, discussed and prayed about these issues on and off over the years. In doing so, my beliefs seemed to deepen but remain substantially unchanged; my understanding of them certainly shifted in definite ways – particularly my concept of God and what divine creation means. I began to realize that God could not be adequately conceived or described or objectified, no matter how hard we tried, and that creation involved not just another causal action.[6]

I was more and more able to express and articulate my ideas and thoughts, and my experiences, in these areas. And, in many ways, it was my interdisciplinary interest and commitment, which oriented me into fundamental areas of physics and astrophysics – first into quantum theory, then into general relativity and gravitational theory, with an emphasis on black hole astrophysics, and more recently into cosmology and a return to quantum field theory.

Over the years since joining the staff of the Vatican Observatory, I have continued my work in astrophysics and in cosmology. At the same time I have delved more thoroughly as an amateur into the other sciences, particularly evolutionary biology and neuroscience, and into the key philosophical and theological issues connected with them all. This has gradually led to a deepening personal integration of these very different aspects of my knowledge and understanding, both from a philosophical/theological perspective and from the point of view of

---

[6] If God cannot be adequately objectified, how then does God enter one's life? Although God cannot be adequately conceived, we can and do recognize and describe what we interpret as God's action in our lives and in our world. We can and do describe and objectify such manifestations and we strive to be open to them – in the situations, events, and personal encounters and relationships. We must make a distinction between God and God's action.

practical spirituality. The central components of these perspectives are delineated in the following section.

2. The Coherence of My Present Faith-Science Positions

As a cosmologist I deeply appreciate the hierarchically nested evolving contexts in which we are situated, and upon which we are utterly dependent. The most global of these is the expanding, cooling universe, which is endowed with the regularities of physics and chemistry. These describe its fundamental dynamic behavior and the tendency of the matter which constitutes it to complexify and self-organize on many different scales. Through the efforts of scientists over the past 500 years we have a very good purchase on the overall structure of physical reality and on its evolutionary history from just after the Big Bang to the present. A sketchy but fairly accurate picture has gradually come into focus, which is supported by many different independent sources of evidence – from detailed and painstaking work in cosmology and physics, astronomy, chemistry, geology, paleontology, and the biological sciences. This is clearly a story not only about the universe, about our galaxy, the Milky Way, about our Solar System, and about the Earth, but also about ourselves, who we are, where we came from and how we are connected to the rest of material reality. Eventually, through the haphazard yet persistent interplay of physical, chemical, biological and sociological processes and mechanisms we emerged and developed as a species and as individuals.

However, there is more to our experience, and to my experience, than is accounted for by this remarkable story alone. We have a range of experiences as human beings, which gives every evidence of not being reducible to the descriptions and explanations, which the natural and human sciences can provide. Our penchant for thinking, for wondering and imagining, for hoping, for loving, for searching for answers to ultimate questions and for ultimate meanings, our commitment to what is good and beautiful, our yearnings for what is beyond, what is whole and what is eternal – what gives satisfying direction and orientation to our lives – and our fundamental and pervasive preoccupation and attraction for the spiritual, the transcendent, the religious, fall into this important category. These are embedded in and flow from the intricately organized material reality the sciences probe, as their necessary condition. But the relational diversity and richness that emerges cannot be causally reduced to what the sciences comprehend of the lower levels of physical regularity. There is a depth and transcendence to organized material reality, which is not captured by purely scientific understanding. And yet scientific understanding presupposes it.

As someone who has been profoundly and deeply nourished by his own Christian background and belief, I have always realized that there is much more to reality, and much more to our human experience, than the sciences can describe, explain or account for. As my knowledge of the universe and of the world has grown, this realization has been continually confirmed. In response to these pervasively recognized phenomena, which are by and large not so much mystical as interpersonal and transcendent, I have grown in my belief and commitment to God through Jesus Christ, and in the cosmic divine perspective which they nourish.

Thus, there is a very comfortable and coherent perspective or stance provided by these two very different sources of knowledge and wonder. I experience a profound complementarity between my growing scientific knowledge and the knowledge that comes from my faith and my commitment to God and to others. Nor are these isolated from one another – they interact and enrich one another in a variety of ways. Along with many others before me, and contemporary with me, I see divine creative wisdom, power and love manifested in what cosmology and the other sciences reveal to us.[7] The roots of the regularities and of the richness of reality are hidden in the divine. Though the natural sciences can reveal some of the relationalities that are essential to their manifestation, they cannot reveal the roots themselves.

At the same time our continual probing of the Book of Nature enables us to recognize the inadequacies and misunderstandings that are inherent in our articulation of our Christian beliefs. That will always be inadequate to the great mystery into which we have been drawn. Our encounters with the divine and the personal, with the ultimate and the transcendent – our reading the Book of the Word – and our individual and communal struggle to articulate those, reveal the boundaries and limitations of scientific knowledge and open to us some limited but real knowledge of what lies beyond them. In the personal – as in the cultural

---

[7] One might issue the challenge how I see divine creative wisdom, power and love manifested in what science reveals. Where is love in the Big Bang? Certainly God's creative power is manifested in creation, in the Big Bang for instance, presupposing, as I do on the basis of faith (response to divine revelation), that God is the creator. Wisdom and love are manifested not just in this or that particular event, but in all that results or unfolds from it – including persons and societies. And we see more profoundly how everything fits together and is linked in highly differentiated ways with everything else. At every level in the physical and biological order of things there is autonomy of structure and process, along with relationality.

– interaction of these two sources of truth we come to recognize more precisely the limitations and the capacities of each of these very different avenues of knowledge and wisdom about ourselves and about the reality of which we are a part.[8]

In reflecting upon these aspects of reality which escape the critical eye of the natural sciences, other personal and communal criteria of testing, or discernment are brought into operation. For the realm of the religious and the spiritual is indeed extremely vulnerable to delusion, exploitation and deception. The basic criterion is always, „by their fruits you shall know them". This demands careful and ongoing elaboration. Invitations and experiences which are recognized to be life-giving, integrating, freeing, expansive and putting us into concrete, reverent contact with reality, not just immediately but over a period of time, are considered genuine and legitimate. Those that isolate, enslave, deaden, kill or detach us from the material world and its pain and suffering, its possibilities and its wonders, are to be rejected as dangerous and illusory. Such determinations help to constitute a religious community's tradition. But the appropriation of that tradition must always involve renewed personal and communal discernment in light of the new situations, contexts, understandings and experiences individuals and communities encounter, including those triggered by new scientific knowledge, and those emanating from new political, economic and social circumstances. For mixed in with the tradition can be systematic blindnesses, misdiscernments and socially and politically induced distortions.[9]

---

[8] Is there really so clear a separation between science and religion that you never experience in this regard the same sort of tension you might face when a scientific theory conflicts with data? There are of course tensions and temporary conflicts, but these are resolvable along the lines I indicated in footnotes 3 and 4. Certainly science and religion are very different areas of knowledge and experience. As I stressed in my essay, „Contemporary Cosmology and Its Implications for the Science-Religion Dialogue", *Physics, Philosophy and Theology: A Common Quest for Understanding,* Robert J. Russell, William R. Stoeger, S. J., and George V. Coyne, S. J., editors, Vatican Observatory, 1988, 219-247, science and theology differ very markedly in their disciplinary focus, in their evidential grounds, in their fundamental assumptions, in their criteria for truth, and in their methods. They thus differ very substantially in their object, and in their disciplinary competencies and limitations. They are really oriented towards investigating and studying very different aspects of reality and our experience of it. The conflicts between them are fundamentally due to failures to recognize these essential differences.

[9] Some would maintain that religious communities are unable to converge on a coherent structure to the same extent that scientific communities do, and then ask why that is. This is just not true – religious communities do converge on very coherent structures, but based on different principles, priorities and agreements than are operative in scientific communities. Certainly, there are serious internal conflicts and disagreements within religious communities, and these sometimes lead to fragmentation, but not often. More frequently they lead to new interpretations, new insights, changes in structure and practice, and new understanding of the

One aspect of this interaction concerns our believing in and speaking of an ultimate transcendent reality (God) who creates. Of itself, cosmology, as a branch of physics, cannot speak of such a reality – or find a place for such an explanatory concept in its theories. Nor should it attempt to do so. However, cosmology and philosophy of cosmology ask questions, which they themselves cannot answer – in particular, the ultimate questions of why there is anything at all for physics to describe, and what is the ultimate source of the regularities and the processes with which the sciences deal? Some would consider such questions meaningless. They certainly do not have an answer within the context of the natural sciences. But one can make a strong case for their meaningfulness in terms of the full range of human experience. Philosophy and certainly Christian faith, and the theology that flows from them, do provide answers to these questions.

Furthermore, how we begin to express and describe God and God's creative action in any concrete detail must rely to a large extent on what we know from the sciences. If we are really committed to respecting truth wherever we find it, we must use what we know about the history of the universe and about the evolutionary processes, which have led to life and consciousness to situate and inform our attempts to characterize God and God's relation to, and action in the world – in both positive and negative ways.

We must certainly describe it partially in terms of the laws of nature themselves as they have been and are functioning in the universe (*creatio continua*). There is also a negative contribution, which scientific knowledge makes – we must avoid any theological discourse on these subjects, which is at variance with what has been scientifically demonstrated. Thus, for instance, cosmology, physics and biology strongly confirm that we cannot speak of God as another cause in the world along side other material, finite causes. In fact, we may not be able to speak of God as a cause at all in any normal sense. For this reason God is what traditional theology has referred to as the „primary cause".

---

essentials of the religious belief and practice vis-à-vis the overall context, including scientific conclusions. Witness the understanding Catholics, Anglicans, Lutherans, Presbyterians, and other Christian denominations have about their faith and what it demands of them within the contemporary context. There are vast areas of agreement within these various groups and even among them.

Some disagreements, conflicts and distortions arise in religious communities due to differences in interpretation, which are induced by political, economic and social pressures – or from failures in living out what they profess. As such communities evolve there are calls to and processes promoting ongoing discernment, renewal, and conversion. To the extent these function well, the community grows, matures and improves in its life and mission.

Furthermore, God apparently cannot be described in any way, which would imply that God fills some gap in the evolutionary or structural framework of physical reality. Cosmology and the other natural sciences almost certainly will not reveal essential gaps of this sort. The only gap is the ontological or existential gap between absolutely nothing and something, to which I referred above. God is immanent, but also utterly transcendent. That transcendence enables immanence. Thus, God is not part of the fabric or reality, but instead the very ground and basis of it, and in that way manifest in its „depth". So we see here that cosmology sets constraints on how one may speak about God and God's action.[10]

Finally, the sciences – and cosmology in particular – drive our horizons both outward and inward in such a way that our concept of God must be ever more expansive and more profound, and God Godself seen to be ever more intricately and immanently involved in creation as its ultimate source, and the basis of its freedom and relative autonomy.[11]

This movement receives further strong confirmation from the incarnational character of Christian belief itself. The fact that the observable universe is so un-imaginably large and at the same time so intricately structured – so much so that our descriptions of it at different levels are still very inadequate and will always be provisional – forces any talk of God and divine action far from what normally referential language is capable of.

When we come to the question of purpose, my own religious-scientific synthesis allows for – in fact, demands – that the universe be purposeful and in-

---

[10] In this discussion, of course, I am only indicating how we can understand God's existence and action in light of our scientific knowledge of reality. This leaves out the more personal and intimate aspects of God's relationship with us, through which God is an answer to our most deeply held concerns. But certainly, if God is not somehow present and active in the very warp and woof of physical and biological reality, there is no way in which God can be an answer to our central fears and anxieties. To show how this „cosmological God" fulfills such a role requires an elaboration of how God concretely acts in our lives and in the world and the community of which we are a part. This is where definitive manifestations of God, such as Jesus, in his life, his death, his resurrection, and in those who follow him, became central. The immanent and transcendent God must be enfleshed and embodied in concrete form.

[11] This is justified on the basis that the sciences as a whole are revealing an incredibly vast and intricately interconnected universe. Though God must obviously be involved in the few equations describing the Big Bang and in the initial conditions for escaping the initial singularity – God is the reason for their existence, why things are at all and why they are this way, rather than some other way – there is much more to this point than that. God must also be actively present and working through all that has emerged and developed from the Big Bang. This is a perspective that takes scientific discoveries seriously but which also relies fundamentally on religious faith as a response to divine revelation, and on the full range of human experience.

telligible, though not without the freedom and autonomy to be itself. This follows directly from God's universal, continuing creative action.[12]

Although the science of cosmology itself does not, and cannot as such, unambiguously reveal a cosmic purpose, it does not on that account either contradict or exclude the expression of such a purpose.[13] Whether or not reality embodies cosmic purpose in its constitution is not capable of being determined by cosmology or the other natural sciences, just as they are also incapable of determining whether or not there is a transcendent creator.[14] Such teleological insensitivity is in the methods of inquiry used, not in the reality, which is investigated. This is just a further aspect of the complementarity of which I spoke above, and of the intrinsic limitations of cosmology as a science.

From our position as scientists we cannot argue to a transcendent intelligibility or purpose, but we also cannot demonstrate that there is no controlling telos. Cosmology, and physics and biology, leave room for an overarching purpose but are by and large incapable of determining what that purpose is – what,

---

[12] Some would say, in objection, that through evolution our skills as humans are highly adaptive, and thus we seek such patterns even when they do not exist. Thus, the intelligibility of the universe is the product of this evolved human skill, and not really indicative of what is inherent in physical reality. There is certainly no theological difficulty in accepting that our human skills have evolved and are highly adaptive. God acts and continues to act through these natural evolutionary processes. However, these very processes themselves are based in the laws and regularities of nature, which require some ultimate explanation. Further, if human beings seem to find patterns in nature which as a matter of fact do not exist in nature, then it seems impossible to conceive that these would be of any adaptive advantage – they would not correspond in any way to the internal constitution or behavior of nature itself. If treating nature and natural processes as intelligible and purposeful yields some adaptive advantage, then it seems that it must in some way approximate or express what is realized in the physical universe. Otherwise, there would be no foundation or reason for the advantage these recognized patterns confer on the knowers.

[13] Some would maintain, however, that cosmology shrinks the scope of that purpose to the point that we cannot see how it could link with, say, human love and compassion. Here I think we can refer to the points I made in footnotes 8 and 11. Further, by its very nature, cosmology prescinds from issues connected with human love and compassion. So it is not surprising that questions arising in cosmology seem disconnected from what really endows our lives with orientation and meaning. That is why we need to look at the full range of human experience. We do not look to find purpose just in what is given or studied by cosmology, but rather in all that flows from what is given cosmologically!

[14] From the perspective of revelation and our experience of revelation, we find some support from cosmology – in the sense that it supplies information and knowledge about the universe which is then subjected to the light of faith and ongoing theological reflection, and is not in any way incompatible with that faith or with God's revelation. It is true, of course, that cosmology does not bolster only Christianity – it bolsters all „repositories of human wonder", among them Christianity.

for instance, the underlying rationale of the laws of nature might be. Probing the purpose and meaning of reality can only be accomplished by philosophical reflection, or more definitely by reflection and critical consideration of divine revelation. As a matter of fact, Christian revelation – even as its contemporary articulation has been modified in interaction with the sciences – strongly affirms such a divine telos. And, as it is fundamentally conceived, it finds no conflict with scientific knowledge. In fact, it receives considerable indirect support from it.

As we delve into further philosophical and theological issues, such as whether human beings can be conceived as persons, and as persons with unique capacities for relationship with God, and other related questions such as free will, the impact of cosmology itself becomes much more indirect and global. Cosmology, once we have recognized its limitations as a discipline, and as long as we have not espoused a materialistic or a causally reductionistic stance – which is certainly beyond what cosmology or any other natural science can legitimately ground – certainly cannot exclude or render improbable human personhood, free will or the capacity for divine relationship. In fact, the full range of human experience – particularly our social and personal lives and our interior yearnings, patterns of fulfillment and emerging networks of meaning, as well as the phenomenon of scientific understanding itself – can only be understood adequately if such capacities have some foundation in reality.[15]

This automatically implies, too, that special divine action, which flows from God's personal relationship with us as individuals and as communities, is intelligible. This is coherent with the knowledge I have from cosmology and the other sciences, as long as I recognize their inherent limitations in describing and accounting for our experience, and as long as I avoid ascribing the determinism, which is a feature of many scientific models to physical, biological and conscious reality itself. There is, of course, the indeterminacy, which lurks at the level of the quantum (submicroscopic) world, and the inherent unpredictability, which is a very common characteristic of nonlinear dynamical systems. But there is, furthermore – and this is my primary point here – the fact that any deterministic models we apply at the classical level are directly applicable only to the most simplified and most ideal of situations. They abstract from many complicating factors, concrete features and particularities – including the often complicated and evolving boundary conditions themselves. Thus, it is very un-

---

[15] This of course is true, whether or not God exists, but my point would be that they do not have an adequate *ultimate* foundation in reality unless God does exist.

likely that reality itself exhibits the rigid determinism of the simple models we use to describe its most obvious regularities, even prescinding from quantum considerations. Careful consideration of our experience, including that which is not scientifically vulnerable, fails to support such determinism. In any event, there is no way in which we can verify or falsify that claim scientifically.

At this point, it may be helpful to reflect briefly on the particular character of the interaction of my faith and my scientific perspectives. I think it is clear that its principal modality is through religious experience and practice, broadly and critically understood, and not primarily through moral vision and commitment, philosophical speculation, or direct dialogue with historical religious traditions. One reason for affirming this is that, when philosophical considerations and traditional interpretations of doctrine are inadequate to account for religious and scientific experience and practice, I strongly tend to re-orient my philosophical musings and theological hermeneutics toward constructing a more adequate description, instead of trying to make my experience fit within the parameters dictated by the philosophical structure or the traditional doctrinal interpretations themselves. However, the concrete interaction between my religious experience and practice and the scientific milieu which I have critically appropriated occurs through the medium of further critical reference to the religious tradition of Roman Catholicism and careful philosophical reflection. But these are not the principal focus or center of the interaction. They do not function as poles in the interaction field. However, it is also true, as it is with everyone, that there are implicit metaphysical assumptions and categories, which I certainly always bring to my analysis of experience or my attempts to answer a question. Hopefully, these underlying assumptions are also challenged and modified under the pressure of further experience and new knowledge. But they are probably recalcitrant and unconscious enough to resist all but the most extreme pressures.[16]

I have expressed my experience of the interaction of the religious and cosmological components of my personal stance in very theoretical and philosophical terms. But it is essentially a description of what I seem to experience in

---

[16] Among the often hidden unarticulated metaphysical presuppositions may be those concerning causality (that effects never precede their causes), the principle of sufficient reason, or something like it, concepts of time and space as absolute and as containers, the existence of things outside of ourselves, the separateness of things we do observe, and that there are „natural kinds" of things irrespective of our knowledge of them. In several of these cases – the absolute character of time and space and the essential separateness of things, for instance – we know that only the most extreme pressures from the sciences were able to alter these often unarticulated assumptions.

trying to live and think as a Christian believer and an active cosmologist, committed to respecting the evidence wherever it leads, as long as it survives the critical gaze of science and philosophy. It is also the experience I have had in the evolution of that stance from a point where my faith in God as creator was articulated in very traditional and static terms (when I was a teenager), relatively free from the influence of the sciences, to one which is now heavily conditioned by scientific knowledge and understanding.[17]

So far I have explicitly discussed the impact of my cosmological and scientific knowledge and perspective on my articulation of my experience of faith and belief. It should be clear that this impact has two components, the personal and the social. The latter is important to recognize in light of Section 1, and is modulated and critically appropriated by the former. The key point is that within the interested communities of faith and belief of which I am a part cosmology and the other natural and human sciences have already had an enormous impact. My theological training, both formal and informal, has strongly influenced my own approach and methodology. And the approach and content of that education benefited a great deal from the impact of the sciences. It would be very shortsighted, and fundamentally inaccurate, to think that the impact of cosmology on my Christian belief and on my articulation of it is localized in my own thinking. There is certainly a part of it that is. But there is another part which is cultural, educational and social – which I have appropriated as a member of the Jesuit order, of the moderately liberal intellectual community of Catholic scholars, of a community of theologians, philosophers and scientists who attempt to hammer out more carefully honed articulations of their faith in light of all that we know from the other disciplines.

Finally, how has my cosmology been affected by theological beliefs and convictions? I am not conscious that it has been directly affected. But certainly there have been significant indirect influences. I am very much more careful now than I used to be about discerning the boundaries of the competencies of cosmology and the other sciences. And I tend to bring sensitivity to the philosophical assumptions and implications to the scientific research I am doing, along with a willingness to allow it to interact with focused philosophical ex-

---

[17] This latter dynamic view of God differs from the former static one in a number of ways. In the dynamic view, God is seen as fundamentally relational (Trinitarian), involved in the universe, and in time, allowing it freedom and autonomy to be creative in a limited way on its own, and vulnerable in some ways to what the universe becomes or does. This is clearly more compatible with the God portrayed in the Old and New Testaments.

plorations relevant to its foundations. Finally, I tend to be interested in more fundamental research problems within cosmology, and in forging more observationally and experimentally vulnerable theoretical models. All these stylistic characteristics are at least partially the result of my Christian beliefs and my particular theological interpretations of them, as well as of the stance I take towards the reality, which flows from those.

Willem B. Drees

Schöpfungserzählung, Naturwissenschaft und Poesie

Im Gespräch zwischen ‚Religion und Naturwissenschaft' zählen vor allen Dingen gute Argumente und eine kritische Analyse solcher Argumente. Aber reicht das aus – die Analyse von Begriffe und Theorien? Ich möchte behaupten, dass wir mehr brauchen, oder besser gesagt, auch anderes brauchen.

Das habe ich vor einigen Jahren versucht und ein kleines Buch geschrieben, das den Titel trägt: *Vom Nichts zum Jetzt. Eine etwas andere Schöpfungsgeschichte* (Drees 1998). Darin argumentiere ich dafür, dass eine Mischung aus akademischem und poetischem Diskurs geeignet sein kann, das Gespräch weiter zu führen. Die entsprechenden Argumente will ich in einem ersten Teil kurz darstellen. Anschließend werde ich zeigen, wie ich konkret vorgegangen bin.

1. Weshalb brauchen wir Bilder und Erzählungen?

Die Sprache der Naturwissenschaften ist die Mathematik. Zur Kommunikation mit einem breiteren Publikum aber brauchen wir die Sprache des Alltags und daher besonders Bilder und Metaphern, auch wenn solche Bilder immer wieder eingeschränkt werden: Die Kosmologen sprechen von einem Urknall, sagen aber, dass es weder Lärm gab, noch ein Vorher und auch keinen Raum. Chemiker sprechen von Affinität, aber all zu romantisch sollte das nicht verstanden werden.

Es brauchen also nicht nur diejenigen, die nicht eingeweiht sind in naturwissenschaftliches Denken, Bilder; auch jene, die selbst naturwissenschaftlich arbeiten, kommen um die Verwendung von Bildern nicht herum: auch Wissenschaftlerinnen und Wissenschaftler benötigen und benutzen also Bilder. Vielleicht nicht so sehr bei der Arbeit mit Kolleginnen und Kollegen. Denn da konzentriert man sich auf die abstrakte, mathematisch formulierte Theorie und auf das, was aus dieser Theorie folgen würde. Im Prozess des Entdeckens aber ist es oft verwinkelter vonstatten gegangen, als schließlich gezeigt wird. Bilder und Assoziationen dienen als Inspiration.

Doch nicht nur Kommunikation und naturwissenschaftliche Forschung brauchen Bilder, denn das Erzählende und Imaginative ist nicht auf diese spezifischen Felder begrenzt. Es ist eine anthropologische Voraussetzung, die wir alle mitbringen: Menschen brauchen Bilder. Naturwissenschaften und akademische Philosophie müssen sich argumentativ und analysierend betätigen. Als Menschen erzählen wir jedoch immer Geschichten (Bruner 1986, 11). Auf diese Weise schaffen wir Welten, die als unsere Schöpfungen für uns wirklich sind, unserer Identität und unserem Lebensstil Form geben. Im Management von Betrieben scheint die Bedeutung von Selbstbildern, den sogenannten corporate identities, in den letzten Jahren immer mehr Anerkennung zu finden. Und unser geistiges Leben nährt sich von alters her aus Geschichten. Populärwissenschaftliche Bücher haben oft auch eine mythologisierende Wirkung und Funktion: Sie ordnen den Menschen sinnstiftend in einen größeren Gesamtzusammenhang ein. Der moderne Mensch lebt weiterhin mit Mythen, aber auch mit deren kritischer Analyse, mit Überprüfung in Experiment und Wahrnehmung. Zur Wissenschaft und zu unserem Menschsein gehören ständige Evaluation und Selbstkritik; wenn wir Ideen loslassen müssen, dann sollten wir das tun.

In dieser Weise sollten wir auch mit religiösen Erzählungen umgehen: Mit ihnen leben, sie aber auch prüfen und hinterfragen und sie, falls nötig, loslassen. Mit der kritischen Reflexion vernünftig umgehen, das ist intellektuelles Erwachsensein. Wird ein Mythos wörtlich genommen und als Erklärung verstanden, verfehlt dies seine Intention und Aussagekraft. Vielmehr gilt es, die poetische Kraft eines Mythos wahr zu nehmen, die Kraft, etwas wachzurufen, etwas zu gestalten. Dass wir den Mythos brauchen, schließt jedoch seine Analyse und eine entsprechende Argumentation nicht aus, da uns daran gelegen sein muss zu sehen, was auslöst, in positiver wie negativer Hinsicht.

Dass wir nicht nur von Argumenten leben können, hat auch mit einer Eigenheit von Religion zu tun beziehungsweise spiegelt sich darin wider. Bei der religiösen Sprache handelt es sich nicht nur um eine Erklärung der Welt, wie dies bspw. bei der Sprache der Kosmologie oder der Evolutionsbiologie der Fall ist. In der Religion handelt es sich nicht zuerst um Begriff und Erklärung, sondern um *Vorstellung*, um den Versuch, sich selbst Unvorstellbares vorzustellen. Gott sei immer anders als wir uns denken können, so eine traditioneller religiöse Auffassung. Wenn ‚kennen' aufgefasst wird als ‚über etwas Bescheid wissen', so kennen wir Gott nicht. Aber wir sind, so behaupten viele Gläubige, nicht ohne jede Beziehung zu Gott.

In der gottesdienstlichen Liturgie werden Gottes vergangene Taten präsent gemacht, damit Gottes Gegenwart gewissermaßen in oder trotz Abwesenheit erfahrbar wird (vgl. Terrien 1978). Gleichzeitig wird in der Liturgie die

Erwartung vom Heil Gottes ausgesprochen und als reale Zukunft erlebt. Damit wird Gott nicht allein durch unsere Vorstellung präsent gemacht, sondern gerade in der religiösen Praxis geschieht ein Vorstellen Gottes. Religiöse Sprache ist nicht zuerst begrifflich, sondern evokativ: sie versucht auf- und auszurufen, was gesagt wird. Das hat mit der relationalen und moralischen Natur des Glaubens zu tun. Wenn im Lukasevangelium oder in der Predigt vom barmherzigen Samariter erzählt wird, dann stellt sich nicht die Frage nach der historischen Wahrheit dieser Erzählung. Vielmehr möchte sie möchte uns aufrufen, dem Beispiel des Samariters in moralischer Hinsicht zu folgen.

Eine sich für mich klar ergebende Konsequenz der bisherigen Überlegungen zu Kommunikation und wissenschaftlicher Arbeit, zu anthropologischen und theologischen Aspekten ist, dass Grund genug vorhanden ist, auch im Gespräch zwischen Naturwissenschaft und Glauben nicht nur dem Verstehen, dem Kognitiven, Bedeutung beizumessen, sondern dass wir uns die Freiheit nehmen sollten, poetisch vorzugehen.

Vor allen anderen Erzählungen sind Schöpfungsgeschichten solche poetischen Erzählungen. Von alters her haben Menschen einander Geschichten über den Ursprung ihrer Welt erzählt, ihres Stammes und ihres Siedlungsgebietes; Geschichten von Männern und Frauen, von wilden Tieren, von Sonne und Mond. Schöpfungsgeschichten brachten zum Ausdruck, wie die Menschen sich selbst im Verhältnis zu ihrer Umgebung begriffen.

In unserer Zeit werden solche Mythen manchmal mit neuen naturwissenschaftlichen Vorstellungen verglichen und an ihnen gemessen, als ob es vor allem um die faktische Richtigkeit dessen ginge, was beschrieben wird: „Gab es eine Schöpfung in sieben Tagen und eine weltweite Überflutung?" sind zwei der Fragen, die hier stellvertretend für viele genannt werden sollen. Falls die Geschichten so betrachtet und beurteilt werden, dann sind Schöpfungsgeschichten meinem Verständnis nach reif für die Abteilung „Kuriositäten" in einem kulturhistorischen Museum und könnten die Überschrift tragen „So dachte man früher darüber, aber wir wissen es jetzt besser."

Wir können und sollten Schöpfungsgeschichten jedoch als Erzählungen ansehen, mit deren Hilfe Menschen zum Ausdruck bringen wollten, was sie bewegte, was sie berührte, womit sie rangen oder wofür sie dankbar waren. In diesem Sinn übersteigen Schöpfungsgeschichten die Grenzen ihres eigenen Weltbildes. Genau darum aber können wir sie wiedererkennen, denn wir stehen vor Fragen der gleichen Art: Auch wir staunen über das Dasein, empfinden Abhängigkeit und Verantwortlichkeit. Das sind Themen, die auch in der Sprache unserer Zeit auf die Tagesordnung gesetzt werden können.

Poetisch sprechen mit Bezug auf naturwissenschaftliche Erkenntnis ist wie der Neuentwurf einer fundierten Schöpfungsgeschichte. Es handelt sich dabei nicht um einen Popularisierungsversuch von Wissenschaft, wenngleich natürlich Information mitgegeben wird, sondern um den heute und im Gespräch zwischen Naturwissenschaft und Religion notwendigen Versuch, im Lichte der Naturwissenschaft unseren Platz und unsere Aufgabe zu erfassen. Ein erster Schritt dahin ist die Suche nach neuen Bildern – eine Aufgabe, für die Dichter sich vielleicht besser eignen als ein Physiker und Theologe wie ich es bin. Dennoch gebe ich einige Worte in poetischer Form wieder, die ich für einige Aspekte der Entwicklung unserer Welt gefunden zu haben glaube – Teile eine „Schöpfungsgeschichte".

Bevor ich vier Beispiele benennen möchte, noch eine Vorbemerkung: Eine bilderreiche Sprache kann in die Irre führen. Wir müssen versuchen, klar und fundiert zu reden. Daher halte ich die kritische Haltung der modernen Kultur für ein wichtiges Gut. Wir brauchen nicht nur die Poesie, sondern auch den Diskurs. In diesem Rahmen interpretiere ich die Entwicklungen unserer Welt mit Worten wie Integrität und Abhängigkeit. Derartige Stichworte überschreiten in ihrem Charakter als Begründungen die Grenzen der Wissenschaft und geben einer Spiritualität Ausdruck, einem Erleben und einer Deutung der Wirklichkeit.

2. Ein Beispiel in vier Akten

2.1 Der erste Akt: Horizont des Nicht-Wissens

Es gab einst eine Zeit,
als es keine Zeit gab,
als Zeit noch nicht war.
Diese Zeit,
die keine Zeit war,
ist ein Horizont des Nicht-Wissens,
ein Nebel, in den unsere Fragen entschwinden,
und nie kommt ein Echo jemals zurück.

Von der Erde aus halten wir Ausschau nach dem Horizont und in die Vergangenheit. Licht, das von der Sonne kommt, benötigt etwa acht Minuten, bis es die Erde erreicht. Man nimmt sogar Objekte wahr, die so weit entfernt sind, dass das Licht mehrere Milliarden Jahre benötigt hat, um uns zu erreichen. Gerade darum aber ist das, was wir sehen, so interessant: Wir sehen das Weltall so, wie es früher einmal war.

Gibt es eine Grenze? Oder blicken wir ständig weiter weg und damit weiter in der Zeit zurück? Momentan rechnet man nicht damit, dass man immer weiter fortschreiten kann. Aufgrund von Beobachtungen und überprüften Theorien vollzieht die Kosmologie eine Rekonstruktion der Geschichte unseres Weltalls, der sogenannten Urknalltheorie. Unser Weltall mit all den Milchstraßensystemen, die wir jetzt sehen, hat vor fünfzehn Milliarden Jahren angefangen zu bestehen.

Man kann versuchen, sich den Beginn des Weltalls so wie den Beginn eines Kunstwerks vorzustellen. Es wurde während eines bestimmten Augenblicks in der Zeit „hergestellt". Die Zeit stellen wir uns vor als eine unendliche Aneinanderreihung von Augenblicken. In einem dieser Augenblicke hat mein Leben begonnen, vor gut einer Milliarde Sekunden. In einem viel früheren Augenblick wurde die Erde gebildet, und noch viel früher, vor etwa fünfzehn Milliarden Jahren, das Weltall. Was ging dann unserem Weltall voraus?

Diese Frage wurde in anderer Form bereits im Altertum gestellt. So erörterte um das Jahr 400 der Kirchenvater Augustinus in elften Buch seiner *Confessiones* die Frage, was Gott tat, bevor dieser Gott die Welt erschaffen hat. Wenn man sich die Schöpfung als Anfang der Welt vorstellt, womit hat sich dann der Ewige während der unendlichen Zahl der Jahrhunderte beschäftigt, bevor es die Welt gegeben hat? Augustinus sagt zunächst: „Damals schuf Gott die Hölle für die Menschen, die solche Fragen stellen." Danach aber wird er ernst. Nach Augustinus ist die Frage falsch gestellt. Die Frage ist nur sinnvoll, wenn wir über etwas, bevor es eine Welt gab, sprechen können. Das aber setzt voraus, dass die Zeit unabhängig ist von der Welt. Zeit jedoch ist mit Bewegung verbunden: die Drehung der Erde oder das Pendel einer Uhr. Gäbe es keine Erde, die sich dreht, keine Uhr, die tickt, wie könnten wir dann feststellen, dass die Zeit verstreicht? Zeit ist an Bewegung gebunden und damit an Materie. Zeit ist, wenn man es mit religiösen Begriffen ausdrückt, Teil der Schöpfung und nicht ein Attribut Gottes. Augustinus folgert: Falls es jedoch vor dem Himmel und der Erde überhaupt keine Zeit gab, wozu dann die Frage, womit sich Gott damals beschäftigte?

Darum verwarf Augustinus den Gedanken an eine Schöpfung *in* der Zeit: Zeit entstand *mit* der Schöpfung. Eine Lösung solcher Art suchen auch Naturwissenschaftler, die Theorien über das Weltall als ein Ganzes entwickeln. Zeit ist ihnen zufolge ein Begriff, der mit materiellen Vorgängen in Zusammenhang steht. Im frühen Weltall verliefen Prozesse völlig anders, und folglich war Zeit auch anders. Vielleicht lässt Zeit sich da doch gar nicht mehr gut definieren. Die Probleme treten erst dann auf, wenn man in der Urknalltheorie so weit zurückrechnet, dass man nur noch einen sehr sehr kleinen Teil einer Sekunde vom (scheinbaren) Beginn entfernt ist. Dann müssen Theorien über die Materie und über den Raum, die Zeit und die Schwerkraft miteinander kombiniert werden. Einige Theorien beschreiben ein Weltall, das eine äußerste Grenze zu haben scheint; andere Theorien unterstellen, dass unser Weltall aus einer anderen, „vorausgegangenen" Wirklichkeit hervorgegangen ist. Derartige Theorien lassen sich schwer überprüfen; wir können die Verhältnisse im frühen Weltall im Labor nicht nachbilden. Sie sind aber doch ein wenig zu überprüfen: Eine gute Theorie muss erklären, wie es dazu kommen konnte, dass das Weltall sich so entwickelt hat, wie es das getan hat.

Vielleicht wird die Grenze unseres Wissens verlegt. Möglicherweise haben wir in einigen Jahrzehnten nur eine allgemein akzeptierte Theorie über den allerersten Bruchteil der ersten Sekunde unseres Weltalls. So, wie es momentan aussieht, reden wir dabei über „eine Zeit, als es Zeit noch nicht gab", eine Phase des Weltalls, in der unser Begriff „Zeit" noch nicht angewendet werden konnte. Und wenn „Zeit" nicht brauchbar war, dann haben wir es zu tun mit einem Beginn, der vielleicht nicht Beginn genannt werden darf. Die Kosmologie fordert uns heraus, uns von einer Art zu denken frei zu machen, die für uns doch so selbstverständlich ist – nämlich der Vorstellung, dass sich alles in der Zeit abspielt.

Wird es niemals eine Antwort auf alle Fragen zum frühen Weltall geben? Meiner Meinung nach kann die Naturwissenschaft den Horizont weiter hinausschieben: Unser Blick wird weiter reichen und dadurch werden wir Dinge auch anders sehen. Jedoch kann die Naturwissenschaft den „Horizont des Nicht-Wissens" nicht aufheben; es bleibt „ein Nebel, in den unsere Fragen entschwinden, und nie kommt ein Echo jemals zurück". Die Schöpfungsgeschichte fängt am ersten Anfang an. Wir kennen aber die Wirklichkeit nicht so wie einen Film, den wir von seinem Beginn an zu sehen bekommen. Unsere Situation gleicht der von Schatzgräbern und Archäologen: Wir haben Spuren als Hinweise, und aufgrund dessen versuchen wir, die Vergangenheit zu erfassen. Dabei werden immer wieder Fragen aufgeworfen.

Der Architekt, der ein Gebäude entwirft, beschließt, Beton zu verwenden. Dabei weiß er etwas, so hoffen wir, über die Kräfte, die dieser Beton aushalten kann. Würde jemand fragen, warum die Kräfte so sind, wie sie sind, dann könnte der Architekt auf einen Ingenieur verweisen, der Materialforschung betreibt. Dieser Materialforscher kann etwas erzählen über die empirische Forschung und über die Theorie, über die Zugkraft und die Bruchwahrscheinlichkeit und wie dies alles im Zusammenhang steht mit den chemischen Bindungen zwischen den verschiedenen beteiligten Stoffen. Ebenfalls würde der Ingenieur möglicherweise wissen, welchen geologischen Lagen der verwendete Zement und der Sand entstammen. Fragt man, wie diese Lagen dort in die Erde hineingekommen sind, dann wird weiterverwiesen werden auf einen Geologen. Dieser hält einen Vortrag über die Abtragung von Gebirgen (Erosion) und die Ablagerung von Sand und Kies durch Flüsse (Sedimentation); so haben sich in der Erde Lagen gebildet. Vielleicht kann der Geologe angeben, dass der verwendete Sand ursprünglich Teil einer bestimmten Bergkette war, vielleicht sogar, dass deren Material davor auch schon einmal auf einem Meeresboden abgelagert war. Wenn man sich aber damit nicht zufrieden gibt und danach fragt, woher das Silizium und der Sauerstoff kommen, die chemischen Elemente, aus denen der Sand besteht, dann wird der Geologe sagen müssen, dass das am Beginn der Erde schon da war; die Erde hat das am Beginn unseres Sonnensystems mitbekommen. Darum wird zur Beantwortung der Frage, woher die Elemente kommen, auf einen Astronomen verwiesen. Dieser kann dann erklären, wie sich durch Kernfusionsprozesse in Sternen und bei Sternexplosionen die verschiedenen schwereren Elemente aus Wasserstoff und Helium gebildet haben. Aber dann kann wieder danach gefragt werden, woher die Wasserstoffatome gekommen sind. Letztendlich gelangt man immer auf das Gebiet der Theorien über die frühesten Stadien unseres Weltalls.

So geben, kurz gesagt, Naturwissenschaftler immer wieder Antworten auf Fragen, die zu ihrem Fachgebiet gehören – und so schieben sie andere Fragen weiter (Misner 1977, 97). Jemand anderes muss das Material, mit dem sie beginnen, erklären. Schließlich bleiben zweierlei Arten von Fragen über. Zum einen Fragen zu fundamentalen Feststellungen: Warum verhält die Materie sich so, wie sie sich verhält? Warum sind die Naturgesetze so, wie sie sind? Und zweitens sind da Fragen historischer Art: Wo kommt das letztlich her? Derartige Fragen tauchen ständig wieder auf. Es sind Fragen an der Grenze der Wissenschaft, „ein Horizont des Nicht-Wissens". Naturwissenschaftler sind in der Lage, vieles zu erklären, aber damit verschwinden Fragen dieser Art nicht. Der Horizont verschiebt sich, er verlagert sich etwas weiter weg.

Es bleiben sogar Fragen, wenn die Kosmologie und die Physik eines Tages mit einer vollständigen Theorie kommen würden, die alle bekannten Erscheinungen in zusammenhängender Weise erklärten. In einem Artikel, in einer einzigen Formel stände die Antwort auf alle unsere Fragen. Aber der Artikel stünde auf einem Stück Papier, die Formel bestünde aus Symbolen. Darum bliebe weiterhin eine nicht zu beantwortende Frage: Warum gibt es eine Wirklichkeit, die sich so verhält, wie es die Formeln beschreiben? Es ist so wie mit einem berühmten Bild des belgischen Malers Magritte. Er hat ganz sorgfältig eine Pfeife gezeichnet, eine Pfeife, mit der Tabak geraucht wird. Unter dem Bild steht jedoch „Ceci n'est pas une pipe", „Dies ist keine Pfeife"; und das stimmt auch. Denn es ist die Abbildung einer Pfeife. Man kann keinen Tabak hineinstopfen. Es bleibt ein Unterschied zwischen einer Abbildung, wie gut sie auch sei, und der Wirklichkeit. Wie gut die Theorie auch sein mag, es bleibt die Frage, warum die Wirklichkeit sich so verhält, wie es die Theorie beschreibt. Es ist die alte philosophische Frage: Warum gibt es etwas und ist nicht nichts? Und es gibt gleichartige Fragen, die mit der Wissenschaft zusammenhängen, die aber durch die Wissenschaft nicht beantwortet werden. Warum ist die Mathematik so effektiv bei der Beschreibung der Wirklichkeit? Warum lässt die Wirklichkeit es zu, dass wir mit unzutreffenden Theorien doch recht erfolgreich arbeiten können?

Je mehr wir wissen, desto besser können wir ermessen, dass unser Wissen an Grenzen stößt. *De docta ignorantia* (Über die gelehrte Unwissenheit) lautet der Titel eines Buches von Nikolaus von Kues, einem Theologen und Kardinal aus dem fünfzehnten Jahrhundert. Der naturwissenschaftliche Weg zur Erkenntnis hat sich als ein sehr erfolgreicher erwiesen. Es muss damit aber nicht die Arroganz verbunden werden, dass wir auf diese Weise alles restlos erklären könnten. Im Gegenteil: So können wir um so mehr vor Fragen über das Wesen und den Urgrund unserer Wirklichkeit gestellt werden. Warum gibt es sie? Warum ist sie so wie sie ist? Das Gewitter ist nicht die Stimme von Göttern und auch kein Mysterium. Das bedeutet aber nicht, dass wir nicht mehr über die Wirklichkeit, von der sowohl wir als auch das Gewitter einen Teil ausmachen, staunen könnten. Im Gegenteil, letztendlich bleibt das Dasein ein Mysterium.

2.2 Zweiter Akt: Integrität und Abhängigkeit

Es gibt einen Horizont des Nicht-Wissens. Wenn wir aber weitergehen im Rahmen des Weltalls, dann sind zwei andere Begriffe wesentlich im Bezug auf eine weltanschauliche Interpretation: Integrität und Abhängigkeit.

> So klein wie es war,
> nur auf sich angewiesen,
> hat das Weltall
> sich den Raum geschaffen,

Kühle und Materie hervorgebracht.
In Milliarden von Milchstraßen
schuf das Weltall aus Staub Sterne,
aus Sternen hat es Staub gebildet.
Viel später hat sich
aus dem Staub von Sternen,
dem Staub
von Sternen von Staub
unsere Sonne zusammengewirbelt
und aus kleinen Resten
die Erde, unsere Heimstatt.
Nach zehn Milliarden Jahren
wurde es so
Abend und Morgen:
der erste Tag.

Wir dürfen die Integrität des Weltalls nicht aus den Augen verlieren. Es ist nicht so, dass zu jedem Zeitpunkt etwas Unbegreifliches geschieht. Es zeigt sich im Gegenteil, dass das Weltall in seiner Entwicklung sehr genau bestimmten Regelmäßigkeiten (Naturgesetzen) gehorcht. Betrachtet man die Wirklichkeit als ein Geschenk, eine Gabe, dann ist dieses Geschenk komplett, es verfügt über eine eigene Identität. Es ist keine Marionette, bei der noch jemand an den Fäden zieht, oder ein stümperhaftes Produkt, das hin und wieder angepasst werden muss.

Früher schien das anders zu sein. Newtons Theorie über die Schwerkraft erklärte die Bewegung der Planeten in unserem Sonnensystem nicht vollständig. Ab und zu war eine besondere Aktion des Schöpfers nötig, um die Sache unter Kontrolle zu halten. Der französische Mathematiker Pierre Simon de Laplace (1749-1827) wies nach, dass die Abweichungen nicht außer Kontrolle gerieten. Das wird in einer Anekdote zum Ausdruck gebracht, deren historische Wahrheit übrigens ernsthaft bezweifelt werden kann. Laplace präsentierte Napoleon ein Exemplar seines Buches über die Bahnen der Planeten. Napoleon soll dazu bemerkt haben, dass Newton in seinem Werk auf Gott verwiesen habe, dass aber Laplace dies in seinem Buch nicht täte. Darauf soll Laplace gesagt haben: „Majestät, diese Hypothese habe ich nicht nötig".

So sieht es tatsächlich für die heutige Kosmologie aus: Angenommen, dass es eine Wirklichkeit mit bestimmten Eigenschaften gibt, so können wir die weitere Entwicklung dieser Wirklichkeit begreifen, ohne dass wir externe Einflüsse annehmen müssten. Es ist nicht einmal erforderlich, dass Materie oder Energie eingebracht wird. Für Physiker ist Materie eine Form der Energie. Und Energie kann als Bewegung, Wärme und Masse vorkommen. Ebenfalls kann etwas über (potentielle) Energie verfügen, weil man es hochgehoben hat; lässt man einen Stein fallen, dann kommt diese Energie frei. Manche Sachen haben eine negative potentielle Energie; es kostet Energie, einen Stein aus dem Keller auf die Erdbodenhöhe zu schaffen. Es kostet auch Energie, eine Rakete so zu lancieren, dass sie von der Erde freikommt. Es erfordert noch mehr Energie, einer Rakete so viel Geschwindigkeit mitzugeben, dass sie aus unserem Sonnensystem entweichen kann, und noch mehr Energie bedarf es, wenn man die Rakete aus unserem Milchstraßensystem entkommen lassen will. Wollte man eine Rakete zünden, die dem gesamten Weltall entkäme, so brauchte man alle Massenenergie, die die Rakete repräsentiert. Dann bliebe auch nichts mehr, was entkommen würde; die netto Energie der Rakete ins Weltall ist null. Vielleicht ist unser Weltall im ganzen gesehen hinsichtlich der Energie doch „nichts". Es ist da zwar viel Masse, und diese entspricht einer gigantischen Menge an Energie. Gleichzeitig ist diese Masse aber auch der Schwerkraft unterworfen, und das bedeutet eine gleich große Menge negativer Energie. Gleiches gilt für die elektrische Ladung. Bei einem Gewitter haben die Wolken und der Erdboden eine unterschiedliche Ladung, zusammen aber sind sie neutral. Niemand hat das Weltall mit Energie oder Ladung versehen müssen.

Diese Unabhängigkeit bedeutet nicht, dass nichts nötig wäre. Es bedarf einer Wirklichkeit, die sich so verhält, dass positive und negative Ladungen entstehen können. Es ist eine Wirklichkeit erforderlich, in der sich Materie bilden kann.

Erst nach zehn Milliarden Jahren, erst nach zwei Dritteln der Geschichte unseres Weltalls bis zum heutigen Tage, haben die Erde und die Sonne sich gebildet. Was die Erde betrifft, war das damals der erste Tag. Wenn wir uns für eine Weltanschauung interessieren, für eine fundierte Sicht auf unser menschliches Dasein, dann scheinen die ersten zehn Milliarden Jahre nicht so wichtig zu sein. Über die äußerste Grenze haben wir schon gesprochen, aber dann folgt eine lange Zeit, in der die Menschen mit ihren Kulturen noch lange nicht auf der Bühne erschienen sind. Jedoch, wenn wir die Aufmerksamkeit auf diese lange Periode ohne Menschen richten, kann deutlich werden, wie sehr wir unsere Existenz Prozessen im frühen Weltall verdanken.

Ein Stern kann als ein großer Kernfusionsreaktor angesehen werden, zusammengehalten durch die Schwerkraft. Im Kern verschmelzen Wasserstoffkerne zu Helium mit einer Masse von vier Wasserstoffkernen. Wenn der gesamte Wasserstoff, der im Inneren eines Sterns verfügbar ist, umgesetzt ist, droht der Stern zu erlöschen. In seinem Inneren wird keine Energie mehr produziert, und der Stern wird kollabieren. Dabei wachsen die Temperatur und der

Druck in seinem Inneren weiter an. Unter diesen Bedingungen beginnen die Heliumkerne zu schwereren Elementen zu verschmelzen, wie etwa Kohlenstoff und Sauerstoff. Dieser Prozess setzt ebenfalls Energie frei, so dass sich der Stern wiederum eine Zeitlang in einem stabilen Zustand befinden kann. Das dauert so lange, bis das zur Verfügung stehende Helium umgesetzt ist. Nach einer weiteren Kontraktion beginnt aber die nächste Umsetzung. So werden im Inneren eines Sterns schwerere Elemente gebildet, bis hin zu Eisen. Wenn der „Brennstoff" im Inneren eines Sterns umgesetzt ist, wird der Stern unter dem Einfluss seines eigenen Gewichts in sich zusammenstürzen. Dabei entwickelt sich eine enorme Hitze, die ihrerseits eine Explosion bewirkt. Der Stern kann einige Wochen lang sehr hell aufleuchten, als ob ein neuer Stern am Himmel erschiene: Einen solchen Stern pflegt man als Supernova zu bezeichnen. Während der Explosion bilden sich schwerere Elemente wie Gold und Blei. Durch die Explosion werden die äußeren Schichten des Sterns weggeblasen.

Uns Menschen interessiert das Material, das bei derartigen Explosionen abgestoßen wird. Die auf diese Weise gebildeten Stoffe reichern das Gas an, das sich zwischen den Sternen befindet. Als unsere Sonne entstand, muss das interstellare Gas bereits reich an schwereren Elementen gewesen sein. Nicht nur die Sonne enthält Spuren dieser schwereren Elemente; sie bilden auch die Grundlage einiger Planeten, wie die Erde, und allen Lebens. Das Leben nämlich braucht Kohlenstoff, Sauerstoff, Phosphor und noch viel mehr: Es sind alles Elemente, die sich durch Kernfusionen in früheren Sternen gebildet haben. Eine Ausnahme stellen nur die Wasserstoffatome dar. Aber sonst verdanken wir unser Dasein Sternen, die wir niemals gesehen haben. Wir sind nicht nur Staub, genommen von der Erde (1. Mose 2,7), sondern Staub von Sternen.

2.3 Dritter Akt: Kultur und Religion

In einer neuen Schöpfungsgeschichte sollte auch die Entdeckung des Lebens mit Replikation und Zielstrebigkeit ein Thema sein. So springe ich an dieser Stelle zur Entstehung der menschlichen Kulturen, insbesondere der Religionen.

Meiner Meinung nach sollte das Gespräch von Glauben und Wissenschaft selbst-reflektiv sein, in dem Sinne, dass Religion nicht nur ein Partner der Naturwissenschaften sei im Denken, sondern auch ein Phänomen in der Wirklichkeit und deshalb etwas, das als Objekt auf religions- und sozialwissenschaftliche Weise studiert werden kann und muss.

Religion
Zement des Stammes,
Mächte des Waldes,
der Berge, des Sturmes, des Meeres,
Geburt und Tod,
mehr als das unmittelbare
Eine sollen, dazugehören,
übermächtig die Götter.
Gestern, vor zehntausend Jahren,
schlug Kain Abel, seinen Bruder, tot,
beschämt essen wir Bauern das Brot,
die Erde schreit, vom Blut für immer rot?
Eine neue Zeit,
ein Prophet warnt
Fürsten und Volk,
ein Zimmermann erzählt:
„Ein Mann von Räubern zusammengeschlagen,
wurde gesundgepflegt
von einem Feind."

Religionen sind erst in der Geschichte des Menschen aufgekommen. Religionen sind aber vielleicht nicht nur Randerscheinungen, sondern ein wesentlicher Bestandteil der menschlichen Evolution gewesen. In unserer Evolution entwickeln sich die genetische und die kulturelle Information gemeinsam: In dem Maße, wie die Kultur mehr abverlangt, wird die Gehirnkapazität von größerer Bedeutung. Diese Gehirnkapazität hat sich in Gruppen von Hominiden weiterentwickelt. Das Zusammenleben derartiger Gruppen stellte eine Herausforderung dar. Bei den Ameisen wird das Zusammenleben großer Gruppen dadurch ermöglicht, dass die Individuen genetisch eng verwandt sind. Bei Menschen wird das jedoch nicht der Fall gewesen sein. Wie gelang es den Gruppen zusammen zu leben? Vielleicht waren dazu Rituale und Mythen nötig. Immerhin wird durch Rituale wie die, durch die jemand zum Krieger wird, der Platz eines jeden in der Gruppe bestätigt. Und die mythischen Erzählungen geben die Werte von Generation zu Generation weiter. Religionen oder ihre Vorläufer sind vielleicht als „Zement des Stammes" entstanden; ohne Religionen wären die Menschen vielleicht nicht entstanden (Burhoe 1981).

Religionen sind auch im Umgang mit den „Mächten des Waldes, der Berge, des Sturmes, des Meeres" aufgekeimt. Wenn wir es mit launenhaften Vorgängen zu tun haben, dann verfallen wir manchmal in eine animistische Sprache, so als ob die Dinge beseelt wären. Dazu neigen wir selbst im Hinblick auf technische Produkte: Das Auto „will" nicht anspringen, und der Computer „versteht uns nicht". Die animistische Sprechweise gleicht einer überholten Projektion; Blitze werden nicht mehr von erzürnten Göttern auf die Erde geschleudert. Menschen reden aber immer noch so, auch wenn das gegenwärtig gelegentlich etwas anmutiger getan wird, etwa in Form eines Gesprächs mit Bäumen, oder dass man einen „Plan" erkennt und den sinnlosen Zufall leugnet.

Religionen können auch dadurch entstanden sein, dass man mit dem Zufälligen konfrontiert wurde, mit dem, was uns überkommt in einer Umgebung, die wir nicht überblicken. Zu denken ist dabei, auch in unserer Zeit, an Krisensituationen rund um Geburt und Tod. Eine religiöse Sprache stellt unter anderem eine Art und Weise des Sprechens im Umgang mit Aspekten der Wirklichkeit, die wir nicht überblicken, nicht begreifen und nicht beherrschen, dar.

Vor zehntausend Jahren begann man mit der Landwirtschaft. In kleineren Gebieten, vor allem den fruchtbaren Flusstälern, konnten mehr Menschen zusammenwohnen. Eine kleine Elite erhielt Gelegenheit, die Ernte zu beherrschen; die Gemeinschaften bekamen einen stärker hierarchischen Charakter. Es dürfte zu Konflikten gekommen sein zwischen den Ackerbauern und den Nomaden mit ihrem Vieh. Eine der aussagekräftigsten Erzählungen über den Zusammenstoß zwischen Ackerbauern und Nomaden finde ich in der Konfrontation zwischen Kain und Abel. Abel wird als Schafhirte dargestellt, Kain in erster Linie als jemand, der den Acker bearbeitet. Die Brüder sind einander im Wege; der Nomade wird ermordet. Die Unterscheidung zwischen Nomade und Bauer ist jedoch noch fließend. Kain beginnt umherzustreifen und wird der Stammvater von Viehzüchtern, reisenden Musikanten und umherziehenden Schmieden.

Der Übergang zu einer Ackerbaukultur führte zum Zusammenwohnen größerer Gruppen und der Entstehung von Städten, da Bauern mehr produzieren können, als sie zum eigenen Gebrauch benötigen. Es war nicht allein eine ökonomische Veränderung, auch Wertesysteme mussten sich anpassen. Die neuen Umstände werden Stress hervorgerufen haben, der seinen Ausweg in sich verändernden Ritualen fand. Der Platz und die Aufgabe eines jeden in der sozialen Struktur mussten deutlich angegeben werden. Das stellt dann auch eine der Funktionen der Gebote dar, die in das Alte Testament eingeprägt wurden.

In all diesen Jahrtausenden waren Religionen nicht auf Veränderung oder Erlösung ausgerichtet, sondern auf das Fortbestehen der sozialen oder kosmischen Ordnung. Im Rahmen ihres Glaubens interpretierten und akzeptierten Menschen ihr Leben mit all seinen Glücks- und Unglücksfällen. Die soziale Ordnung erschien selbstverständlich und festgefügt. Im Rahmen der Gemeinschaft bejahte man das Leben einschließlich der Position, die man selbst darin hatte, und akzeptierte den Tod.

Einige Jahrhunderte vor dem Beginn unserer Zeitrechnung kam eine neue Haltung auf und damit eine neue Art von Religion. Karl Jaspers (1949), der diese Schematisierung der Kulturgeschichte einführte, nannte dies die „Achsenzeit" – etwa zwischen 800 und 200 Jahren vor Beginn unserer Zeitrechnung. Diese Periode wurde damit als ein Scharnier angedeutet, ein Angelpunkt in der Geschichte. In verschiedenen Gebieten war diese Periode von großer Bedeutung. In Griechenland waren da die großen Philosophen wie Sokrates, Plato und Aristoteles. In der Geschichte Israels traten Propheten auf wie Jesaja, Jeremia, Amos und Hosea. In Persien lebte Zoroaster (Zarathustra), in Indien waren es Gautama (Buddha) und Mahavira, der Begründer des Jainismus; in China lehrten Konfuzius und Lao Tse (Taoismus). Neben den Stammesreligionen bildeten sich die Weltreligionen heraus.

Es ist riskant, über gemeinsame Elemente zu sprechen; dafür sind die Entwicklungen in den verschiedenen kulturellen Traditionen zu unterschiedlich. Zu den Entdeckungen dieser Periode gehört ein größeres Bewusstsein von individueller Verantwortlichkeit. Nicht die Fortsetzung der Gemeinschaft mit ihren festen Positionen und Rollenerwartungen steht im Vordergrund, sondern das Individuum und dessen persönliche Entwicklung. Das momentane Dasein wurde als unbefriedigend angesehen. In den religiösen Mythen wurde ihm etwas Besseres gegenübergestellt. Im Hinduismus wird an eine Befreiung vom Kreislauf der irdischen Daseinsformen gedacht, im Buddhismus an Nirvana und Erleuchtung. Im Judentum entwickelt sich die Erwartung eines kommenden Reiches Gottes; im Christentum kehrt das mehr individuell zurück als Erwartung im Hinblick auf Erlösung und ewiges Leben.

Während Religion früher vor allem dazu anspornte, den eigenen Platz im Geschehen zu akzeptieren, nährte Religion nun auch den prophetischen Protest. Die Propheten in Israel waren keine Wahrsager, die die Zukunft vorhersagten. Eher handelte es sich um Einzelpersonen, die aus der Gemeinschaft ausstiegen, um Fürst und Volk auf deren Handel und Wandel hin anzusprechen. Prophetische Texte haben somit auch etwas bedrohliches an sich, sie künden ein Urteil an über jene, die nicht richtig leben. Sie drücken aber auch dort Hoffnung aus, wo man den Mut zu verlieren droht. Das prophetische Verlangen, das in diesen Jahrhunderten aufgekeimt ist, kombiniert Kritik und Verlangen. Im Glauben hat man es nicht länger mehr nur mit Mächten zu tun, die wir nicht überschauen, nicht begreifen und nicht beherrschen, sondern man geht auch die Konfrontation ein mit Situationen, die wir nicht hinnehmen wollen.

Einst wurde Jesus nach dem allerwichtigsten, dem größten Gebot gefragt (Lukas 10, 25-37). Jesus spielte den Ball zurück: „Wie denkst du selbst darüber?" Darauf antwortete der Fragesteller: „Gott lieben aus deinem ganzen Herzen, deiner ganzen Seele und deinem ganzen Denken; und du sollst deinen Nächsten lieben wie dich selbst." Anschließend aber wurde Jesus gefragt, wer zu den Nächsten zähle. Wie weit muss man gehen? Daraufhin erzählte Jesus eine Geschichte über „einen von uns", der unterwegs von Räubern überfallen wurde. Ein Priester ging vorüber. Ein Tempelbediensteter ging vorbei. Und ein Mann aus Samaria kam des Weges. Der erste gehörte zu uns, tat aber nichts; der zweite gehörte zu uns, er tat aber auch nichts. Der dritte gehörte nicht zu uns: Die Samariter waren keine Freunde der Juden. Dieser „Fremdling" aber hielt an und versorgte den verletzten Mann, brachte ihn zu einer Herberge und ließ noch Geld für ihn zurück, als er weiterreisen musste.

Jesus erzählt Gleichnisse, Geschichten. Über ihn werden Geschichten erzählt. Diese Geschichten haben im Wunderglauben und in komplexen theologischen Konstruktionen weitergewirkt, beispielsweise über die Beziehung zwischen Jesus und Gott. Mehr aber als dergleichen spekulative Interpretationen scheinen mir die Gleichnisse, die Bergpredigt und all die anderen Geschichten von größter Bedeutung zu sein. In der Beachtung derjenigen, die ausgeschlossen waren, und in der Einladung an die, die für sich keine Zukunft mehr sahen, sprechen der prophetische Protest und das prophetische Verlangen zu uns. Grenzen werden aufgehoben; der Fremdling versorgt den Verletzten.

2.4 Vierter Akt: Kritik und Verantwortung

Sehen,
messen und zählen,
Wissen erproben
und Macht.
Aufklärung
Auszug aus der Unmündigkeit.
Mit unserem Kästchen
voller Buchstaben und Geschichten
auf dem Weg
in dieser Zeit.
Zwischen Hoffen und Angst
unsere Nächsten,
das Leben
hier auf der Erde,
zwischen Hoffen und Angst

das große Projekt
von Denken
und Mitgefühl,
auf einem Weg
in Freiheit.

Der Aufstieg der modernen Naturwissenschaften bezeichnet einen der größten Übergänge in der menschlichen Geschichte, vielleicht ist er nur mit der Entstehung des Ackerbaus zu vergleichen. Er stellt einen Höhepunkt des selbstkritischen Nachdenkens dar. Teleskop und Mikroskop eröffneten neue Welten. Mathematik wurde auf die Wirklichkeit angewendet. In Experimenten wurden Thesen überprüft. Theorien, die in einer vereinfachten Wirklichkeit entwickelt und überprüft wurden, erwiesen sich auch darüber hinaus als zutreffend. Die Naturwissenschaft führt auch dazu, dass man von Vorstellungen ablässt, auch solchen, die recht gut an unsere Erfahrungen anschließen. Ein Ball, den wir werfen, kommt zum Stillstand, es sei denn, dass man Anstrengungen unternimmt, um ihn in Bewegung zu halten. Die „Physik" von Aristoteles folgte genau dieser Erfahrung. Der Physiklehrer lehrt aber das erste Gesetz von Newton: ein Gegenstand bleibt in Bewegung, es sei denn, dass Anstrengungen unternommen werden, um ihn zu bremsen. Ein massiver Gegenstand hat im Inneren keinen Hohlraum, aber besteht gemäß der Atomtheorie zum größten Teil aus leeren Raum. Es werden nicht nur immer neue Aspekte der Wirklichkeit erforscht, sondern es werden auch die Vorstellungen über bekannte Teilbereiche korrigiert. Naturwissenschaft ist auch eine Übung in Flexibilität, in Offenheit für Widersprüche, in der Bereitschaft, Vorstellungen loszulassen, wenn es sich zeigt, dass sie mit der Wirklichkeit nicht übereinstimmen.

Die Bibel wurde Gegenstand historischer Forschungen. Die Texte waren das Werk von Menschen. Wann wurden sie aufgezeichnet? Von wem? Warum drückten sie es so aus und nicht anders? Stellt der Text wirklich eine Einheit dar oder mehr ein Mosaik, in dem Stücke verschiedener Art enthalten sind? Was ist Legende, und was ist zuverlässig? Die christliche Tradition wurde die erste religiöse Tradition, die zu einer kritischen Selbsterforschung gezwungen wurde. Und die dies auch zu leisten in der Lage war und ist.

Das kritische Denken zeigte sich nicht allein in Wissenschaft und historischer Forschung, sondern ging auch Hand in Hand mit einer anderen Auffassung über die Gesellschaft. Das Bürgertum erhielt politische Rechte; Frauen begannen ebenfalls zu zählen. Die Sklaverei wurde abgeschafft. Die Ideale der Französischen Revolution mit ihrer Parole von Freiheit, Gleichheit und Brüderlichkeit (1789) und der Erklärung der Menschenrechte (1948) wurden nie gänzlich realisiert, sie markieren aber doch eine Entwicklung auch auf politischem und sozialem Gebiet.

Der Aufstieg der Naturwissenschaften, das Einsetzen des historischen Verständnisses, das Aufkeimen des politischen Gleichheits- und Freiheitsideals und der sozialen Rolle des demokratischen Staates sind nicht einfach nur Kulturerscheinungen, die nach Wunsch gegen Produkte aus anderen Kulturen und anderen Zeiten ausgetauscht werden können. Es handelt sich um moralisch inspirierte Momente in der Entwicklung einer kritischen Einstellung gegenüber theoretischen und moralischen Ansprüchen, in der Formierung des Widerstandes gegen totalitäre Regime und gegen Macht, die auf Autorität und Gewalt basiert. Es gibt leider auch sehr viel Gutgläubigkeit, in der die moralisch und intellektuell selbstkritische Haltung wieder aufgegeben worden zu sein scheint. Mit der vermeintlichen Weisheit von Engeln, Bäumen und Sternen scheinen die Menschen immer wieder auf der Suche nach der Sicherheit einer früheren, naiveren Lebensanschauung zu sein.

Wir sind auf unserem Lebensweg mit einem Erbe versehen. Zu diesem Erbe zählt das Material, aus dem wir bestehen, Staub von Sternen. Dazu gehören auch biologische Strukturen als Ergebnis einer Geschichte, in der das Erbgut ständig überprüft und ergänzt wurde. Unser materielles und biologisches Erbgut ist keine Last, sondern die Grundlage unseres Daseins. Gerade wegen dieser Basis fühlen und denken wir. Die Früchte der kulturellen Geschichte gehören ebenfalls zu unserem Erbe. Menschliche Sprachen enthalten Wissen über die Welt. Recht, Politik, und Etikette zeigen an, wie Menschen zusammenleben können. Zum kulturellen Erbgut zählen auch die Religionen mit ihren Mythen und Geschichten. Zum Erbe gehören zudem die kritischen Traditionen, die sozialen der Propheten und die politischen und intellektuellen der modernen Wissenschaft und des modernen Denkens.

In unserem Körperbau und unserer Kultur ist überprüfte Weisheit enthalten. Das besagt nicht, dass sie auch jetzt als Weisheit angesehen werden kann, denn die Umstände sind ja andere. Ein uneingeschränktes „Gehet hin und mehret euch" ist in dieser Zeit mit ihren Milliarden von Menschen, die beinahe überall die Erde beherrschen, keine Weisheit mehr. Weisheit ist an die Umstände gebunden, und die können sich verändern. Naturwissenschaft und Technik haben unsere Möglichkeiten enorm vergrößert. Es ruht eine zunehmende Verantwortlichkeit auf den Schultern des Menschen. Werden wir damit fertig?

Meiner Meinung nach bedeutet menschliche Freiheit, dass wir Menschen uns durch einen Lebensplan leiten lassen können, durch Ideale. Wir können die unmittelbaren Bedürfnisse und Reaktionen übersteigen, darauf zurückblicken, darüber nachdenken, den Kreis der Beteiligten überschauen, uns korrigieren. Darin besteht unsere Freiheit. Wir können im Nachdenken auch nachlassen, auf unsere analytischen Möglichkeiten verzichten. Das große Projekt von Denken und Mitgefühl, auf einem Weg in Freiheit, ist ein Projekt, das wir in Angriff nehmen müssen, jedes Mal aufs Neue. Ein Loblied auf die Schöpfung ist angemessen, aber die Schöpfung läuft nicht auf einen Ruhetag hinaus, an dem die erworbenen Reichtümer in Vitrinen ausgestellt werden können.

3. Theologische Reflexionen

Wir sprachen über die Geschichte von Welt und Kosmos. In dieser abschließende Betrachtung möchte ich nochmals etwas zu Theologie und Glauben sagen.

Theologie als „Wissenschaft von Gott" ist zu hoch gegriffen. Eine Einschränkung auf Religionswissenschaft hat jedoch einen erheblichen Nachteil: das kann die eigenen Überzeugungen außen vor lassen. Man kann die Auffassungen eines christlichen Kirchenvaters aus dem dritten Jahrhundert unserer Zeitrechnung, eines Buddhisten oder eines amerikanischen Indianerhäuptlings analysieren, aber die Fragen, die die Theologie der Mühe wert machen, sind auf einen selbst gerichtet: Wie betrachtet man das Dasein? Was ist der höchste Wert? Adam, wo bist du? Und weniger individualistisch: Was für eine Kultur, was für eine Gesellschaft wollen wir sein? Die Aufmerksamkeit für das eigene Menschsein macht die Theologie zu mehr als kultureller Anthropologie. Ich betrachte die Theologie als Interpretation des menschlichen Daseins mit Hilfe einer bestimmten religiösen Überlieferung. In einer solchen „Daseinsinterpretation" werden faktische und normative Elemente miteinander verbunden, so wie das auch in Schöpfungsgeschichten und anderen Mythen geschah.

Bei der Verbalisierung und Begründung einer Daseinsinterpretation geht es um Wahrheit und Wert. Die Diskussion über die Wahrheit einer bestimmten Überzeugung überschreitet die Grenzen der Religionswissenschaft, spielt sich aber doch noch auf akademischem Gebiet ab. Mit der Frage nach dem Wert einer bestimmten Überzeugung verlässt die Theologie den regulären Bereich der Wissenschaften, auch wenn sie sich dabei in guter Gesellschaft mit der normativen Ethik, der sozialen Philosophie und der Ästhetik befindet.

Wir denken unterschiedlich über Gott: als Schöpfer, als Urgrund des Daseins, als ein unergründliches Geheimnis oder gerade als denjenigen, der sich in Jesus geoffenbart hat; und wir denken unterschiedlich über den „Glauben". Was ist das? Etwas für absolut wahr halten? Etwas vermuten, aber nicht sicher wissen? Oder geht es nicht um Wissen, sondern um eine Lebenshaltung, ein Vertrauen darauf, dass das Dasein in seinem tiefsten Grunde gut ist?

Glauben kann eine Antwort sein auf Erfahrungen mit Dingen, die wir nicht hinnehmen wollen. Einen solchen Glauben könnte man als „prophetisch" bezeichnen. Propheten klagten die Fürsten und das Volk an, wenn diese sich nicht gerecht verhielten, wenn sie von „Gottes Vorsehung" abwichen. Um einen Ausdruck für einen derartigen Glauben zu finden, benutzen wir einen Kontrast zwischen dem, was ist, und dem, was sein müsste. Dabei kann es sich handeln um den Kontrast zwischen Himmel und Erde oder um den zwischen dem Hier und Jetzt und dem Königreich Gottes.

Der Glaube kann auch eine Antwort sein auf die Begegnung mit Aspekten der Wirklichkeit, die wir nicht begreifen oder beherrschen, für die wir aber dankbar sind. Diese Dimension des Glaubens könnte man „Mystik" nennen im Hinblick darauf, dass sie mit der Erkenntnis verbunden ist, dass wir mit einem größeren Ganzen verbunden sind. Das kann den Charakter einer Begegnung haben, bei der man auf seinen eigenen Platz und die eigene Verantwortlichkeit zurückverwiesen wird. Ich betrachte die Mystik nicht als einen „Rückzug" aus der Wirklichkeit und als das Aufgeben der Individualität, sondern als das intensive Erleben der Wirklichkeit, aus der man hervorgegangen ist und innerhalb derer man als verantwortliches Individuum handelt.

Ich denke, dass der Glaube von beidem etwas besitzt, von Kritik und Verlangen, aber auch von Vertrauen und Verbundenheit. Diese Ansatzpunkte lassen sich jedoch nicht bequem miteinander verbinden. Die prophetische Kritik unterstellt jedenfalls, dass man die Situation mit einem Gebot, einer Norm, einem Ideal, einer wünschenswerten Situation vergleichen kann, während die Verbundenheit den Nachdruck gerade auf den Zusammenhang anstelle des Unterschiedes legt.

Glauben an Gott hat mit Grenzfragen zu tun. Die Wirklichkeit ist nicht selbstverständlich. Unsere Erklärungen funktionieren gut innerhalb der Wirklichkeit, sie erklären damit aber noch nicht, warum es eine Wirklichkeit gibt, die wir so beschreiben können. Das Bild von Gott als dem Schöpfer passt dazu. Das Wort „Schöpfer" kann zu einem anthropomorphen Bild führen, wie Töpfer, Künstler oder Ingenieur; auch wird beim Wort „Schöpfer" zu oft an eine „erste Ursache" gedacht, die die Sache in Gang gesetzt hat, wonach der Prozess in Folge ungestört weitergegangen ist. Das passt aber nicht zu der Art von Grenzfragen, die sich nicht nur auf den Beginn der Wirklichkeit beziehen, sondern auf das Dasein als solches. Darum halte ich den Ausdruck „tragender Grund" für angemessener. Damit sind wir weniger an die Zeit gebunden; in einer logischen

Argumentation sind die Gründe, von denen die Schlussfolgerung abhängt, nicht so sehr von „früherer", sondern von „fundamentaler" Art. Anders ausgedrückt, mit einem Bild, das vom Schriftsteller John Fowles (1980, 27) entlehnt ist, wie die Stille, die eine Sonate möglich macht, und das weiße Papier, das die Zeichnung trägt, ist Gott der Urgrund des Daseins. Ein derartiges Gottesbild bringt unsere Verbundenheit mit dem Ganzen nach vorn, unsere Abhängigkeit von der gesamten voraufgegangenen Geschichte und unser Erstaunen über den Zusammenhang des Daseins. Religiöse Sprache ist nicht nur eine Art des Umgangs mit solcherlei Grenzfragen. Gottesglauben ist auch ein schätzendes Reden. Wenn ich jemanden „meinen Bruder" nenne, so ist das keine faktische Aussage, sondern gibt an, wie ich den anderen sehen und auf ihn zugehen will, „wie einen Bruder". Glaube drückt aus, wie wir die Wirklichkeit sehen und erleben wollen.

Die Tradition ist eine Quelle von Bildern, ein Erbgut, „erprobte Weisheit". Aber nicht alles, was einmal sinnvoll war, ist es auch jetzt noch; vieles von dem, was in der Bibel über Männer und Frauen geschrieben steht, über die Gewalt gegen andere Völker, über den Umgang mit Tieren, ist für uns nicht akzeptabel. Eine Tradition kann nur dann fruchtbar sein, wenn in ihr Raum bleibt zur Erneuerung, zur Veränderung. Wir können nicht leer beginnen, ebenso wenig aber können wir bei dem stehen bleiben, was früher einmal war.

Das prophetische Element wird ebenfalls durch unsere Vorstellungskraft genährt, eine der Gaben der Evolution – und damit kommen wir wieder zum Thema dieses Beitrages, zur Notwendigkeit von Bildern und Erzählungen. Wir können uns einigermaßen in einen anderen hineinversetzen, auch in einen Gegner oder Außenstehenden. Diese Fähigkeit findet ihre höchste Ausprägung im Ideal der unparteiischen Sicht, die alle Beschränkungen übersteigt. Die Tradition und die Vorstellungskraft können uns mit dem Kontrast zwischen Ideal und Wirklichkeit konfrontieren und somit die prophetische Dimension des Glaubens nähren. Die Besinnung auf die Wirklichkeit als ein Ganzes kann uns auch mit Verwunderung über und Dankbarkeit für die Wirklichkeit, die uns hervorgebracht hat, erfüllen. Wir können über das, was uns übersteigt und uns trägt, denken und sprechen, während wir aber so über uns selbst hinausgreifen, ist es so, dass wir, in Abwandlung von Apostelgeschichte 17,28, in der Wirklichkeit leben, uns in ihr bewegen und sind; zur Zukunft der Wirklichkeit tragen wir mit unserem Leben bei.

Literatur

Bruner, J., 1986: *Actual Minds, Possible Worlds*, Cambridge, Mass.

Burhoe, R. W., 1981: *Towards a Scientific Theology*, Belfast.

Drees, W. B., 1998: *Vom Nichts zum Jetzt. Eine etwas andere Schöpfungsgeschichte.* Aus dem Niederländischen übersetzt von Klaus Blömer, Hannover. (Revised edition as Creation: From Nothing until Now, London, 2001.)

Fowles, J., 1980: *The Aristos* (4th revised edition), London.

Jaspers, K., 1949: *Vom Ursprung und Ziel der Geschichte*, Zürich.

Misner, C. W., 1977: Cosmology and theology, in: W. Yourgrau, A.D. Breck (eds.), *Cosmology, History, and Theology*, New York.

Terrien, S., 1978. *The Elusive Presence: Toward a New Biblical Theology*, San Francisco.

IV. Öffentliches

Christian Schwarke

Gott, Freiheit und Unsterblichkeit
Über die Popularisierung der Kosmologie zwischen Wissenschaft und Religion

1. Einleitung

Zu den erstaunlichen Phänomenen der jüngeren Wissenschaftsgeschichte gehört der durchgängige Gottesbezug in populären Büchern zur physikalischen Kosmologie. Hatte das westliche Christentum sich in den 70er und 80er Jahren des 20. Jahrhunderts in der Situation befunden, dass die Wissenschaften es nicht mehr mit Ablehnung, sondern mit schlichter Nichtachtung bedachten, so rieb sich der verwunderte Beobachter die Augen, als plötzlich in Veröffentlichungen namhafter Physiker das Wort „Gott" auftauchte. Dieser „Trend" hält bis in die Gegenwart an. Bereits die Titel zahlreicher Bücher beinhalten Anspielungen auf die Religion: „Der Plan Gottes" (Davies 1995), „Die Physik der Unsterblichkeit" (Tipler 1994) oder „Die Tagebücher der Schöpfung" (Klein 2004). Erwächst dieser Gottesbezug, den auch die Medien aufgriffen, aus einer sachlichen Erwägung, oder dient er, den Gesetzen der Popularisierung folgend, nur einem Sensationsbedürfnis? Bereits der britische Astronom Martin Rees (Cambridge) schrieb in der Einleitung seines ebenfalls populärwissenschaftlichen Buches „Vor dem Anfang":

> Stephen Hawking, mein Kollege in Cambridge, behauptet in *Eine kurze Geschichte der Zeit*, jede in einem Buch vorkommende Gleichung halbiere die Verkaufszahlen. Er verzichtete deshalb auf Gleichungen, und das tue ich auch. Aber er (oder vielleicht auch der Verlag), meinte, jede Erwähnung von Gott werde die Verkaufszahlen verdoppeln. (Rees 1999, 19)

Blickt man auf die Geschichte der Darstellung der Kosmologie in der Öffentlichkeit, zeigt sich freilich, dass der Gottesbezug auch und gerade in der Neuzeit so neu nicht ist. Dies nährt den Verdacht, dass sich selbst hinter dem Blick auf die Verkaufszahlen eine, wenn auch unreflektierte Ahnung der sachlichen Verbindung zwischen der naturwissenschaftlichen und der religiösen Kosmologie verbirgt. Um diese Zusammenhänge zu erhellen, soll daher vor dem Blick auf die gegenwärtige Popularisierung des Gesprächs zwischen naturwissenschaftlicher und theologischer Kosmologie die Geschichte dieses Dialogs exemplarisch vergegenwärtigt werden (2.). Dann werde ich unterschiedliche Formen der Popularisierung in der Gegenwart analysieren. Neben den bereits erwähnten populärwissenschaftlichen Büchern von Physikern kommen hier Presseberichte, Schulbücher, Romane und Filme sowie solche Sachbücher in Betracht, die sich explizit dem Verhältnis von Naturwissenschaft und Theologie widmen (3.).

Bei aller Unterschiedlichkeit in Form und Zugang wird in allen Formen der Popularisierung der Konflikt zwischen Wissenschaft und Christentum zum Ausgangspunkt der Beschäftigung mit dem Thema. Allerdings wird dies unterschiedlich ausgeführt. Suchen die *einen* eine Entscheidung (4.), bauen die *anderen* auf eine Vermittlung (5.). Wie in allen Wissenschaftsbereichen unterscheidet sich der Fachdiskurs von seiner Popularisierung. In Bezug auf das hier zur Diskussion stehende Problem wird dies gerade an der Wahl des „Konflikts" als Ausgangspunkt deutlich. Denn in der wissenschaftlichen Diskussion gehört dieses Thema der Vergangenheit an. Warum wird aber z.B. mit andauerndem Enthusiasmus der Fall Galilei rezitiert, wenn die Sache längst anders entschieden ist? Die Antwort auf diese Frage liegt in einer Art „Hintergrundstrahlung", die alle Beschäftigung mit dem Thema durchzieht: Es geht um die Freiheit. Sich ihrer zu vergewissern im Blick auf die eigene Existenz, die Wissenschaft und den Glauben dient der Rekurs auf Gott. Denn beide, Physik und Kosmologie, folgen der Intuition, dass das Ganze auch das Wahre sei. Es zu kennen oder zumindest zu wissen, wie man es erkennen könne, bedeutet danach jene Freiheit, die das Individuum beim Blick in die Unendlichkeit nicht zu sehen bekommt. Dieser Zusammenhang soll im Folgenden schrittweise entfaltet werden.

2. Galilei und die Folgen – Elemente der Spannungsgeschichte von Naturwissenschaft und Theologie

Der Fall Galilei ist der Gründungsmythos des Verhältnisses von Naturwissenschaft und Christentum.[1] Durch Bertold Brechts Drama auf die Bühne gebracht und in Feuilletons ständig aktualisiert, steht der Konflikt paradigmatisch für die Auseinandersetzung zwischen einer vermeintlich wissensfeindlichen Kirche und Theologie einerseits und einer fortschreitenden Wissenschaft andererseits. Bereits hier ging es, so die Geschichte, um die Freiheit der Wissenschaft und den letztlich vergeblichen Versuch der Kirche, diese Freiheit zu unterdrücken. Wis-

---

[1] Zur Gesamtgeschichte vgl. Ferngren (2000); Brooke (1991); Lindberg/Numbers (1986).

senschaftshistorisch betrachtet stellt sich der „Fall" inzwischen zwar anders dar, aber davon nimmt die Öffentlichkeit kaum Kenntnis. So wurde Galilei einerseits 1992 vom Vatikan rehabilitiert (Johannes Paul II 1992). Andererseits betonen Historiker die Vielschichtigkeit des Prozesses und die Tatsache, dass Galilei durchaus nicht aus klerikaler Engstirnigkeit im Blick auf die Kosmologie verurteilt wurde (Shea 1986, Brooke/Cantor 1998). Das Bild des radikalen Konflikts zwischen Galilei und der Kirche verdankt sich vielmehr einer Popularisierung im 19. Jahrhundert, die stärker von der Situation des neunzehnten als von der Kenntnis des siebzehnten Jahrhunderts geprägt war. Aus der Perspektive des 21. Jahrhunderts wird zudem deutlich, dass Galilei auch wissenschaftlich auf weniger festen Füßen stand, als es dem gängigen Bild entspricht. Weder konnte er seine Thesen schlüssig beweisen, noch zeigten seine Bilder, was man sehen konnte. Auch Galilei zeichnete, was er sehen wollte, nicht was der Fall war, wie an seinen Mondansichten deutlich wird (Kemp 2003, 68; Galilei 1980, 88-94).

Warum sich die Geschichte des Kampfes so nachhaltig durchgesetzt hat, wird uns unten beschäftigen. An dieser Stelle gilt es, umgekehrt danach zu fragen, was die Geschichte Galileis im Blick auf die Öffentlichkeit erzählt. Und hier zeigt sich, dass es den Fall Galilei ohne eine Öffentlichkeit gar nicht gegeben hätte. Wie die ursprünglich sehr positive Haltung des Papstes und der Kirche gegenüber Galilei zeigt, ging es nicht um die Ergebnisse seiner Forschungen. Strittig waren vielmehr die Folgerungen daraus, die erst deutlich wurden, als der Konflikt um den *Status* der damit verbundenen Behauptungen eskalierte. Es war die öffentlichkeitsrelevante Frage nach der Beziehung der Erkenntnisse zum Glauben an Gott und die Autorität der Schrift, die den Konflikt trug. Die Öffentlichkeitsdimension zeigt sich auch an den Publikationen: Galileis „Dialog über die beiden hauptsächlichen Weltsysteme" (1632) ist eine Schrift an die (damals begrenzte) Öffentlichkeit. Form und Inhalt sind popularisierend. So schreibt Galilei in der Vorrede, was Stephen Hawking und andere noch am Ende des 20. Jahrhunderts beherzigen:

> Ich dachte weiter, es sei von großem Vorteil, diese Gedanken in Form eines Gesprächs zu entwickeln, weil ein solches nicht an die strenge Innehaltung der mathematischen Gesetze gebunden ist und hie und da zu Abschweifungen Gelegenheit bietet, die nicht minder interessant sind als der Hauptgegenstand. (Galilei 1980, 138)

Demgegenüber argumentierte die Kirche nicht zuletzt mit den negativen Folgen für die Öffentlichkeit, wenn Galilei sich mit der Mathematisierung der Welt im

Bewusstsein der Gläubigen durchsetzen würde. Das ist umso bemerkenswerter als die Theologie des Mittelalters die Mathematisierung theologischer Probleme selbst vorangetrieben hatte. Der Fall Galilei zeigt, dass die Verhältnisbestimmung zwischen Wissenschaft und Christentum im Blick auf die öffentliche Meinung strittig war. Der Gottesbezug der Kosmologie verdankt sich historisch ihrer Popularisierung.

Dies gilt auch für die weitere Entwicklung des Verhältnisses zwischen Theologie und Naturwissenschaft in der Aufklärung. Wie immer man die Natürliche Theologie und die Physikotheologie des 18. Jahrhunderts bewertet, ob als apologetische Veranstaltung der Theologie oder als selbstlegitimierende Bemühung der Naturwissenschaft, um sich in den Lichtkegel der Autorität des Glaubens zu stellen – beide stellen eine Popularisierung der Wissenschaft dar (Krolzik 1996; Baasner 2002, 46). Dabei wird die Ordnung der Welt, die zugleich als schön empfunden wird, zum Hinweis und Garanten eines göttlichen Plans. Erstmals wird damit die Struktur der Popularisierung der Wissenschaft im Verhältnis zur Theologie etabliert, die noch die Gegenwart prägt: Die Wissenschaft strebt nach Bedeutung und Legitimation, indem sie sich in den Rahmen des Christentums stellt. Die Theologie versucht umgekehrt, Plausibilität zu erlangen, indem sie sich den Ergebnissen der Naturwissenschaft stellt. Beide argumentieren dabei mit der *Ordnung* der Dinge, als wäre sie das Wesen Gottes.

Ein Beispiel für solche Bemühungen stellte die 1731–1735 erschienene „Kupfer=Bibel, In welcher die PHYSICA SACRA, Oder Geheiligte Natur=Wissenschaft Derer In heil. Schrift vorkommender Natürlichen Sachen Deutlich erklärt und bewährt" wird, von Johann Jacob Scheuchzer dar. Der Titel beschreibt das Programm. Entdeckungen der Naturwissenschaft und technische Erfindungen werden bildlich dargestellt, mit einem Bibelvers unterlegt, der auf lateinisch und deutsch einen Sinngehalt beilegt. Dazu trat Scheuchzers Kommentar. Da der Zensurbehörde das Werk jedoch nicht fromm genug war, musste ein Sinngedicht eines Pfarrers jedes Thema abschließen (vgl. Müsch 2000). Vermittlung und Konflikt werden zugleich sichtbar. Für die Öffentlichkeit sollte sich das Gewicht dieser beiden Strömungen, die in der Aufklärung noch nebeneinander standen, auf die Seite des Konfliktes verlagern.

Paradigmatisch stehen dafür am Ende des 19. Jahrhunderts die beiden historisch angelegten Werke von John William Draper: „History of the Conflict Between Religion and Science" (1874) und Andrew Dickson White: „A History of the Warfare of Science with Theology in Christendom" (1897), welche auch in deutscher Übersetzung erschienen (Draper 1875; White 1911). Whites Buch wird bis heute wiederaufgelegt. Hintergrund ist hier eher der Kampf um die institutionelle Freiheit von der Kirche an der Wende zum 20. Jahrhundert. Das Motiv des Kampfes konnte auch als Entwicklung vom Mythos zum Logos dargestellt werden, wie auf dem Frontispiz der „Histoire Du Ciel" von Camille Flammarion (1872): Auf einem Hügel enthüllt der Astronom dem staunenden Publikum den Himmel. Während vordergründig Sternzeichen und eine göttliche Weltenkugel die vergangene, mythische Sicht auf das All repräsentieren, zieht der Aufklärer den Vorhang, auf dem sich dies abspielt beiseite, um den Blick auf den realen Himmel mit seinen Planeten freizugeben (abgedruckt bei Utzt 2004, 100). Noch im Jahr 1999 wartet der Brockhaus Verlag in dem umfänglichen Band „Vom Urknall zum Menschen" mit der gleichen „Evolutionsgeschichte" auf: „Dem Evolutionsgedanken", so der Herausgeber, „stand lange Zeit die Schöpfungslehre im Weg" (Brockhaus-Redaktion 1999, 15).

Während hier das Kampfmotiv im Vordergrund steht, gab es um die vorige Jahrhundertwende auch eine Reihe popularisierender Vermittlungsbemühungen, wie etwa den Monistenbund (Daum 1998, 216ff.). Wiederum waren die Vermittlungsbemühungen, sofern sie nicht doch auf eine Integration im Rahmen der Naturwissenschaft hinausliefen, von den Gedanken bestimmt, die schon die Natürliche Theologie des 18. Jahrhunderts geprägt hatten: Gott konnte durch die Naturwissenschaft verstehbarer werden (Schwarz 1999, 291-300). „Wichtigstes Ziel der Popularisicrer war es [...], das Bild von der zersetzenden Wirkung der Wissenschaft zu überwinden und an seine Stelle die Vorstellung von einer kulturellen Kraft zu setzen, die Ordnung, Sicherheit und Harmonie verhieß." (Schwarz 1999, 300)

Dass die Verbindung von Gott und Kosmologie zumindest in ihrer Kampfvariante zutiefst mit der Popularisierung verknüpft ist, bzw. der Kampf ihr sogar entspringt, zeigt auch ein Vorgang aus den 70er Jahren des 20. Jahrhunderts. Der Hamburger Pastor Paul Schulz hegte Zweifel an der Vereinbarkeit der traditionellen Gottesvorstellung mit den Ergebnissen der modernen Naturwissenschaft. Da er seiner Skepsis öffentlich Ausdruck verlieh, sah sich die Kirche veranlasst, einzugreifen. Schulz wurde befragt und beurlaubt, um ein Jahr bei Wolfhart Pannenberg in München zu studieren. In dieser Zeit schrieb Schulz das Buch „Ist Gott eine mathematische Formel?" (1979). Schulz suchte und fand die Öffentlichkeit. Da der Konflikt im Denken Schulzes zu einem Konflikt zwischen ihm und der Kirche wurde und die Kirche sich nach einem langen Prozess von Schulz trennte, hatte die Presse einen neuen Fall Galilei. Unabhängig davon, dass auch wohlmeinende Theologen Schulz eine gewisse hermeneutische Naivität attestierten und das eigentliche Problem *innerhalb* der Theologie lag, bleibt die Tatsache, dass der Konflikt als Neuauflage des Streites zwischen Wissenschaft und Christentum wahrgenommen wurde. Aus der Perspektive von Schulz stellte sich die Sache als ein Streit um die Freiheit der Verkündigung dar. Aus der Sicht der Kirche handelte es sich dagegen um eine Auseinandersetzung um die Freiheit der Theologie von einer vordergründigen Preisgabe an ein bestimmtes naturwissenschaftliches Weltbild.

Damit sind wir in der Gegenwart angekommen. Zahlreiche Motive der exemplarisch erzählten Geschichte sind auch für sie bestimmend.

3. „Der Plan Gottes" – Modi der Popularisierung

Ausgangspunkt des jüngsten Wiedereinzugs Gottes in die Welt der populären Kosmologie war Stephen Hawkings „Eine kurze Geschichte der Zeit" (Hawking 1991). Der berühmte und viel zitierte Schluss seines Buches lautet:

> Wenn wir jedoch eine vollständige Theorie entdecken, dürfte sie nach einer gewissen Zeit in ihren Grundzügen für jedermann verständlich sein, nicht nur für eine Handvoll Spezialisten. Dann werden wir uns alle – Philosophen, Naturwissenschaftler und Laien – mit der Frage auseinandersetzen können, warum es uns und das Universum gibt. Wenn wir die Antwort auf diese Frage fänden, wäre das der endgültige Triumph der menschlichen Vernunft – denn dann würden wir Gottes Plan kennen. (Hawking 1991, 238)

Nicht alle Kollegen Hawkings wollten auf diesen Zug aufspringen (Rees 1999). Einige Bücher nähren auch Rees' Verdacht, es gehe bei „Gott" eher um ein Marketingproblem, wenn nur der Titel etwas zum Thema sagt (so Klein 2000/2004; Panek 2001). Gleichwohl sollte man auch hier nicht achtlos vorüber gehen. Denn unter dem Gesichtspunkt der Popularisierung sagen auch Titel ohne einen entsprechenden Inhalt etwas über den vermuteten Erwartungshorizont der Öffentlichkeit aus: Wenn es um das All geht, ist der Gottesbegriff offenbar „in". Dies entspricht auch durchaus den Gesetzen der Medialisierung, die eine Personalisierung der Sachverhalte fordern. Wer aber sollte die Person anders sein als „Gott", wenn es um das Universum geht?

Für einige Physiker bildeten die Äußerungen Hawkings allerdings einen Anknüpfungspunkt, um ihre eigenen Gedanken zu publizieren. So nannte Paul Davies (Macqarie University, Australien) sein Buch „Der Plan Gottes" (1995) und stellte die Sätze Hawkings als Motto voran. Anders als Hawking führt Davies einen wirklichen Dialog und kommt u.a. zu dem Schluss, dass die Vorstellung einer Schöpfung aus dem Nichts zu ihrer Zeit eine angemessene Lösung für das Paradox zwischen einer kontingenten Welt und einem als notwendig zu denkenden Grund darstellte.[2] Davies beschreibt sich als einen nicht religiös gebundenen Menschen, aber das Universum und unsere Existenz darin können seiner Meinung nach kein Zufall sein (Davies 1991, 14). Auch John Barrow (University of Sussex) greift in seinen Büchern Aspekte des Dialogs mit der Theologie auf. Von einer mild agnostischen Position aus bemüht er sich, die Erkenntnisse der Physik in den Rahmen des abendländischen Weltbildes einzuordnen und Fragen zu beantworten wie die nach der Möglichkeit eines Gottesbeweises durch das anthropische Prinzip (Barrow 1993, 546-550; vgl. Barrow 1992). Neben Davies ist Barrow ist einer der wenigen, die sich mit einschlägigen Autoren des Fachdiskurses beschäftigt haben (Willem B. Drees, John Polkinghorne, Robert John Russell). Entsprechend ihrer generellen philosophischen Ausrichtung ist für die angelsächsischen Physiker ihre bleibende Orientierung an einem Realismus kennzeichnend. Physik und Theologie beziehen sich danach im Prinzip auf den gleichen Gegenstand.

Demgegenüber nimmt Arnold Benz (ETH Zürich) eher eine hermeneutische Position ein. Schon aufgrund der verwendeten Methoden ließe sich Gott naturwissenschaftlich nicht erkennen. Wohl aber sei es dem religiösen Blick möglich, das Erkannte als Hinweis auf Gott zu deuten (Benz 2001, 71).

Ein in verschiedener Hinsicht bemerkenswertes Buch hat der Physiker Lee Smolin (Pennsylvania State University) mit „Warum gibt es die Welt?" (1999) vorgelegt. Immer wieder berichtet der Autor von seinen persönlichen Eindrücken oder ruft beim Leser Erinnerungen an dessen Staunen angesichts des Universums ab. Smolin ist ein geschickter Didakt. Denn er personalisiert seine Inhalte. Autobiographisch berichtet er, dass er in seinem Studium die religiösen Passagen bei Newton, Einstein u.a. überlesen habe. Erst als Lehrender sei ihm aufgegangen, dass fast „alle Begründer der Physik schreiben, als ob ihre Suche und die Suche nach Gott ein und dasselbe seien" (Smolin 1999, 231). Smolin entdeckt die Gemeinsamkeit in den Voraussetzungen zwischen Theologie und Physik, die sich auch im Konflikt äußern:

> Manchmal hört man von Physikern die Behauptung, der Glaube an eine solche fundamentale Theorie sei ein Gegenmittel zum Glauben an einen Gott. Für mich hat es jedoch den Anschein, dass der Glaube an eine solche Theorie oft eher ein Ersatz für den Glauben an Gott ist. (Smolin 1999, 237)

Smolin wendet sich in seinem Buch weder gegen den religiösen Glauben noch gegen die Physik, wohl aber gegen die Verschleierung von Elementen eines wis-

---

[2] Davies (1995, 212-217) unter Hinweis auf K. Ward und S. Ogden.

senschaftlichen Glaubens in der Physik. Gemeinsamkeiten und Unterschiede der Voraussetzungen zwischen Christentum und Physik zeigen sich für Smolin an dem Paradox, dass eine vollständige Erklärung der Welt eigentlich eine Perspektive voraussetzt, die außerhalb des Systems liegt, was nach Lage der Dinge nur der Blickpunkt Gottes sein kann. Dagegen will Smolin seine Theorie eines evolutionären Kosmos setzen, der von innen zu beschreiben ist. Interessanterweise steht die Verwendung Gottes im Christentum bei Smolin für einen epistemologischen Absolutismus, den er ebenso in der herkömmlichen Physik ausmacht. Der auch von Smolin thematisierte Gegensatz zwischen Wissenschaft und Religion wird von ihm zeithistorisch eingeordnet und letztlich als Gemeinsamkeit schlechter Religion wie schlechter Physik betrachtet. Demgegenüber sieht Smolin seinen Entwurf eines evolutionären Kosmos als Variante eines auch Theologen und andere Disziplinen bewegenden Versuchs der Generation der 68er, die Welt von innen zu verstehen (352). Wie stark die unausgesprochene Gemeinsamkeit zwischen Wissenschaft und Religion bei Smolin – zumindest aus einer Schleiermacherschen Perspektive – erscheint, wird jedoch gleich zu Beginn seines ersten Kapitels deutlich: „Wissenschaft ist vor allem anderen eine Suche nach einem Verständnis der Beziehung zwischen uns und dem Rest des Universums" (31).

Dem Bild von Smolin verwandt ist das Buch der Wissenschaftsjournalistin Margaret Wertheim „Die Hosen des Pythagoras. Physik, Gott und die Frauen" (2002). Auch Wertheim entdeckt in Christentum und Physik zahlreiche Gemeinsamkeiten, nicht zuletzt das Fehlen der Frauen: „Die Physik ist in dieser Hinsicht die katholische Kirche der Wissenschaft" (15). Nach einem Durchgang durch die Physikgeschichte, der angefangen bei Pythagoras die durchgängig religiöse Grundierung der Physik erhellen soll, kommt Wertheim auch zu den Versuchen, eine Vereinheitlichte Theorie zu finden (294-300). Dabei erscheint ihr der „fanatische" Glaubenshintergrund einer Theorie, der zufolge alles aus einem einzigen Prinzip erstanden sein *müsse*, ohne nach langer Suche einer Lösung näher gekommen zu sein, offensichtlich. Dass die Theoretiker der *Theories of Everything* so oft den Gottesbegriff verwenden, erscheint ihr daher plausibel. Wertheim unterzieht diese Verwendung des Gottesbegriffs einer Kritik, weil sie erstens Berechnung im Blick auf die Popularisierung (und die impliziert die Hoffnung auf Forschungsgelder) vermutet, und zweitens in diesem mathematischen Gott der Physiker alles andere als einen religiös gehaltvollen Begriff des Absoluten sieht. Zweifellos deckt Wertheim einen wichtigen Aspekt in der Popularisierung der Verbindung von Kosmologie und Religion auf. Der Gott der

Physiker ist ein deistischer Gott, der sich trotz scheinbarer Ähnlichkeit vom christlichen Gottesbild deutlich unterscheidet.

Dies wird nicht zuletzt an einer der ausführlichsten populären Auseinandersetzungen eines Physikers mit der Theologie deutlich: Frank Tiplers „Physik der Unsterblichkeit" (1994). Tipler entwirft darin eine großangelegte „Eschatologie", die die Möglichkeit einer abstrakten Form der eschatologischen Hoffnungen der Weltreligionen mathematisch nachweisen will. Insofern Tipler dies für realistisch hält, scheint ihm der Dialog zwischen Physik und Theologie (über den er sich äußerst kundig gemacht hat) am Ende zu sein, da die Theologie zu einer Teildisziplin der Physik werde. Ohne die Vorstellung vom Kampf der Disziplinen zu bemühen, und in der Meinung, nichts anderes zu sagen als beispielsweise Wolfhart Pannenbergs Theologie, will Tipler die Theologie gleichsam in die Physik „aufheben".

Bislang wurden ausschließlich Bücher genannt, die eher die physikalische Kosmologie als im eigentlichen Sinne den Dialog zwischen Theologie und Physik popularisieren. Dies hat den einfachen Grund, dass es letzteren nicht gibt. Zwar sind in den letzten Jahren auch im deutschen Sprachraum eine Reihe von Büchern erschienen, die in den Dialog einführen wollen (McGrath 2001; Polkinghorne 2001; Krötke 2002). Aber diese behalten zum einen noch wissenschaftliche Ansprüche und sind zum anderen in (theologischen) Verlagen erschienen, was ihrer Verbreitung enge Grenzen setzt. In allgemeinen Buchhandlungen sucht man sie vergebens. Meines Wissens die einzige Ausnahme stellt das Buch der Wissenschaftsjournalistin Kitty Ferguson „Gott und die Gesetze des Universums" (2002) dar. Ferguson geht von der Beobachtung aus, dass die klassische Naturwissenschaft auf den gleichen Prämissen ruht wie die Theologie: Die Welt ist u.a. rational verstehbar, kontingent und vom Prinzip der Einheit geprägt. Fergusons Argumentation basiert darauf, einerseits die Erkenntnisfähigkeit der Naturwissenschaften zu relativieren und andererseits die Behauptungen der christlichen Tradition als zumindest nicht irrational zu erweisen. So seien etwa Freiheit und Vorsehung unter dem Gesichtspunkt der Chaostheorie durchaus vereinbar. Letztlich geht es Ferguson darum zu zeigen, dass Theologie und Naturwissenschaft in der Neuzeit unter unterschiedlichen Bedingungen stehen. Während die Naturwissenschaft nur ihre Schlüsse beweisen müsse, wäre die Religion stets dazu gezwungen, ihre Prämissen zu beweisen – ein Unterfangen, das auch die Naturwissenschaft nicht leisten könne (392). Ganz im Gegensatz zu Tipler basiert Fergusons Argumentation darauf, dass beide, Naturwissenschaft und Religion ihren letzten Grund nicht im Beweis, sondern in der menschlichen Erfahrung hätten (393).

Während insgesamt betrachtet die populären Werke der Physiker eher auf eine Verständigung setzen,[3] bedient sich die Presse meist des alten Konflikt- bzw. Verdrängungsmotivs. Überschriften wie „Der erschöpfte Schöpfer" (Der Spiegel, 52/1998, 166) oder „(K)ein Platz für Gott. Der Glaubensstreit" (Bild der Wissenschaft 12/1999, 40) beschreiben das Feld. Dies ist umso bemerkenswerter als etwa der Spiegel unter dem genannten Titel gerade von den Vermittlungsbemühungen durch die Templeton-Foundation zu berichten weiß, die 1998 eine Konferenz von Physikern und Theologen in Berkeley finanziert hatte. „Bild der Wissenschaft" lässt Steven Weinberg und John Polkinghorne gegeneinander antreten, um die Frage zu beantworten „warum Physiker und Theologen heute aneinandergeraten" (Bild der Wissenschaft 12/1999, 48-51), was die beiden dann gar nicht tun. Die Art und Weise der Popularisierung des Dialogs zwischen Physik und Theologie in Publikumsmagazinen sagt jedoch nicht nur etwas über den spezifischen Gegenstand aus. Deutlich wirken hier die Gesetze der Medien: So fungiert „Gott" neben den Forschern als einzige Möglichkeit, das Thema zu personalisieren. Deshalb muss von Gott auch immer als Person („Was wusste Gott?" – *Der Spiegel* 52/2000, 118) gesprochen werden, selbst wenn inhaltlich eher ein deistischer Gott oder „Gott im Quantenchaos" (Der Spiegel 31/1998, 174) beschrieben wird. Den Bedingungen Attraktivität zu erzeugen, entspricht auch die Dramatisierung, die im Konflikt eher erreicht wird als in der Vermittlung. Deshalb ist Galilei so erfolgreich.

Der Gottesbegriff erfüllte seine Funktion als Dramatisierungsfaktor auch bei der Veröffentlichung der Ergebnisse des Satelliten CoBE am 23.04.1992. Dieser hatte endlich sehr leichte Unregelmäßigkeiten der kosmischen Hintergrundstrahlung entdeckt, die nötig erscheinen, wenn man die Existenz von Galaxien etc. erklären will. Für einen der Projektleiter waren diese Ergebnisse „like seeing the face of God" und ein anderer Kosmologe meinte, man hätte den „Heiligen Gral der Kosmologie" gefunden (zit. nach Gregory/Miller 1998, 151f.).

Dass Dramatisierung jedoch nicht allein die Medien beherrscht, wird am Bekanntheitsgrad des „schwarzen Lochs" deutlich. Ursprünglich von dem Physiker John Wheeler verwendet, wurde es schnell zu der wohl bekanntesten Metapher der Kosmologie. Petra Drewer ist den einzelnen Bedeutungskomponenten nachgegangen, die in der Presse mit dem „schwarzen Loch" verbunden werden, und dabei auf die ganze Fülle der abendländischen Höllenvorstellungen gesto-

---

[3] Dies gilt auch für eher dem östlichen Denken bzw. der Mystik zuzuordnenden Werke wie Capra (1993) und Wilber (1998).

ßen (Drewer 2003, 132-336). Während „Gott" nach wie vor ein Begriff für die (gute) Ordnung der Welt ist, füllt das „schwarze Loch" die Rolle des Teufels.

Schließlich tragen auch Bilder dazu bei, den Zusammenhang zwischen der physikalischen Sicht auf das Universum und religiösen Dimensionen präsent zu halten. Denn die meisten von ihnen sind konstruiert. Zwei Züge fallen daran besonders auf: Zum einen sind die Bilder von Galaxien, Nebeln oder anderen Objekten meist leicht verschmiert, unscharf. Sie erscheinen so, wie das Auge weit entfernte Dinge wahrnimmt. Damit kann im Betrachter die Illusion der überwältigenden Größe erzeugt werden. Zum anderen arbeiten die meisten Bilder mit einem starken Hell-Dunkel-Kontrast und einem gleißenden Licht(punkt). Dies aber sind die klassischen Konditionen, unter denen Theophanien stattfinden. Auch ohne Michelangelos Schöpfung, die gleichwohl oft zitiert wird, können die Bilder so jenen Eindruck der Erhabenheit erzeugen, der sowohl das kindliche Staunen unter dem Sternenhimmel wachruft, als auch das Gefühl „schlechthinniger Abhängigkeit" vermittelt. Und dies kann nur religiös verarbeitet werden.

Lange vor der Konjunktur des Themas Physik und Kosmologie in der Öffentlichkeit widmete sich der Schulunterricht der Frage. Auch hier war zwar der Konflikt Ausgangspunkt der Beschäftigung. Ziel aber war stets eine differenzierende oder vermittelnde Sicht auf das Problem. Geleistet wurde diese über Begriff und Vorstellung der „Weltbilder", deren Geschichte und kulturelle Abhängigkeit behandelt wurde.[4] Allerdings leidet diese Perspektive, die von unterschiedlichen Gegenständen auf unterschiedlichem Realitätsstatus ausgeht, an ihrer Abstraktheit, die es Schülern ebenso wie der Öffentlichkeit erschwert, Zugang zu finden.

Ein letzter Bereich der Popularisierung begegnet in der Literatur und im Kino. Jüngst erreichte Dan Brown mit seinem Thriller „Illuminati" (2003) die Bestsellerlisten. In diesem Roman geht es um die vermeintliche Verschwörung eines geheimen Ordens gegen den Vatikan. Am Schluss findet der Roman genreobligatorisch zu einer überraschenden Wendung. Dabei bleibt allerdings das Motiv des Kampfes der Kirche gegen die Wissenschaft erhalten. Die inhaltliche Auseinandersetzung mit dem Thema gerät bei Brown relativ knapp, wird aber in zweierlei Hinsicht aufgenommen: Zum einen wird der antireligiöse Reflex eines Protagonisten mit seiner Kindheit erklärt, in der seine Eltern ihn beinahe hatten sterben lassen, weil sie nicht der Medizin, sondern Gottes Hilfe vertrauen wollten. Nur das beherzte Eingreifen eines Arztes rettete ihm das Leben, wenn auch im Rollstuhl. Zum anderen kreist die dramatische Handlung des Buches um die

---

[4] Neuere Beispicle für Unterrichtsmaterial: Dietrich (1976/1996); Biewald/Schwarke (2003), theoretisch: Rothnagel (1999), für den Universitätsbereich: Southgate (1999).

Gefahr durch Antimaterie. Man kann das Verhältnis von Materie und Antimaterie als Bild für die Behandlung von Wissenschaft und Kirche im Buch sehen: beide haben viel gemeinsam, zerstören sich aber gegenseitig beim Kontakt.

Ungleich konzentrierter und differenzierter behandelte der Film „Contact" (Regie: Robert Zemeckis, 1997) nach einem Roman des Physikers Carl Sagan das Thema:[5] Die junge, atheistische Wissenschaftlerin Ellie Arroway sucht nach außerirdischen Intelligenzen. Eines Tages empfängt sie Signale. Diese werden als Bauanleitung für eine riesige Maschine entschlüsselt, mit der man vermeintlich zum Planeten Vega gelangt. Eigentlich will die Heldin nun fliegen, aber eine Auswahlkommission entscheidet sich anders, weil Arroway nicht „glaubt" und daher nicht repräsentativ für die Bevölkerung sei. Nach einem fundamentalistisch motivierten Attentat auf die Maschine kann die Heldin schließlich doch fliegen. Die Maschine besteht aus einer Kugel und riesigen rotierenden Ringen, die an das Rutherford-Bohrsche Atommodell erinnern. Während die Ringe vor dem „Start" in schnelle Rotation versetzt werden, besteht der Flug darin, die Kugel in die Maschine fallen zu lassen. Als die Kugel startet, erlebt Arroway einen Flug, dessen Farbenspiel und Dynamik an Kubricks „2001 – Odyssee im Weltraum" angelehnt sind. Am Ende erreicht sie Vega und trifft an einem paradiesischen Strand ihren früh verstorbenen Vater. Wieder auf die Erde zurückgekehrt erfährt Arroway, dass sie gar nicht fort war, sondern schlicht durch die Ringe ins Wasser gefallen ist. So wie die gigantische Maschine ein Atom abbildet, stellt die Fahrt ins Universum eine Reise ins eigene Ich dar. Der Makrokosmos erweist sich als Mikrokosmos. Die Fahrt in den Weltraum lässt den Blick, worauf der Philosoph Hans Blumenberg hinwies, auf die Erde zurückfallen. Niemand glaubt der Wissenschaftlerin, was sie von ihrer Reise berichtet. Sie beruft sich dagegen auf ihre Erfahrung und kann angesichts des Erlösungscharakters dieser Erfahrung nur von Glauben sprechen. Am Ende des Films kehren sich daher die Perspektiven um: Die Atheistin wird zur Gläubigen, die Frommen zu Ungläubigen. Aber sie bleiben unversöhnt. Nur eines verstört die Verantwortlichen: Während der Flug nur einen kurzen Moment dauerte, zeigt die Videokamera an Bord an, dass dort 18 Stunden vergangen sind. So lässt der Film in der Schwebe, was sich im Kopf oder aber im Rahmen der Relativitätstheorie abgespielt hat.

Zusammenfassend lassen sich zwei Ebenen in der Popularisierung der Kosmologie unterscheiden. Einerseits geht es um eine Dramatisierung und Anbindung neuer Erkenntnisse an die Vorstellungswelt der Öffentlichkeit. Die

---

[5] Zum Film vgl. Gerdes (2003).

Zeitschrift „Bild der Wissenschaft" zitierte vor einigen Jahren sogar Francisco Ayala, den Leiter eines Dialog-Projekts der ehrwürdigen American Association for the Advancement of Science, mit der Aussage, dass sich der Gottesbezug in der Kosmologie der tiefen Frömmigkeit der amerikanischen Öffentlichkeit verdanke, die schließlich die Forschung finanziere. Unabhängig von solch strategischen Argumenten muss das gewählte Motiv zur Popularisierung jedoch auch verfangen. Und dies lässt sich vermutlich am besten mit der gemeinsamen Orientierung von Kosmologie und Religion am „Ganzen" erklären. „Gott" steht nach wie vor als Person für das Universum.

Auf einer zweiten Ebene jedoch, dort wo Gott nicht allein als Stichwort fungiert, sondern inhaltlich über das Verhältnis von Kosmologie und Religion oder Theologie diskutiert wird, geht es um andere Dinge. Je nachdem, ob dabei der Konflikt oder der Konsens im Vordergrund stehen, wird eine je unterschiedliche Befreiung gesucht.

4. Konflikt – um der Freiheit vom Glauben willen

Aus nachvollziehbaren Gründen hatte sich die Publikumspresse dem Konfliktmotiv näher gezeigt. Es ist interessanter und wirksamer. Dennoch lässt sich hier auch ein inhaltliches Motiv erkennen. Denn jedes Mal, wenn auf Galilei rekurriert wird, kann sich die neuzeitliche Wissenschaft (und die Bevölkerung) ihrer Freiheit vom dogmatischen Zwang vergewissern. Hier wird die Konstitutionsbedingung neuzeitlicher Freiheit erinnert. Deshalb kann und darf der Mythos von Galilei sich nicht ändern. Denn es geht um die Früchte, nicht um die historische Wahrheit. Es geht um die Freiheit der Wissenschaft und die Freiheit der Erkenntnis.

In gewandelter und reflektierterer Form begegnet dieses Motiv auch bei Lee Smolin. Er bleibt nicht beim platten Gegensatz, sondern verfolgt die Prämissen des Dogmatismus gleichsam bis in die allgemeinen Denkvoraussetzungen des Abendlandes. Aus diesen möchte er sich befreien und probieren, ob man das Universum nicht doch von innen heraus verstehen kann. Dabei ist ihm sehr deutlich, dass sein Anliegen sich einerseits dem Emanzipationsinteresse seiner Generation verdankt und andererseits daran arbeitet, angesichts von Bedrohungen durch Umweltkrise und Kriege, „Kosmologien des Überlebens" (Smolin 1999, 353) zu entwickeln.

Auch Stephen Hawking sucht scheinbar letztlich nach der Freiheit, die aus dem Wissen resultiert. Deutlicher aber wird der Impuls noch bei Frank Tipler. Seine „Physik der Unsterblichkeit" will ja weniger die Theologie polemisch ersetzen als sie vielmehr im Hegelschen Sinne aufheben. Die Physik verstehe besser als die Religion, was diese eigentlich meine. Und die Physik könne es zudem beweisen. Tipler sucht die Freiheit von den Restriktionen, an die biologisches Leben gekoppelt ist. Sein Entwurf ist ein Beispiel für das von Wertheim behauptete Kontinuum zwischen Physik und Theologie. Insofern seine „Unsterblichkeit" auf eine technische Realisierung der eschatologischen Hoffnung des Christentums zielt, sucht sie letztlich die Freiheit davon, nur glauben zu müssen, was man in Tiplers Augen lieber wüsste.[6]

Am eindringlichsten wird der Unterschied zwischen Physik und Religion von Steven Weinberg beschworen:

> Es wäre ein überzeugender Hinweis auf einen gütigen Schöpfer, wenn das Leben besser wäre, als wir es erwarten können. [...] Ich halte es hier nicht für notwendig zu begründen, warum das Böse in der Welt beweist, daß das Universum nicht geschaffen wurde, sondern nur, daß es keine Anzeichen von Güte gibt, die die Handschrift eines Schöpfers zeigen. (Bild der Wissenschaft 12/1999, 49)

Weinbergs Äußerungen hier und an anderen Stellen seines Werkes zeigen, dass der Konflikt zwischen Naturwissenschaft und Theologie nicht nur ein Kampf um die Wissenschaft ist, sondern um die Frage nach dem Sinn des je eigenen Lebens. Nicht zuletzt deshalb ist die Frage nach dem Verhältnis zwischen wissenschaftlicher und religiöser Kosmologie eine zutiefst öffentliche Angelegenheit, die in gewissem Sinne nicht popularisiert wird, sondern hier entspringt. Für Weinberg geht es dabei um die Freiheit, nicht glauben zu müssen, weil die Religion zuviel Böses legitimiert habe: „Eine der größten Errungenschaften der Wissenschaft ist nicht, es intelligenten Leuten unmöglich zu machen, religiös zu sein, sondern es ihnen zumindest zu ermöglichen, nicht religiös zu sein. Dahinter sollten wir nicht zurückfallen" (Bild der Wissenschaft 12/1999, 49). Genau an diesem Punkt aber schlägt die Konfrontation um in die Arbeit an einer Vermittlung der Perspektiven. Denn wer sich nicht abfinden will mit der Unsichtbarkeit von Sinn braucht eine Freiheit *zur* Religion.

---

[6] Tiplers Ansatz ist dem von Hans Moravec (1996) verwandt. Die Computeranalogie findet sich auch in anderen Arbeiten (vgl. Barrow 1992, 259ff.). Bereits 1986 griff John Updike in seinem Roman „Rogers Version" die Idee auf, Gott durch ein Computerprogramm zu beweisen. Ein junger Student will dies entwickeln, muss sich aber dabei mit einem Theologieprofessor aus Harvard auseinandersetzen (Updike 1986).

5. Vermittlung – um der Freiheit zum Glauben willen

In seiner Antwort auf den Beitrag von Steven Weinberg geht der Physiker und
Theologie Sir John Polkinghorne auf die Skepsis ein. Während Polkinghorne auf
der kognitiven Ebene die theistische Hypothese gegenüber allen materialisti-
schen Theorien für die „ökonomischere Erklärung" des Universums hält, geht es
auch ihm eigentlich um die Sinnfrage:

> Sollte uns nicht unser Sinn für Werte gegen diese seltsame, bittere Schöpfung
> rebellieren lassen? [...] Ich stimme mit Steven Weinberg darin überein, daß die
> augenscheinliche kosmische Nichtigkeit ein wichtiges Thema ist. Es ist die Fra-
> ge, ob das Universum einen vollkommenen Sinn hat oder nicht. In der Antwort
> darauf haben wir verschiedene Meinungen. Das ist möglich, weil niemand von
> uns den Zugang zu metaphysischen Gewißheiten besitzt. (Bild der Wissenschaft
> 12/1999, 51)

Es geht um die Freiheit, zu glauben, bzw. die Sinnhaftigkeit des Universums
auch gegen Erfahrungen von Nichtigkeit als Prämisse anzunehmen. Daher gehen
die Vermittlungsbemühungen sowohl von Theologen als auch von Physikern
stets mit der Relativierung der Erkenntnisgewissheiten der Physik einher.

Die Operationen, die dazu nötig sind, stellen sich allerdings im Rahmen
eines immer noch an der klassischen Physik orientierten „gesunden Menschen-
verstandes" als relativ komplex heraus. Das ist ein Grund, warum einer Popularisierung (auch des Fachdiskurses) Grenzen gesetzt sind. Paul Davies und Kitty
Ferguson stellen hier wahrscheinlich die erfolgreichsten Beispiele dar. Ihre Bemühungen zielen, wie auch die Bildungsanstrengungen im Religionsunterricht
auf eine Pluralisierung der Zugänge. Dies kann, wie im Falle Margaret Wert-
heims auch politische Dimensionen annehmen, wenn sie im Blick auf die Betei-
ligung von Frauen für eine Demokratisierung der Wissenschaft selbst eintritt.[7]

Dem Postulat der vielen Universen, das von einigen Physikern eingeführt
wurde, um das Paradox der Singularität zu umschiffen, entspricht auf der Seite
der Vermittlungstheoretiker das Postulat einer Mehrheit von Welten in unserem
Kopf. Diese müssen gleichwohl miteinander in Beziehung gesetzt werden, was
nur gelingen kann, wenn man der „impliziten Axiome"[8] ansichtig wird, von der
die Physik- bzw. die Religionswelten geleitet sind. In dieser Freiheit und Denk-

---

[7] Dies ist ein Motiv, das auch der Film „Contact" aufnimmt.
[8] Ritschl (1984, 142ff.) meint damit Grundannahmen, die unser Denken steuern, die aber
nicht notwendig immer ausformuliert sind.

räume eröffnenden Pluralität liegt der Bildungsaspekt einer Beschäftigung mit der Schnittstelle zwischen Kosmologie und Theologie und ihrer Popularisierung. Freiheit aber ist, wie schon Immanuel Kant verzeichnete, so unsichtbar wie erkenntnistheoretisch und lebenspraktisch unverzichtbar. Deshalb ist der medial immer wieder aufgelegte Konflikt um die Freiheit zwischen Kosmologie und Theologie vielleicht nicht nur ein weiteres Beispiel des beklagenswerten Datenverlustes der Wissenschaft auf dem Weg zur Öffentlichkeit. Er ist vielmehr ein Ausdruck dafür, dass wir der Freiheit die Expansion unseres naturwissenschaftlichen und theologischen Wissens verdanken. Die Themen der Kosmologie lauten: „Gott, Freiheit und Unsterblichkeit". Es war ebenfalls bereits Kant, der sie als jene dunkle Materie im Zentrum des Spiralnebels erkannte, den wir Vernunft nennen. Und genau darum kreisen wir noch heute.

Literatur

Baasner, R., 2002: Bedingungen, Ziele und Mittel der Popularisierung von Wissen im 18. Jahrhundert, in: Wolfschmidt, G. (Hg.): *Popularisierung der Naturwissenschaften*, Berlin/Diepholz, S. 39-51.

Barrow, J.D., 1992: *Theorien für Alles. Die philosophischen Ansätze der modernen Physik*, Heidelberg (engl. Theories of Everything, Oxford/New York 1990).

Barrow, J.D., 1993: *Die Natur der Natur. Wissen an den Grenzen von Raum und Zeit*, Heidelberg/Berlin/Oxford (engl. The World within the World, Oxford/New York 1988).

Benz, A., 2001: *Die Zukunft des Universums. Zufall, Chaos, Gott?* München.

Brockhaus-Redaktion 1999: *Vom Urknall zum Menschen*, Brockhaus Mensch-Natur-Technik, Leipzig/Mannheim.

Brooke, J.H., 1991: *Science and Religion. Some Historical Perspectives*, Cambridge.

Brooke, J.H., Cantor, G., 1998: The Contemporary Relevance of the Galilio Affair, in: Dies.: *Reconstructing Nature. The Engagement of Science and Religion*, New York/Oxford, 106-138.

Brown, D., 2003: *Illuminati*, Bergisch Gladbach (engl. Angels & Demons, New York 2000).

Capra, F., 1993: *Das Tao der Physik. Die Konvergenz von westlicher und östlicher Philosophie*, Bern/München/Wien. (engl. The Tao of Physics, London 1975).

Coyne, G.V., 2000: Was wusste Gott?, in: *Der Spiegel*, H. 52, S. 118-122.

Daum, A., 1998: *Wissenschaftspopularisierung im 19. Jahrhundert. Bürgerliche Kultur, naturwissenschaftliche Bildung und die deutsche Öffentlichkeit, 1848-1914*, München.

Davies, P., 1995: *Der Plan Gottes. Das Rätsel unserer Existenz und die Wissenschaft*, Frankfurt/M./Leipzig. (engl. The Mind of God. Science and the Search for Ultimate Meaning, London 1992).

Dietrich, V.-J., 1976/2003: *Glaube und Naturwissenschaft*, (Oberstufe Religion 2), Stuttgart.

Draper, J., 1875: *Geschichte der Conflicte zwischen Religion und Wissenschaft*, Leipzig.

Drewer, P., 2003: *Die kognitive Metapher als Werkzeug des Denkens. Zur Rolle der Analogie bei der Gewinnung und Vermittlung wissenschaftlicher Erkenntnisse*, Tübingen.

Ferguson, K., 2002: *Gott und die Gesetze des Universums*, München (engl. The Fire In The Equations, London 1994).

Ferngren, G. (Hg.), 2000: *The History of Science and Religion in the Western Tradition: An Encyclopedia*, New York/London.

Galilei, G., 1980: *Nuncius Sidereus. Nachricht von neuen Sternen*, hg. und eingel. von Hans Blumenberg, Frankfurt/M.

Gerdes, J., 2003: Contact, in: Koebner, Th. (Hg.): *Filmgenres: Science Fiction*, Stuttgart,. 497-504.

Gregory, J.; Miller, S., 1998: *Science in Public. Communication, Culture, and Credibility*, New York/London.

Hawking, St., 1991: *Eine kurze Geschichte der Zeit*, Reinbek. (engl. A Brief History of Time. From the Big Bang to Black Holes, London 1988).

Johannes Paul II., 1992: Ansprache an die Päpstliche Akademie der Wissenschaften am 31.10.1992, in: Dorschner, J. (Hg.): *Der Kosmos als Schöpfung. Zum Stand des Gesprächs zwischen Naturwissenschaft und Theologie*, Regensburg, 215-224.

Kemp, M., 2003: Galileis makelhafter Mond, in: Ders.: *Bilderwissen. Die Anschaulichkeit naturwissenschaftlicher Phänomene*, Köln, 66-68.

Klein, St., 2004: *Die Tagebücher der Schöpfung. Vom Urknall zum geklonten Menschen*, München.

Krötke, W., 2002: *Erschaffen und erforscht. Mensch und Universum in Theologie und Naturwissenschaft*, Berlin.

Krolzik, U., 1996: Art. Physikotheologie, in: *Theologische Realenzyklopädie*, Bd. 20., Berlin, 590-596.

Lindberg, D.; Numbers, R., 1986: *God and Nature. Historical Essays on the Encounter between Christianity and Science*, Berkeley.

McGrath, A.E., 2001: *Naturwissenschaft und Religion. Eine Einführung*, Freiburg.

Moravec, H., 1996: Körper, Roboter und Geist, in: Maar, C.; Pöppel, E.; Christaller, T. (Hg.): *Die Technik auf dem Weg zur Seele. Forschungen an der Schnittstelle Gehirn / Computer*, Reinbek, 162-195.

Müsch, I., 2000: *Geheiligte Naturwissenschaft. Die Kupfer-Bibel des Johann Jakob Scheuchzer*, Göttingen

Panek, R., 2001: *Das Auge Gottes. Das Teleskop und die lange Entdeckung der Unendlichkeit*, Stuttgart (München 2004) (engl. Seeing and Believing. How the Telescope Opened Our Eyes and Minds to the Heavens, London 2000).

Polkinghorne, J., 2001: *Theologie und Naturwissenschaften. Eine Einführung*, Gütersloh.

Rees, M., 1999: *Vor dem Anfang. Eine Geschichte des Universums*, Frankfurt/M. (engl. Before the Beginning. Our Universe and Others, London 1997).

Ritschl, D., 1984: *Zur Logik der Theologie*, München.

Rothnagel, M., 1999: *Naturwissenschaft und Theologie. Wissenschaftstheoretische Gesichtspunkte im Horizont religionspädagogischer Überlegungen*, Göttingen.

Schulz, P., 1979: *Ist Gott eine mathematische Formel? Ein Pastor im Glaubensprozess seiner Kirche*, Reinbek.

Schwarke, C.; Biewald, R., 2003: *Weltbilder – Menschenbilder. Naturwissenschaft und Theologie im Dialog*, (Themenhefte Religion 3), Leipzig.

Schwarz, A., 1999: *Der Schlüssel zur modernen Welt. Wissenschaftspopularisierung in Großbritannien und Deutschland im Übergang zur Moderne (ca. 1870-194)*, Stuttgart.

Shea, W., 1986: Galileo and the Churches, in: Lindberg, D.; Numbers, R. (Hg.): *God and Nature. Historical Essays on the Encounter between Christianity and Science*, Berkeley, 114-135.

Smolin, L., 1999: *Warum gibt es die Welt? Die Evolution des Kosmos*, München (engl. The Life of the Cosmos, Oxford 1997).

Southgate, C., 1999: *God, Humanity and the Cosmos. A Textbook in Science and Religion,* London (repr. Harrisburg, PA. 2003).

Tipler, F., 1994: *Die Physik der Unsterblichkeit. Moderne Kosmologie, Gott und die Auferstehung der Toten,* München (engl. The Physics of Immortality, New York 1994).

Updike, J., 1986: *Roger's Version,* New York (dt. Das Gottesprogramm. Rogers Version, Reinbek 1988).

Utzt, S., 2004: *Astronomie und Anschaulichkeit. Die Bilder der populären Astronomie des 19. Jahrhunderts,* Frankfurt/M.

Wertheim, M., 2001: *Die Hosen des Pythagoras. Physik, Gott und die Frauen,* München (Zürich 1998; engl. Pythagoras' Trousers, New York 1995).

White, A. D., 1911: Geschichte der Fehde zwischen Wissenschaft und Theologie in der Christenheit, Leipzig.

Wilber, K., 1998: *Naturwissenschaft und Religion. Die Versöhnung von Wissen und Weisheit,* Frankfurt am Main (engl. The Marriage of Sense and Soul, New York 1998).

Hubert Meisinger

Die Himmelsleiter
Eine Predigt zur Schöpfung und zu Gott *in* der Zeit

Die Liebe Gottes, die Gnade Jesu Christi und die Gemeinschaft des Heiligen Geistes sei mit euch allen. Amen.[1]

> Himmel, Erde, Luft und Meer zeugen von des Schöpfers Ehr.[2]

Alles Geschaffene weist auf Gott hin. Anklänge an eine natürliche Theologie, die sich in diesem Lied aus dem 17. Jahrhundert finden.

> Ach mein Gott, wie wunderbar stellst du dich der Seele dar! Drücke stets in meinen Sinn, was du bist und was ich bin.[3]

Wie durch einen Stempel soll Gott uns nach Ansicht des Verfassers dieses Textes immer deutlich machen, wie unterschiedlich Gott und Menschen sind. Auf der einen Seite Gott, der Schöpfer – auf der anderen Seite der Mensch, das Geschöpf.

Ähnliche Gedanken haben wir in der Lesung in Psalm 8, Vers 4-5, gesprochen:

> Wenn ich sehe die Himmel, deiner Finger Werk, den Mond und die Sterne, die du bereitet hast: was ist der Mensch, dass du seiner gedenkst, und des Menschen Kind, dass du dich seiner annimmst?

Erstaunt betrachtet der Beter des 8. Psalm die von Gott geschaffene Wirklichkeit und wird sich dabei der Rolle des Menschen in dieser Schöpfung unsicher.

---

[1] Diesem Beitrag liegt eine Predigt aus einem Gottesdienst am 18. Januar 2004 auf der Tagung „Urknall und Sternenstaub" der Ev. Akademie Arnoldshain zugrunde.

[2] Dieses Zitat nimmt Bezug auf die erste Strophe des Liedes vor der Predigt: Evangelisches Gesangbuch. Ausgabe für die Evangelische Kirche in Hessen und Nassau EG 504: „Himmel, Erde, Luft und Meer zeugen von des Schöpfers Ehr; meine Seele, singe du, bring auch jetzt dein Lob herzu." Der Text stammt von Joachim Neander (1650-1680), die Melodie von Georg Christoph Strattner (1645-1704).

[3] So der Text der letzten Strophe des Liedes vor der Predigt, EG 504.

Aber Psalm 8 führt in Vers 6 dann weiter aus:

> Du hast ihn wenig niedriger gemacht als Gott, mit Ehre und Herrlichkeit hast du ihn gekrönt.

Diese Dialektik, von der Psalm 8 spricht, ist bis heute zum Teil unerreicht.

Ein eigenartiges und uneindeutiges Verhältnis, das hier zwischen Himmel und Menschen geschildert wird. Der Himmel weist auf Gottes Größe und Macht hin, der Mensch erkennt diesen Gott und Gottes Anders-Sein vermittelt über Himmel und sonstiges Geschaffene.

Im Alten wie im Neuen Testament und auch in der Kirchen- und Religionsgeschichte finden sich viele Stellen, die dem Gedanken der Macht und Weltüberlegenheit Gottes Ausdruck verleihen, indem sie betonen, dass Gott im Himmel präsent ist. Dieses Sein Gottes im Himmel ist religiös ausgesprochen eindrücklich und geht sogar so weit, dass Gott und Himmel synonym genannt werden können.

Gottes Macht, Weltüberlegenheit, Besonderheit und Andersartigkeit, sozusagen „die Differenz schlechthin", die sich durch Gottes Sein im Himmel begrifflich fassen lässt, leitet bis heute theologische Reflexionen in theologischer Wissenschaft und theologischer Praxis.

Wie oft erliegen Predigerinnen und Prediger am Grab aber dann der Versuchung, den Himmel Gottes mit dem sichtbaren, phänomenalen Himmel gleichzusetzen? Es ist meines Erachtens ein zu billiger Trost zu sagen, dass die Verstorbene uns vielleicht gerade aus dem Himmel herab zuschaue, weil sie ja bei Gott sei.

Bei Karl Barth, einem der größten Theologen des 20. Jahrhunderts, spielte diese Unterscheidung von Gott und Mensch eine zentrale Rolle. Aber wenn er mit „himmelwärts" weisenden Wendungen versucht, das Verhältnis Gottes zu uns Menschen auszudrücken, „Licht von oben", „Bewegung senkrecht von oben her", dann ist er sicher nicht so naiv gewesen, an den Himmel, der Englisch mit „sky" bezeichnet wird, zu denken. Auch er dürfte den „heaven", den Himmel Gottes, im Sinn gehabt haben, um die Differenz und gleichzeitig die Beziehung zwischen Gott und Mensch zum Ausdruck zu bringen. Denn auch wenn sich immer wieder Identifikationen von Gott und Himmel finden, so ist der Himmel doch in einer Mehrzahl von biblischen Überlieferungen eindeutig von Gott geschaffen – wie wir Menschen.

Michael Welker[4] unternimmt einen äußerst interessanten und spannenden Versuch, anhand dieser Überlegungen über Schöpfung nachzudenken.

Der Himmel, so sagt er, sei auch in den biblischen Überlieferungen weitgehend der Himmel, der unserer sinnlichen Wahrnehmung direkt zugänglich ist, eben der „sky". Der sichtbare Luftraum über der Erde, Licht und Finsternis, Wärme und Regen, Hagel, Blitz und Donner kommen vom Himmel, bestimmen als natürliche Kräfte das Leben auf der Erde. Sie determinieren, prägen, verändern sowohl das biologische als auch das kulturelle Leben in vielen seiner Formen. Zugleich stehen sie nicht in der Verfügungsgewalt der Menschen, die diese Kräfte als unzugänglich, unmanipulierbar, gewissermaßen „transzendent" erleben.

Aber auch andere, nicht-natürliche Qualitäten kommen dem Himmel zu, die dem reinen „sky" nicht zugeordnet werden können – historische und soziale Kräfte.

Dennoch bleibe dieser Himmel, der unserer Gestaltung unzugänglich und unverfügbar ist und der mit Kräften ausgestattet ist, die über Leben und Tod auf Erden entscheiden können, von grundsätzlich gleicher Grundbeschaffenheit wie die zugängliche Erde. Michael Welker schließt daraus auf einen „Grundzusammenhang, eine letzte Homogenität der Wirklichkeit." Er schreibt:

> Nicht letztlich völlig erratisch bleibende Kräfte treiben ihr gefährliches Spiel mit uns, sondern Geschöpfliches wirkt auf Geschöpfliches. [...] Indem der Himmel ‚Geschöpf' ist, sind seine natürlichen und kulturellen Kräfte [...] Gottes Willen unterworfen, prinzipiell gehalten und – wie eine säkulare Perspektive formulieren würde – einem letzten Zusammenhang von Ordnungen und Interdependenzen angehörend, der prinzipiell erschließbar ist. [...] Dank der ‚Einwohnung Gottes im Himmel', dank dieser schöpferischen Präsenz, können die Mächte des Himmels nicht von koboldhafter Bizarrheit und schicksalhafter Willkür sein.

Dieser Gedanke, dass ein Ordnungszusammenhang sowohl im Verfügbaren als auch im Unverfügbaren, im Zugänglichen als auch im Unzugänglichen unterstellt werden kann, ist keineswegs selbstverständlich. Er gründet im Vertrauen auf Gottes Treue und in einer sensiblen Interpretation der biblischen Schöpfungsberichte, nach denen der Himmel auf die Erde hingeordnet, auf die irdischen Kreaturen, die Menschen und ihre Wahrnehmungsfähigkeit hin geschaffen ist. Der Kosmos als wohlgeordnetes Ganzes.

---

[4] Ich beziehe mich im Folgenden auf Welker (1995, Kap. 3).

Ich möchte an diese Überlegungen drei Bemerkungen anknüpfen, mit denen ich Sie einladen möchte, weiter über Schöpfung, Himmel und Mensch nachzudenken.

Zum einen möchte ich vorläufige und vorsichtige Überlegungen zu einem in den biblischen Schriften meines Erachtens angelegten, aber nicht wirklich formuliertem Gottesbild vorstellen, das sich vom herkömmlichen Gottesbild unterscheidet.

Dann möchte ich kurz über die Rolle des Menschen in der Schöpfung reflektieren.

Schließen werde ich mit einigen Bemerkungen über die Rolle der Zeit, vor allen Dingen der Zukunft und der damit verbundenen Hoffnung auf Neues.

1. Zum Gottesbild

In 2. Mose 3,14 stehen Worte, die als „Selbstvorstellung" Gottes bezeichnet werden. Auf Hebräisch steht dort, was sich nur äußerst schwer ins Deutsche übertragen lässt, da das Verb, das verwendet wird, und die Zeitform, in der das Verb auftaucht, keine direkten Parallelen in der deutschen Sprache haben. Üblicherweise lautet die Übersetzung „Ich bin, der ich bin" oder „Ich werde sein, der ich sein werde" – aber das wird dem hebräischen Text nur in Ansätzen gerecht. Das hebräische Wort stellt nämlich eine Kombination aus Gegenwart, also „ich bin, der ich bin", und Zukunft, also „ich werde sein, der ich sein werde", dar. Und es stellt noch eine Beziehung her: „Ich bin da bei euch als der ich bei euch da sein werde".

Das ist gerade in dieser engen Verwobenheit von Gegenwart und Zukunft eine sehr anregende und herausfordernde Gottesvorstellung. Denn sie weist darauf hin, dass Gottesbilder nicht an zeitlosen und ewigen Wesensaussagen Gottes interessiert sind, sondern dass sie *Gott in die Zeit* bringen. Und das hat Konsequenzen, denn charakteristisch für die Zeit ist ihr Werden und Vergehen – ein Werden und Vergehen, das mehr ist als eine Aneinanderreihung von Augenblicken. Wir erkennen Gott über dieses Werden und Vergehen, und ich wage zu überlegen, ob Gott nicht selbst an diesem Werden und Vergehen Anteil hat.[5]

---

[5] Dies ist ein Gedanke, der vor allem in der Prozessphilosophie von Alfred North Whitehead und in deren Gefolge von der Prozesstheologie entwickelt wurde. Vgl. Whitehead (1979) und Cobb/Griffin (1979). Inwiefern der Übergang aus der Epistemologie in die Ontologie gerechtfertigt ist, konnte im Rahmen der Predigt nicht weiter diskutiert werden, soll hier aber als Problemanzeige genannt werden.

Gott wäre dann nicht schon immer und für alle Zeit gleich, sondern hätte selbst eine Zukunft vor sich: „Ich werde da sein bei euch als der ich bei euch da sein werde" – wie genau das aussehen wird, wie uns Gott begegnen wird, das werden wir dann noch erkennen, wenn wir unsere Sensoren darauf vorbereiten.

Wenn ich das als Wunsch für Gott formulieren darf: Ich wünschte mir für Gott, dass Gott selber gespannt ist, wie Gott dann sein wird – oder anders formuliert: auch Gott hat hoffentlich Freude an seiner oder ihrer Entwicklung.

Im eingangs zitierten Lied müsste es dann nicht mehr heißen: „Drücke stets in meinen Sinn, was du bist und was ich bin", sondern: „was du sein wirst und was ich werde". In dieser Unabgeschlossenheit unseres Lebens und Gottes Lebens ist Gott uns nahe. Die Treue Gottes würde sich dann nicht unbedingt in einem Ordnungszusammenhang widerspiegeln, sondern gerade auch in den letztlich nicht ableitbaren, „chaotischen" Bifurkationspunkten unseres Lebens.

2. Mensch und Schöpfung

Der dialektische Gedanke von Psalm 8 – „Was ist der Mensch, dass du seiner gedenkst / Du hast ihn wenig niedriger gemacht als Gott" – wird in der meines Erachtens hervorragenden theologischen Anthropologie des amerikanischen Theologen Philip Hefner (1993; vgl. Meisinger 1996, 283-291) aufgegriffen. In kritischer Zeitgenossenschaft der Theologie und der Kirche mit aktueller Naturwissenschaft spricht Hefner vom Menschen als dem „geschaffenen Mit-Schöpfer". Dieses Konzept verbindet unterschiedliche Aussagen über den Menschen und artikuliert sie, indem es naturwissenschaftliche Betrachtungen des Menschen einbezieht:

Aus unserer christlichen Tradition heraus verstehen wir den Menschen als eines von Gottes Geschöpfen – egal, ob man dabei an eine Schöpfung aus dem Chaos oder dem Nichts oder eine creatio continua, eine fortdauernde Schöpfung, denkt. Der Mensch wird als Gottes Ebenbild gesehen, der von Anbeginn seines Lebens an unter der Gnade Gottes steht. Diese Tradition weist ebenfalls auf die Verfehlung, die Schuld und die Sünde als ein konstitutives Element des Menschseins hin.

Unser gegenwärtiges naturwissenschaftliches Wissen über den Menschen beschreibt ihn als ein Geschöpf, das aus dem evolutionären Prozess heraus entstanden und Teil desselben ist. Unsere Physiologie, unser aufrechter Gang, unser Gehirn – alles ist Produkt der Evolution. Und damit auch unser Bewusstsein, unser Selbstbewusstsein, ethisches Denken und symbolisches Reflexionsvermögen. Der Mensch ist sowohl Produkt der biologischen wie der kulturellen Evolution – in einer einzigartigen Symbiose, die letztlich dazu geführt hat, dass wir scheinbar diesen gesamten Planeten beherrschen und ihm unseren kulturellen Stempel aufdrücken.

Damit weisen sowohl die Theologie wie die Naturwissenschaften darauf hin, dass wir „geschaffen" sind und wir uns nicht uns selbst verdanken.

Die Naturwissenschaften betonen darüber hinaus noch die kreativen und co-kreativen Seiten unserer menschlichen Natur, die sich von unserem Gehirn und seinem Leistungsvermögen z.B. in der Kultur ausdrücken. Als solche „geschaffenen Mit-Schöpfer" spielen wir mit im Konzert des evolutionären Prozesses, der uns hervorgebracht hat, und ebenso natürlich auch im Konzert mit allen anderen Kräften, die diesen evolutionären Prozess vorwärts bringen.

Sie hören: eine enge Einbindung des Menschen in die Natur, aus der erst eine auch distanzierte Beziehung hervor geht – ähnlich wie vorhin von Michael Welker in Anknüpfung an Barth beschrieben.

Unsere „Sündhaftigkeit" muss dann im Anschluss an Philip Hefner folgendermaßen verstanden werden: Wir sind keine sündhaften, fehlerhaften Menschen, weil wir solche Gehirne und Kulturen entwickelt haben und auch nicht wegen der Visionen, die wir uns ausdenken können. Wir sind deshalb sündhafte Menschen, weil wir unsere „geschaffene Mit-Geschöpflichkeit" als Gottes Geschöpfe und Ebenbilder Gottes nicht wahrhaft ausüben. Wir scheinen nicht in der Lage zu sein, unsere Kultur so zu gestalten, dass sie sowohl den menschlichen Interessen wie denen der restlichen Natur dient. Die vielfach verdrängte ökologische Krise, die so relevant wie eh und je ist, ist ein deutliches Zeichen dafür. Es ist eine Krise unserer Kultur, und in ihrer Essenz eine Krise des geschaffenen Mit-Schöpfers.

Das Substantiv Mit-Schöpfer korrespondiert dabei mit der Freiheit der Menschen zu eigenen Entscheidungen, durch die sie an der intentionalen Erfüllung von Gottes Willen partizipieren können. Dadurch kommt eine eschatologisch (-teleologische) Perspektive ins Spiel, bei der gefragt wird, in welche Richtung sich der Mensch und der evolutive Prozess insgesamt entwickeln. Gewissermaßen die Frage nach dem „neuen Himmel" und der „neuen Erde", die die alttestamentliche Prophetie ebenso bewegte wie die neutestamentliche Apokalypse. Und die natürlich auch den Naturwissenschaften nicht fremd ist. Hefner zufolge wird damit keine Übereinstimmung des Menschen mit Gott als Schöpfer ausgesagt, wohl aber eine besondere Qualität des Menschen als *imago dei* gegenüber der sonstigen Schöpfung. In ihm gelange die Symbiose zwischen Genen und Kultur zu ihrem vorläufigen Höhepunkt, so dass Hefner vom Homo sapiens als einem „Vorschlag für die zukünftige Evolution auf diesem Planeten" sprechen kann mit der Aufgabe einer nicht-anthropozentrischen Stellvertretung für die gesamte Schöpfung. Jesus Christus sei dabei das „paradigm, the model of what it means to be human in the image of God, of what it means to be the human being that God intended" (Hefner 1993, 243). Konkret denkt Hefner dabei an das Prinzip der universalen Liebe als Wille Gottes, die alle Grenzen sprenge. In ihr nutze der Mensch seine Freiheit zum Guten.

Mit diesen Überlegungen sind wir bei meinen abschließenden Bemerkungen zur Rolle der Zukunft und der Hoffnung auf Neues angekommen.

3. Die Rolle der Zukunft

„Im Blick auf die Zukunft und in der Hoffnung begegnen sich Naturwissenschaft und Religion", schreibt der Schweizer Astrophysiker Arnold Benz (1997, 199). Und er schränkt gleich darauf ein: „Es gibt keine naturwissenschaftlich beweisbare Hoffnung." (1997, 207) Allenfalls Visionen, wie sie – so möchte ich meinen – Herr Bush mit seinem Wählerinnen und Wähler heischenden Mars-Projekt wieder einmal beschwört.[6] Hoffnung, so Benz, böte allein der christliche Glaube.

So müssen wir uns als heutige, naturwissenschaftlich denkende Menschen damit begnügen, dass pure „Dass" der Hoffnung zu akzeptieren (vgl. Benz 1997, 208). Ein „Wie" muss in den Hintergrund treten. Hoffnung auf das Entstehen von Neuem – wohlgemerkt nicht gleichbedeutend mit Verschonung vor einer Krise –, Hoffnung auf das Entstehen von Neuem ist eine tief religiöse Erfahrung.

Damit tritt eine Zukunft ins Blickfeld, die von der Dauer des Wartens, bis das Neue eintritt, geprägt ist. Es ist eine Zukunft, die mir von meiner Gegenwart aus nicht zugänglich ist. Die sich mir erst erschließt und die ich erst dann zu deuten vermag, wenn sie mich von der Zukunft her erreicht hat.

Diese Zukunft, diesen neuen Himmel und diese neue Erde, können wir als einen Teil der von ihr wiederum zu unterscheidenden Ewigkeit Gottes[7] verstehen, in die hinein Gott uns immer schon einen Schritt voraus ist in Gottes Werden.

---

[6] Die Predigt wurde gehalten, als Wahlkampf in den USA stattfand und der regierende Präsident George Bush das Mars-Projekt wieder in die Diskussion einbrachte.

[7] Zur Bedeutung der Ewigkeit in einer Theologie der Zeit vgl. Jackelén (2002, bes. Kap. 4, 249-313).

Die religiöse Hoffnung auf Neues wiederum lässt sich in naturwissenschaftlicher Metaphorik formulieren. Arnold Benz (1997, 210) nutzt dazu die Form eines „Ich-bin-Wortes" Jesu:[8]

> Jesus sagt: Ich bin das wahre Neue. Wer auf mich vertraut, hat teil am Sinn des Ganzen trotz Zerfall und Tod, auch wenn die Sonne verglühen, die Erde sich im Raum verirren und das Universum zerstrahlen wird.

Ich wünsche mir, dass wir alle einer für uns und vielleicht auch für Gott offenen und spannenden Zukunft entgegen gehen, in der enthüllt werden wird, wie alles neu gemacht werden wird, wer oder was Gott und die Geschöpfe werden und welche Himmelsleiter Gott zu den Menschen und die Menschen zu Gott führen wird.[9]

Amen.

Literatur

Benz, A., 1997: *Die Zukunft des Universums. Zufall, Chaos, Gott?*, Düsseldorf.

Cobb, J. B.; Griffin, D. R. (Hg.), 1979: *Prozess-Theologie. Eine einführende Darstellung*, Göttingen.

Hefner, P., 1993: *The Human Factor. Evolution, Culture, and Religion, Theology and the Sciences*, Minneapolis.

Jackelén, A., 2002: *Zeit und Ewigkeit. Die Frage der Zeit in Kirche, Naturwissenschaft und Theologie*, Neukirchen.

Meisinger, H., 1996: *Liebesgebot und Altruismusforschung. Ein exegetischer Beitrag zum Dialog zwischen Theologie und Naturwissenschaft*, NTOA 33, Freiburg (Schweiz)/Göttingen.

Welker, M., 1995: *Schöpfung und Wirklichkeit*, Neukirchener Beiträge zur Systematischen Theologie Bd. 13, Neukirchen-Vluyn.

Whitehead, A. N., 1979: *Prozess und Realität. Entwurf einer Kosmologie*, Frankfurt/M.

---

[8] Die sogenannten „Ich-bin-Worte" Jesu finden sich im Johannesevangelium (Joh 14,6 u.a.). Sie enthalten, so Benz, die hoffnungsvolle Verheißung, dass die Krise – sei es Hunger, Durst, Orientierungslosigkeit oder Tod – überwunden wird, ohne jedoch anzugeben, wie das konkret vor sich gehen wird.

[9] Mit diesen Sätzen nehme ich Bezug auf 1. Mose 28 und das Bild „Noch verhängt" von Tadeusz Boruta von 1990, das abschließend in der Predigt gezeigt wurde.

Harald Lesch

Sind wir allein im Universum?
Ein Vortrag zu den Bedingungen des Lebens

1. Ein irdischer Markt für Außerirdisches

Eine allseits bekannte und beliebte Lebensform, die offenbar außer uns das Universum bevölkert, sind die sogenannten Außerirdischen (ETs).

Sie scheinen in unglaublicher Anzahl hier zu landen, abzustürzen, Menschen zu entführen, zu vergewaltigen, grausig durch medizinische Untersuchungen zu entstellen und seit 50 Jahren mit den Regierungen der Supermächte zusammenzuarbeiten. So und nicht anders verhalten sich unsere intergalaktischen Brüder (und Schwestern?), glaubt man den diversen Sachbuchautoren, Talk-Shows, TV-Dokumentationen, Presseberichten etc. Dieses himmlische Thema hat für viele eine sehr irdische, nämlich rein pekuniäre Komponente. Redaktionen zahlen gut für hinreichend reißerisch aufbereitetes Film- und Textmaterial.

Das Aussehen der Wesen in so zahlreich beobachteten und schnellstens veröffentlichten „Begegnungen der dritten Art" wird von jeweils zeitlich vorangegangenen Kinohits auf wohl rein zufällige Art und Weise beeinflusst. Kompetent wirkende Sachbücher kommen in Millionenauflage auf den Markt, um endlich die interplanetaren Verschwörungen von Regierungen, CIA & KGB und Vatikan aufzudecken. Es werden sogar Obduktionen von Insassen abgestürzter UFOs in Filmdokumentationen gezeigt – ein ganz besonders geschmackloses Beispiel für die Profitgier aller Beteiligten. Nach den jüngsten Aufdeckungsversuchen einiger Ungläubiger handelt es sich bei einem Fall in Wahrheit um die Sezierung eines an einer sehr seltenen Erbkrankheit verstorbenen Kindes.

2. Gibt es Leben jenseits der Erde?

Die Frage „Sind wir allein im Universum?" hat neben den bekannten Antworten aus Film und Presse allerdings einen ernsten, wissenschaftlichen Hintergrund, ohne dessen Beleuchtung keine auch nur annähernd realistische Antwort möglich ist. Im Folgenden will ich diesen Hintergrund ein wenig beleuchten.

2.1 Außerirdische Zivilisation?

Die Suche nach Leben auf anderen Himmelskörpern gehört zu den attraktivsten wissenschaftlichen Themen. Leider ist die Frage nach außerirdischem Leben wie so viele andere interessante naturwissenschaftliche Fragen nicht eindeutig beantwortbar. Zu Beginn wird die Eingangsfrage eingeschränkt: Es geht nicht um das Leben an sich, sondern nur um kommunikationsbereite Zivilisationen, die mit uns auch in Kontakt treten wollen. Wir können mit unseren technischen Mitteln keinerlei Leben auf anderen Planeten außerhalb des Sonnensystems feststellen, es sei denn, diese Wesen verfügen mindestens über die gleiche Technologie wie wir und benutzen sie zur Erkundung des Kosmos. Dies bedeutet, dass im Prinzip das Universum voller Leben sein kann – Ritter, Dinosaurier, Dampfmaschinen, Bäume etc. Leben in dieser Art werden wir jedoch nie bemerken.

Wir bekommen unsere Informationen nur über elektromagnetische Strahlung, deshalb müssen die „Anderen" zumindest unfreiwillig den Kosmos durch künstliche elektromagnetische Strahlung „verunreinigen", wie wir das seit 50 Jahren mit Radar, Radio, Fernsehsender oder Überwachungssatelliten tun. Noch besser wäre natürlich, wenn sich eine technische Zivilisation mit Hilfe starker Radiosender im Universum bewusst bekannt macht, also selbst nach anderem Leben sucht. Aber man sollte bedenken: Wenn alle im Universum nur horchen und keiner was sagt, also sich irgendwie elektromagnetisch bemerkbar macht, wird auch niemand den Anderen entdecken!

Diese beschränkte Kommunikationsmöglichkeit reduziert die Chance eines interplanetaren Rendezvous ganz beträchtlich. Wir können die Ausgangsfrage, ob wir allein im Universum sind, eigentlich nur dann mit absoluter Sicherheit beantworten, wenn wir in der Lage wären, andere Planeten aufzusuchen. Das ist uns aber noch nicht einmal innerhalb unserer eigenen Galaxie möglich.

Deshalb macht es kaum Sinn, sich über Lebewesen außerhalb der Milchstraße Gedanken zu machen – die Entfernung zur nächsten Galaxie „Andromeda" beträgt gut zwei Millionen Lichtjahre. Ein Kontaktsignal, das wir heute auffangen würden, müsste also dort vor zwei Millionen Jahren abgeschickt worden sein.

Licht breitet sich mit 300.000 km pro Sekunde aus; zum Mond braucht ein Signal eine Lichtsekunde, zur Sonne 8 Lichtminuten, zum Saturn schon 80 Lichtminuten. Unsere Galaxis hat eine Ausdehnung von ca. 100000 Lichtjahren. Signale vom anderen Ende der Milchstraße brauchen 100000 Jahre, um uns zu erreichen – das entspricht der gesamten Entwicklungszeit vom Neandertaler bis zum modernen Menschen.

Die Wahrscheinlichkeit, eine solche Zivilisation zu entdecken, hängt natürlich auch von ihrer zeitlichen und räumlichen Häufigkeit ab. Die „Anderen" dürfen nicht die berühmte Position der Nadel im Heuhaufen haben. Es ist z.B. möglich, dass es in der Milchstraße nahe der Sonne schon einmal Zivilisationen gegeben hat, dass diese inzwischen aber wieder verschwunden sind. Andererseits kann es zur Zeit Zivilisationen geben, die so weit von der Sonne entfernt sind, dass wir sie nie entdecken können.

2.2 Bedingungen für intelligentes Leben im Universum

Unvoreingenommen müsste man vermuten, dass die Zahl der Möglichkeiten riesengroß ist, denn es gibt in unserer Milchstraße ca. 100 Milliarden Sterne, um die sich Planeten gebildet haben könnten. So ohne weiteres lässt sich das Leben aber nicht irgendwo nieder, es müssen vielmehr eine ganze Reihe von Bedingungen erfüllt sein, bevor intelligente Lebewesen im Universum entstehen können:

1. Es müssen genügend Sterne vorhanden sein, um die sich Planeten bilden konnten. Die Hälfte der Sterne fällt weg, weil es sich um Doppelsterne handelt. Es gibt kaum stabile Umlaufbahnen für Planeten und damit auch keine Lebensmöglichkeiten in Doppelsternsystemen.
2. Diese Planetensysteme müssen sich um Sterne gebildet haben, die lange genug existieren, damit sich eventuell auf einem Planeten, der im richtigen Abstand um den Stern rotiert, Leben entwickeln kann.
3. Der Planet muss einigermaßen sicher vor kosmischen Katastrophen (ständigen Bombardements von Meteoriten, nahe Sternexplosionen von großen, jungen Sternen) sein. Sein Sternsystem darf nicht zu nahe an Sternentstehungsgebieten liegen und sollte während seiner Umrundung der Milchstraße solche Gebiete auch nicht durchkreuzen.
4. Die biologische Entwicklung sollte eine technologische Zivilisation hervorbringen, die dann hoffentlich lange genug existiert, damit sie mit der kosmischen Umwelt Kontakt aufnehmen kann.

Die Existenz von intelligentem Leben hängt also nur zum Teil von astrophysikalischen Bedingungen ab. Ebenso liefern die Biologie, die Soziologie, ja sogar die Psychologie wesentliche Beiträge zur Klärung von universellen Lebensbedingungen.

Die ersten Abschätzungen kosmischer Lebenswahrscheinlichkeit wurden 1961 auf einer Konferenz von Astrophysikern in Green Bank (USA) vorgenommen. Es ergaben sich, je nach Kommunikationsdauer, Zahlen zwischen 100 Millionen und 1 für die Anzahl kommunikationsbereiter Zivilisationen. Hierbei unterschied man bereits optimistische, zurückhaltende und pessimistische Einschätzungen, deren astrophysikalische Parameter ziemlich gleich waren. Es wurden nur verschiedene Längen der Kommunikationsbereitschaft angenommen. Der Optimist ging von hundert Millionen Jahren aus, der Zurückhaltende von einer Million Jahre und der Pessimist übertrug die irdische Lage auf die ETs und veranschlagte hundert Jahre.

Die Abschätzungen von Green Bank ergaben einen optimistischen Wert von hundert Millionen Zivilisationen in der Milchstraße, was einem mittleren Abstand zwischen den bewohnten Planeten von zehn Lichtjahren entspräche. Die zurückhaltende Berechnung brachte eine Million Zivilisationen mit einem mittleren Abstand von 300 Lichtjahren; der Pessimist erhielt nur 4 Zivilisationen mit einem Abstand von ca. 100000 Lichtjahren.

Die Pioniere der wissenschaftlichen Untersuchung außerirdischen Lebens wurden sich also nicht einig, es war aber auch schon damals nach ihren Kriterien möglich, dass wir allein sind in unserer Galaxie, denn 4 ist nahe bei 1!

Heute zeigt sich, dass selbst die pessimistischsten, rein astrophysikalischen Überlegungen von 1961 noch viel zu optimistisch gewesen sind.

Grundsätzlich geht man davon aus, dass sich Leben auf Planeten um Sterne herum entwickelt. Am Anfang des Universums gab es nur zwei chemische Elemente – Wasserstoff und Helium. Alle anderen Elemente wurde in Sternen durch die Verschmelzung von Atomkernen produziert. Aus diesen Elementen entstanden später die Planeten – aus diesen Elementen entsteht das Leben. Im Zentrum der astrophysikalischen Forschung über außerirdisches Leben steht deshalb der Lebensweg von Sternen. Doch davon später mehr.

3. G-Sterne als Maßstab für Leben im All?

Ausgangspunkt meiner Überlegungen ist das „Prinzip der Durchschnittlichkeit", d.h. die Erde, das Sonnensystem, stellen den Normalfall in der Milchstraße dar – es ist nichts Besonderes daran! Damit wird eine Zeit festgelegt, die das Leben braucht, um intelligente Formen zu entwickeln – 4,5 Milliarden Jahre. Ein Stern muss also mindestens diese Zeitspanne strahlen, damit er als mögliche Heimat für intelligentes Leben in Frage kommt. Die Lebensdauer eines Sternes hängt von seiner Masse ab, denn seine Leuchtkraft – erzeugt durch die Verschmelzung einfacher Atomkerne wie Wasserstoff bis hin zu schwereren Elementen wie Sauerstoff, Magnesium, sogar Eisen – hängt vom Gleichgewicht zwischen Schwerkraft und Strahlungsdruck ab. Je schwerer ein Stern ist, umso mehr „drückt" die Schwerkraft und erhöht damit die Temperatur und somit die Verschmelzungsrate im Innern des Sterns. Mit anderen Worten: Ein schwerer, großer Stern verbrennt seinen Brennstoffvorrat schneller und ist deshalb heißer als ein kleiner, leichterer Stern, der langsamer „brennt" und niedrigere Temperaturen aufweist. Ein Stern, der doppelt so schwer ist wie die Sonne, lebt nur 1 Milliarden Jahre (die Sonne wird ca. 10 Milliarden Jahre als normaler Stern leben). Der Stern muss auch heiß genug sein, damit sich Leben in seiner unmittelbaren Umgebung entwickeln kann. Da Temperatur und Strahlungsleistung eines Sternes ebenfalls von seiner Masse abhängt, darf der Stern auch nicht zu klein sein.

Damit habe ich den „G-Stern-Chauvinismus" beschrieben: Nur Planetensysteme um Sterne wie die Sonne, so genannte G-Sterne, können Leben entwickeln. Die größeren Sterne existieren nicht lange genug, die kleineren Sterne sind so leuchtschwach, dass ihre Planeten sich in viel geringerer Entfernung als der Abstand Erde – Sonne aufhalten müssten, um die für das Leben notwendige Energie auffangen zu können. Körper jedoch, die zu nahe um einem Stern kreisen, werden von seinem Schwerkraftfeld erfasst und in ihrer Eigendrehung so sehr gebremst, dass sie ihrem Stern immer die gleiche Seite zuwenden. Diese wird zu stark erhitzt, und die abgewandte Seite friert ein. Aufgrund des entstehenden Temperaturunterschieds wird auch der Übergangsbereich zwischen beiden Seiten nicht besonders wohnlich sein. Selbst, wenn der Planet seine Atmosphäre behalten haben sollte, was bei der intensiven, einseitigen Bestrahlung nicht einfach sein dürfte, werden sehr starke Winde auftreten, die den Unterschied zwischen heiß und kalt auszugleichen versuchen. Kleinere Sterne als 0,8 Sonnenmassen scheiden daher genauso aus wie Sterne mit mehr als 1,4 Sonnenmassen, denn wie erwähnt, ist deren Lebensdauer nicht lang genug, um biologische Entwicklung hin zu intelligenten Lebewesen zu erlauben.

3.1 Die Bedeutung der Supernova

Es muss sich aber um „neue" G-Sterne der zweiten oder dritten Generation handeln, denn die ersten Sterne entstanden aus reinen Wasserstoff- und Helium-Wolken. Diese konnten noch keine Planeten aus Gestein bilden. Zunächst mussten die schwereren chemischen Elemente in Sternen produziert werden.

Wie kamen die Erzeugnisse der stellaren Hochöfen nun wieder zurück ins All, damit neue G-Sterne aus Gaswolken entstehen konnten, die nun bereits mit Kohlenstoff, Silizium, Magnesium, Eisen etc. angereichert waren?

Hier kommen die schweren Sterne oberhalb von 4 Sonnenmassen ins Spiel. Sie spielen die zentrale Rolle für die Entstehung von Leben, denn sie schleudern, „injizieren" die chemischen Elemente in kosmischen Explosionen ins All.

Sterne, die wesentlich schwerer sind als die Sonne, stellen durch ihre enorme Schwerkraft besonders effektive Brutreaktoren für alle chemischen Elemente schwerer als Helium dar. Am Ende ihres relativ kurzen Lebens (einige Millionen Jahre) explodieren diese Sterne mit einem unglaublichen Energieausstoß und schleudern die lebenswichtigen Elemente wie Kohlenstoff, Silizium und Eisen in den Weltraum. Diese sogenannte *Supernova*-Explosion ist so gewaltig, dass man ihr Leuchten von der Erde aus noch in 5000 Lichtjahren Entfernung sehen könnte. Durch den ungeheuren Druck der hinausrasenden Gase wird das Medium zwischen den Sternen an manchen Stellen zusammengepresst. Die höheren Dichten führen zu einer lokalen Erhöhung der Schwerkraft, und es kann ein neuer Stern entstehen.

Die Supernova-Explosion ist also für die Entwicklung von Leben unerlässlich, aber sie ist für bestehendes Leben auf Planeten, die sich im Abstand von 30 Lichtjahren befinden, auch sehr gefährlich. Eine stellare Explosion ist nämlich mit sehr intensiver, harter Röntgenstrahlung verbunden, die höheres Leben abtöten kann.

750000 Jahre, bevor das Sonnensystem entstand, wurde die Sonne durch eine solche Explosion einer Supernova geboren. Dies erkannte man aus der chemischen Zusammensetzung von Meteoriten. Sie stellen das Urmaterial des Sonnensystems dar und haben ihre chemische Zusammensetzung seit ihrer Entstehung nicht mehr geändert. Ihre radioaktiven Isotope (Isotope eines Elements enthalten die gleiche Anzahl an positiven Protonen, aber unterschiedliche Anzahl an Neutronen) von Magnesium und Aluminium lassen sich nur durch die Kernprozesse während einer Supernova-Explosion erklären. Die chemischen Elemente, aus denen der Leser und der Schreiber dieser Zeilen und auch die Zeilen selbst bestehen, sind von mindestens einer, wahrscheinlich zwei Sterngenerationen erbrütet worden.

Wir bestehen zu 92% aus Sternenstaub – wir sind Kinder der Sterne! Die „Anderen" allerdings auch! Der Sonne ist übrigens seit ihrem Bestehen keine Supernova-Explosion mehr so nahe gekommen, dass deren Röntgenstrahlung auf der Erde messbare Auswirkungen gehabt hätte. Das Sonnensystem hat seit seiner Geburt keine Sternentstehungsregion durchkreuzt!

3.2 Molekulare Bedingungen für Leben im Kosmos

Die unbestreitbare Erkenntnis über den physikalischen Ursprung der für das Leben absolut notwendigen Elemente gilt für den gesamten Kosmos. Leben muss sich entwickeln. Entwicklung heißt Vererbung und vererbt werden Informationen. Informationen sind strukturierte molekulare Bausteine, deren Aneinanderreihung biologische „Worte" ergeben. Der genetische Code der Lebewesen ist der „Text", d.h. der Bauplan für ein Lebewesen. Weil diese Informationen in molekularer Form vererbt werden müssen, ist es notwendig, strukturierte Moleküle zu bauen. Je komplexer und damit intelligenter ein Lebewesen werden soll, um so mehr Informationen müssen übertragen werden. Eine Gaswolke kann deshalb nicht intelligent sein, auch wenn einige Science-Fiction-Autoren dies immer wieder gerne in ihren Geschichten behaupten. Leben braucht schwere Elemente. Wie wir noch sehen werden, braucht es vor allem Kohlenstoff, das einzige Element, das in der Lage ist, im interessanten Temperaturbereich (unterhalb von ca. 100 Grad Celsius) lange Kettenmoleküle zu bilden. Der kosmische Ursprung der Elemente ist uns bekannt und damit auch der kosmische Ursprung der Außerirdischen. Auch sie müssen aus den uns bekannten chemischen Elementen zusammengesetzt sein. Dies war aber nicht zu jeder kosmischen Zeit möglich, denn in den Frühphasen des Universums gab es noch nicht genügend Sterne und damit noch keine schweren Elemente, aus denen sich Planeten entwickeln konnten. Das heißt, es gab auch noch keine Möglichkeit für Leben. Irgendwann nach uns werden keine neuen Sterne mehr entstehen (schon jetzt entstehen deutlich weniger als in der Anfangszeit), und die bestehenden werden sterben. Die Energiequellen sind verbraucht – es kann sich kein Leben mehr entwickeln.

Es gibt nur eine ganz bestimmte Entwicklungsstufe des Kosmos, in dem Leben auftreten kann. Diese, aus den physikalischen Grundgegebenheiten abgeleitete Konsequenz ist ein eklatanter Widerspruch zum sogenannten kopernikanischen Prinzip, das besagt, dass wir an keiner ausgezeichneten Stelle im Universum leben und zu keiner ausgezeichneten Zeit.

Wir leben aber sehr wohl in einer besonderen kosmischen Entwicklungsphase, einer Phase, in der Leben möglich ist. Diese Erkenntnis begründet den G-Stern-Chauvinismus.

Der G-Stern-Chauvinismus beinhaltet bereits den sog. Kohlenstoff-Chauvinismus, d.h. wir gehen davon aus, dass alle lebensnotwendigen organischen Verbindungen aus Kohlenstoffverbindungen bestehen. Diese Einschränkung wird durch Beobachtungen des interstellaren Mediums, des Gases zwischen den Sternen, unterstützt. Bis heute wurden viele organische Moleküle, von der Ameisensäure bis hin zur einfachsten Aminosäure, dem Glycin, in unserer Milchstraße entdeckt. Dies bedeutet, dass sich selbst in den eigentlich lebensfeindlichen Bedingungen des interstellaren Raumes die elementaren Bausteine, aus denen wir zusammengesetzt sind, formieren können. Darüber hinaus ist Silizium das einzige Element, das außer Kohlenstoff noch in der Lage ist, lange Kettenmoleküle wie die DNS zu bilden. Das geschieht nur bei sehr niedrigen Temperaturen von ca. −200 Grad Celsius. Bei solchen Temperaturen sind aber die biologisch-chemischen Vorgänge extrem verlangsamt – man denke nur an die eigene Gefriertruhe. Sex eines Siliziumpärchens würde länger dauern als das Universum alt ist.

3.3 Atmosphärische Bedingungen

Als weitere wesentliche Einschränkungen für die o.g. Green-Bank-Abschätzung gelten die atmosphärischen Randbedingungen, die ein Planet erfüllen muss, damit sich auf ihm eine kommunikationsbereite Zivilisation entwickeln kann. Obwohl sich die Leuchtkraft unserer Sonne in den letzten 4,5 Milliarden Jahren um 30% erhöht hat, schwankte die mittlere Temperatur auf unserem Planeten nur um 20 Grad Celsius. Wir wissen heute, dass diese Temperaturregelung durch den wohlbekannten Treibhauseffekt verursacht wird. Die Konzentration vor allem von Kohlendioxid ist dafür verantwortlich, dass das einfallende Sonnenlicht nicht wieder völlig reflektiert wird (wäre die Erde ein idealer Strahler, d.h. würde sie alles empfangene Sonnenlicht wieder abstrahlen, hätte sie eine Oberflächentemperatur von −40 Grad Celsius) und damit die Oberfläche im Mittel ca. 20 Grad warm ist. Kohlendioxid wurde zusammen mit Methan, Ammoniak und Wasserdampf durch den starken Vulkanismus am Anfang der Erdentwicklung freigesetzt. In unserem Sonnensystem ist die Venus, die so groß ist wie die Erde, ein Beispiel für einen galoppierenden Treibhauseffekt. Ihre Oberfläche hat eine Temperatur von 425 Grad Celsius. Der Grund für diese lebensfeindliche Umwelt liegt in der Zusammensetzung der Venus-Atmosphäre: Sie enthält wesentlich mehr Kohlendioxid als die Erdatmosphäre. Während sich auf der Erde der Wasserdampf abkühlte und als Regen niederschlug, worin sich ein großer Teil des Kohlendioxid auflöste und damit aus der Atmosphäre verschwand, hat die

Venus keine lange Regenzeit erlebt, denn die Sonneneinstrahlung ist hier aufgrund ihres geringeren Abstands stärker als auf der Erde; der Wasserdampf konnte sich nicht abkühlen – es regnete nicht. Das Kohlendioxid verblieb in ihrer Atmosphäre und die Venus erhitzte sich dadurch auf diese Höllentemperatur. Als Gegenbeispiel im Sonnensystem gilt der Mars, er ist weiter von der Sonne entfernt als die Erde und viel kleiner als sie. Mars hat einen großen Teil seiner Uratmosphäre verloren. Der atmosphärische Druck auf der Marsoberfläche entspricht einem Luftdruck auf der Erde in Höhe von 48km! Der Mars hat sein Wasser verloren, er ist ein ziemlich kalter Wüstenplanet geworden. Wir wissen heute, dass der Mars nicht im bewohnbaren Bereich um die Sonne liegt. Die mit lautem Mediengeschrei als Überreste von Leben auf dem Mars verbreiteten Kohlenstoffverbindungen, die auf einem in der Antarktis gefundenen Meteoriten entdeckt wurden, erwiesen sich jüngsten Analysen zufolge als irdische Verunreinigungen, die beim Eintritt des Felsbrockens in die Erdatmosphäre entstanden. Wäre die Erdumlaufbahn nur 1,5% kleiner, wäre die Erde zur Venus geworden; 1,5% größer und wir hätten hier Mars-ähnliche Zustände.

Daraus ergibt sich eine weitere wesentliche Einschränkung für die Green-Bank-Gleichung: Sterne, kleiner als unsere Sonne, ermöglichen keine Entstehung von Leben.

3.4 Zusammenfassung: Bedingungen für Leben im All

An einen „lebendigen" Planeten müssen somit folgende Bedingungen gestellt werden:

- Der Planet darf nicht zu schwer sein, denn eine zu starke Schwerkraft verhindert die Entwicklung komplizierter Strukturen und gast zuviel Kohlendioxid aus, was einen verschärften Treibhauseffekt hervorruft.
- Er darf nicht zu leicht sein, denn er muss eine Atmosphäre halten können.
- Der Planet sollte sich schnell genug drehen, damit er gleichmäßig bestrahlt wird.
- Außerdem muss das Wetter zumindest eine Zone mit gemäßigten Temperaturen erlauben.
- Seine Umlaufbahn muss fast kreisförmig sein, damit die Jahreszeiten nicht zu starke Temperaturschwankungen hervorrufen.
- Seine Position in der vergleichsweise winzigen bewohnbaren Zone im Bannkreis seines Sternes ist unabdingbar.

3.5 Zur Bedeutung des Mondes

Eine letzte, an dieser Stelle zu beschreibende Auflage für die Entwicklung von intelligentem Leben stellt unser Mond dar. Die biologische Entwicklung auf der Erde wurde offensichtlich deutlich von der Existenz unseres Mondes bzw. seiner Gezeitenwirkung beeinflusst. Die durch Ebbe und Flut erzeugten Flachwasserbereiche, die immer wieder mit neuem Wasser und Material durchspült wurden, stellten die idealen Laboratorien für chemische Prozesse dar. Sie waren einerseits flach genug, um eine Auflösung der neugeschaffenen Molekülketten durch zuviel Wasser zu verhindern. Andererseits waren sie aber auch tief genug, um die energiereiche Ultraviolettstrahlung von der Sonne zu absorbieren, ohne dass die Moleküle durch die UV-Photonen wieder zerstört wurden. Nach neuesten Untersuchen der Gesteinsproben der amerikanischen Apollo-Missionen gibt es nur eine Erklärung für die Entstehung des Mondes – den Einschlag eines marsgroßen Asteroiden auf die Protoerde. Sein Eisenkern schmolz auf und wurde zusammen mit Material von der Erde in einen Ring hinausgeschleudert. In diesem Ring bildete sich der Mond, dessen Masse im Vergleich zu seinem „Mutterplaneten" riesengroß ist.

Der Mond garantiert neben seiner Wirkung auf die Meere auch noch eine ganz andere Eigenschaft des Erdkörpers, nämlich die Stabilität der Erdrotationsachse. Die Neigung dieser Achse von ca. 23% hängt nach modernen Simulationen ganz wesentlich von der Existenz des Mondes ab. Wäre er nicht vorhanden, würde die Erdachse innerhalb von einigen Millionen Jahren so sehr schwanken, dass das Klima auf der Erde für hochentwickeltes Leben völlig unzumutbar wäre. Man stelle sich vor, eine Erdhälfte würde ständig von der Sonne beschienen während die andere in dauernder Dunkelheit und Kälte läge. Die damit zusammenhängenden Luftdruckschwankungen wären so rabiat, dass Windstärke 12 nur ein laues Windchen darstellen würde im Vergleich zu den Stürmen auf einer mondlosen Erde. Die Rotationsachse des Mars hat solche dramatischen Schwankungen erlebt. Vermutlich hat er deshalb auch sein Wasser verloren.

Im Sonnensystem stellt das Paar Erde-Mond eine absolute Einzigartigkeit dar. Diese Unwahrscheinlichkeit eines relativ kleinen Planeten mit einem großen Trabanten gilt heute als zentrale Einschränkung für die Anzahl der möglichen lebendigen Planeten.

4. Schlussbemerkung

Dies war nur ein kleiner Ausschnitt aus den zahlreichen Argumenten, die die pessimistische Einschätzung von Green Bank noch weiter einschränken. Je mehr wir über die Zusammenhänge über die Entwicklung der Erde und des Lebens auf ihr wissen, umso unwahrscheinlicher erscheint die Möglichkeit, dass sich diese Konstellationen noch einmal in der Milchstraße entwickelt haben könnten. Wahrscheinlich wird im Weltall pausenlos irgendwo „gewürfelt". An vielen Stellen ist die ein oder andere Voraussetzung für Leben gegeben, aber dass alle gleichzeitig erfüllt sind, erscheint doch mehr als fraglich. Alles spricht dafür, dass es zur Zeit keine kommunikationsbereiten Zivilisationen in unserer Milchstraße gibt. Dies soll nicht heißen, dass es nicht noch andere Planeten gibt, auf denen sich Leben entwickelt hat. Aber es entspräche einem unwahrscheinlichen Zufall, dass jetzt und hier entweder Außerirdische die Erde besuchten oder uns ihre Signale erreichten. Sie müssten sich innerhalb von 50 Lichtjahren im Umkreis befinden, denn erst seit 50 Jahren verfügen wir über Radar und elektronische Kommunikation. Da die Lichtgeschwindigkeit die schnellstmöglichste Informationsverbreitung bedeutet, haben wir demnach erst in einen Raum mit der Ausdehnung von 50 Lichtjahren gerufen: „Hier gibt es Wesen, die über eine gewisse Technologie verfügen!"

Zuletzt noch einige Bemerkungen zum Naturgesetz-Chauvinismus, der allen bis hierhin vorgetragenen Argumenten zugrunde liegt. Ich bin bei allen Überlegungen unausgesprochen davon ausgegangen, dass die Naturgesetze, die wir auf der Erde in unseren Laboratorien entdeckt haben, überall im Universum gültig sind. Diese zunächst arrogant anmutende Behauptung wird durch alle Beobachtungen und Vergleiche mit theoretischen Modellen unterstützt. Häufig wurden astronomische Entdeckungen theoretisch vorhergesagt. Sogar die extremsten irdischen Theorien wie die allgemeine Relativitätstheorie, die Existenz von schwarzen Löchern, oder die Lichtablenkung um schwere Massen wie die Sonnen vorhersagt oder die Theorien der Elementarteilchenphysik über den Aufbau der Materie wurden durch astrophysikalische Beobachtungen in allen Punkten bestätigt. Wir sind heute sogar in der Lage, ein einigermaßen mit den Beobachtungen übereinstimmendes Modell zur Geburt und Entwicklung des Kosmos zu erstellen.

Es gibt keinen Hinweis darauf, dass anderswo andere Naturgesetze gelten als bei uns auf der Erde. Obwohl hier alle physikalischen Vorgänge nach denselben Regeln ablaufen wie überall im Universum, ist unser Platz etwas Besonderes. Er ist nicht durchschnittlich, wie anfangs angenommen. Unglaublich komplexe physikalische Mechanismen mussten sich im richtigen Moment und in der richtigen Reihenfolge abspielen, damit das Universum an diesem Ort über sich und seine Bewohner nachdenken kann.

Mein Text schließt mit folgendem Fazit: Je mehr Erkenntnis wir über die Bedingungen für hochentwickeltes Leben gewinnen, um so geringer wird die Wahrscheinlichkeit von außerirdischem Leben – bereits unsere Existenz muss uns völlig unmöglich erscheinen. Ein jeder möge daraus seine Schlüsse ziehen.

Autoren

Arnold Benz

Prof. Dr., geb. 1945 in Winterthur, Schweiz. Studium der theoretischen Physik an der Eidgenössischen Technischen Hochschule (ETH) Zürich, Doktorand in Astrophysik an der Cornell University in Ithaca, N.Y., USA. Promotion 1972, Habilitation 1979. Seit 1973 Dozent, seit 1993 Professor für Astrophysik an der ETH Zürich. Verschiedene Mitgliedschaften in nationalen und internationalen Vereinigungen. Neben seiner fachlichen Tätigkeit in Astrophysik hat er sich mit religiösen Fragen auseinandergesetzt, wie sie sich im Rahmen des heutigen Weltbilds stellen.

Aktuelle Forschungsschwerpunkte: Solare und stellare Physik, Sternentstehung und Hochenergie-Astrophysik.

Ausgewählte Veröffentlichungen: Plasma Astrophysics, Kinetic Processes in Solar and Stellar Coronae (2002); Die Zukunft des Universums: Zufall, Chaos, Gott? (2005); Würfelt Gott? Ein außerirdisches Gespräch zwischen Physik und Theologie (mit S. Vollenweider, 2002).

Sigurd M. Daecke

Prof. Dr., geb. 1932 in Hamburg. Studium der Ev. Theologie an den Universitäten Tübingen, Göttingen und Hamburg. Promotion in Hamburg mit einer Dissertation über die Theologie von Pierre Teilhard de Chardin (1967). 1957 bis 1972 im Kirchendienst in Gemeinden und als theologischer Publizist, zuletzt seit 1970 als Chefredakteur der Monatszeitschrift „Evangelische Kommentare". 1972 o. Professor für Ev. Theologie und ihre Didaktik an der Pädagogischen Hochschule Aachen, 1980 RWTH Aachen, seit 1988 Inhaber des Lehrstuhls für Systematische Theologie an der Philosophischen Fakultät der RWTH, 1998 Emeritierung.

Aktuelle Forschungsschwerpunkte: Theologie der Schöpfung, Theologie der Natur und natürliche Theologie, theologisch-naturwissenschaftlicher Dialog, Wissenschafts-, Technik- und Umweltethik.

Ausgewählte Veröffentlichungen: Teilhard de Chardin und die evangelische Theologie (1967); Der Mythos vom Tode Gottes (1969, [2]1970); Grundlagen der Theologie (zus. mit W. Pannenberg und G. Sauter 1974); (Mit-)Hrsg. und Mitverf.: Kann man Gott aus der Natur erkennen? ([2]1992); Albert Einstein – Worte in Zeit und Raum (1991); Naturwissenschaft und Religion (1993); Verantwortung in der Technik (1993); Ökonomie contra Ökologie? (1995); Gut und Böse in der Evolution (1995); Jesus von Nazareth und das Christentum (2000); Gottesglaube – ein Selektionsvorteil? Religion in der Evolution (2000).

Willem B. Drees

Prof. Dr., geb. 1954 in Den Haag, die Niederlande. Studium der Physik an der Universität Utrecht und der Theologie und Religionsphilosophie an den Universitäten in Amsterdam und Groningen. Dissertation: „Beyond the Big Bang: Quantum Cosmologies and God" an der theologischer Fakultät der Universität Groningen (1989) und „Taking Science Seriously" an der philosophischen Fakultät der Vrije Universiteit Amsterdam. Seit 2001 Professor für Religionsphilosophie und Ethik an der Universität Leiden. Seit 2002 Vorsitzender von ESSSAT, der European Society for the Study of Science and Theology.

Aktuelle Forschungsschwerpunkte: Verhältnis von Theologie und Naturwissenschaft, sowohl kognitiv als sozial-ethisch; Wissenschaftsphilosophie der Religionswissenschaften.
Ausgewählte Veröffentlichungen: Beyond the Big Bang: Quantum Cosmologies and God (1990); Religion, Science and Naturalism, Cambridge (1996); Vom Nichts zum Jetzt: Eine etwas andere Schöpfungsgeschichte (1998) (auch auf English als Creation: From Nothing until Now (2001); Is Nature Ever Evil: Religion, Science and Value (Hg.) (2002); Een beetje geloven: Actualiteit en achtergronden van het vrijzinnig Christendom (1999); God & Co. Geloven in een wetenschappelijke cultuur (2000).

Dirk Evers

PD Dr., geb. 1962 in Bielefeld. Studium der Theologie an den Universitäten Münster und Tübingen und am Tamilnadu Theological Seminary (Madurai, Südindien). Vikariat und Pfarramt in der Württembergischen Landeskirche. Assistent an der Evang. theol. Fakultät Tübingen. Dissertation „Raum – Materie – Zeit. Schöpfungstheologie im Dialog mit naturwissenschaftlicher Kosmologie" in Tübingen. Repetent am Evangelischen Stift. Habilitation „Gott und mögliche Welten. Studien zur Logik theologischer Aussagen über das Mögliche" in Tübingen. Forschung- und Studieninspektor am „Forum Scientiarum" der Universität Tübingen.
Aktuelle Forschungsschwerpunkte: Dialog Naturwissenschaften – Theologie, Analytische Religionsphilosophie, Bewusstseinstheorien und Hirnforschung, Hermeneutik.
Ausgewählte Veröffentlichungen: Raum – Materie – Zeit. Schöpfungstheologie im Dialog mit naturwissenschaftlicher Kosmologie (2000); Gott, der Schöpfer, und die Übel der Evolution, Berliner Theologische Zeitschrift 18 (2001), 60-75; Das Verhältnis von physikalischer und theologischer Kosmologie als Thema des Dialogs zwischen Theologie und Naturwissenschaft, in: Theologie und Kosmologie, hg. von J. Hübner u.a. (2004), 43-57; Chaos im Himmel. Die Entwicklung der modernen Kosmologie und ihre Tragweite für die christliche Rede vom Himmel, Jahrbuch für Biblische Theologie 20 (2005) 35-58.

Harald Lesch

Prof. Dr., geb. 1960 in Gießen. Studium der Physik in Gießen und Bonn, nach Promotion am Max-Planck-Institut für Radioastronomie in Bonn 1987 wissenschaftlicher Mitarbeiter der Landessternwarte Königstuhl in Heidelberg. 1991 bis 1995 Mitarbeiter am Max-Planck-Institut in Bonn und Habilitation im Fach Astrophysik/Astronomie 1994. Seit 1992 Professor für Theoretische Astrophysik und Leiter der Sternwarte der Ludwig-Maximilians-Universität in München. Seit 2002 Professor für Naturphilosophie an der Hochschule für Philosophie in München. Empfänger des „Communicator-Preis – Wissenschaftspreis des Stifterverbandes" für herausragende Leistungen bei der Vermittlung seiner wissenschaftlichen Arbeit in der Öffentlichkeit (z.B. α-Centauri; Lesch&Co).
Aktuelle Forschungsschwerpunkte: Relativistische Plasmaphysik, Bio-Astronomie und „Schwarze Löcher", Naturphilosophie.
Ausgewählte Veröffentlichungen: Physics of Galactic Halos (mit R.J. Dettmar u.a.); Kosmologie für Fußgänger (mit J. Müller); Big Bang 2. Akt (mit J. Müller); Physik für die Westentasche; CD's: Sind wir allein im Universum; Kosmologie für Fußgänger.

Hubert Meisinger

Dr. theol., geb. 1966 in Darmstadt. Studium der Ev. Theologie 1985-1991, Promotion in Heidelberg 1992-1995. 1996 Auszeichnung der Promotion mit Preis der „European Society for the Study of Science and Theology" (ESSSAT). Auslandsaufenthalte in Chicago und Berkeley. 1. und 2. Theol. Examen vor der Ev. Kirche in Hessen und Nassau. Seit 1998 Hochschulpfarrer an der Ev. Hochschulgemeinde in Darmstadt, Lehrbeauftragter für Systematische Theologie am Institut für Theologie und Sozialethik der Technischen Universität Darmstadt und nebenamtlicher Studienleiter an der Ev. Akademie Arnoldshain. Mitglied der Arbeitsgemeinschaft „Wissenschaft-Mensch-Religion" dieser Akademie, der „European Society for the Study of Science and Theology" (ESSSAT), dem „Institute on Religion in an Age of Science" (IRAS) und der „International Society for Science and Religion" (ISSR). 1999 und 2002: European Award for Teaching in Science and Religion. 2003-2005: Forschungsstipendium des Council for Christian Colleges and Universities, Washington/USA, in Oxford/UK. Seit 2004 Vize-Präsident von ESSSAT.

Aktuelle Forschungsschwerpunkte: Dialog Naturwissenschaft, Technik und Theologie; Naturwissenschaft, Theologie und Kunst; Bioethik; Christologie in naturwissenschaftlicher Perspektive.

Ausgewählte Veröffentlichungen: Liebesgebot und Altruismusforschung. Ein exegetischer Beitrag zum Dialog zwischen Theologie und Naturwissenschaft, NTOA 33 (1996); gemeinsam mit Uwe Gerber: Das Gen als Maß aller Menschen? Menschenbilder im Zeitalter der Gene (2004); verantwortlicher Herausgeber von: Streams of Wisdom? Science, Theology and Cultural Dynamics, Studies in Science and Theology (SSTh) 10 (2005-2006); Mitherausgeber von „Issues in Science and Theology" (IST). Zahlreiche Artikel und Vorträge.

René Munnik

Prof. Dr.-Ing., geb. 1952 in Eindhoven (Niederlande). Studium der Chemie an der Technischen Hochschule Tilburg, Theologie und Philosophie an den Universitäten Tilburg und Leuven. Dissertation „De wereld als creatieve voortgang. De ontwikkeling van een totaliteitsgedachte bij A.N. Whitehead" (Tilburg University Press, 1987). Prof. namens der Radboud Foundation an der technischen Universität Twente (Enschede, Niederlande), und Universitätsdozent für philosophische Anthropologie and der theologischen Fakultät Tilburg.

Aktuelle Forschungsschwerpunkte: Religionsphilosophie, event metaphysics, Kulturphilosophie und Kulturgeschichte der Technik, Relationen von Naturwissenschaft/Technik und religiöse Vorstellungen.

Ausgewählte Veröffentlichungen: „A Catholic Perspective on Technology" in: Derkse, W., van der Lans, J., Waanders, S. (ed.), In Quest of Humanity in a Globalising World. Dutch Contributions to the Jubilee of Universities in Rome 2000 (2000) 213-229; „Donna Haraway: Cyborgs for Earthly Survival" in: Achterhuis, A. (ed.), American Philosophy of Technology: The Empirical Turn (2001) 95-118; „Whitehead's Hermeneutical Cosmology" in: Middleton, D.J.N. (ed.), God, Literature and Process Thought (2002) 63-75.

Jan C. Schmidt

Associate Prof. Dr., geb. 1969, Studium der Physik, Philosophie, Pädagogik und Politikwissenschaften. 1995 Diplom-Physiker, 1999 Promotion in theoretischer Physik, WS 2006 Habilitation in Philosophie. 1995 Projektmitarbeiter am Wuppertal Institut für Klima, Umwelt, Energie, 1996-99 wiss. Mitarbeiter am Institut für Physik der Universität Mainz, 1999-2000 wiss. Mitarbeiter am Institut für Philosophie der Technischen Universität Darmstadt, 2000-2006 Wiss. Mitarbeiter am Zentrum für Interdisziplinäre Technikforschung (ZIT), TU Darmstadt. Seit 2006 Associate Prof. am Georgia Tech/Atlanta, USA.

Aktuelle Forschungsschwerpunkte: Nichtlineare Dynamik und Chaostheorie, Natur-, Wissenschafts- und Technikphilosophie, Wissenschafts- und Technikfolgenabschätzung, Methodologie und Theorie der Interdisziplinarität, Dialog Naturwissenschaft-Theologie
Ausgewählte Veröffentlichungen: Die physikalische Grenze. (2000); Perspektiven Interdisziplinärer Technikforschung (Hg. mit H. Krebs, u.a.), (2002); Zugänge zur Rationalität der Zukunft (Hg. mit N.C. Karafyllis), (2002); Wertorientierte Wissenschaft. Perspektiven für eine Erneuerung der Aufklärung (Hg. mit H.-J. Fischbeck), (2002); Der entthronte Mensch (Hg. mit L. Schuster), (2003); Technik und Demokratie (Hg. mit K. Mensch), (2003); Zukunftsorientierte Wissenschaft. (Hg. mit W. Bender), (2003); Dynamiken der Nachhaltigkeit (Hg. mit D. Ipsen), (2004); Method(olog)ische Fragen der Inter- und Transdisziplinarität (Themenheft der Zeitschrift „Technikfolgenabschätzung. Theorie und Praxis") (Hg. mit A. Grunwald), (2005).

Christian Schwarke

Prof. Dr., geb. 1960 in Hamburg. Studium der Evangelischen Theologie an den Universitäten Hamburg und München. 1986 Wiss. Mitarbeiter am Institut für Systematische Theologie der Ludwig-Maximilians-Universität München. 1990 Promotion. 1991 Vikariat in Norderstedt. 1993 Wiss. Mitarbeiter am Institut Technik-Theologie-Naturwissenschaften an der LMU München. 1997 Habilitation an der LMU München. 1997 Pastor in Hamburg. 1998 Lehrstuhlvertretungen in Dresden und Hamburg. 2000 Professor für Systematische Theologie an der Technischen Universität Dresden.
Aktuelle Forschungsschwerpunkte: Bioethik; Christentum und Kultur; Naturwissenschaft, Technik und Theologie, Theologie in den USA.
Ausgewählte Veröffentlichungen: Jesus kam nach Washington. Die Legitimation der amerikanischen Theologie aus dem Geist des Protestantismus, Gütersloh 1991; Die Kultur der Gene. Eine theologische Hermeneutik der Gentechnik, Stuttgart 2001; Bioethische Grundfragen, in: Ganten, D./Ruckpaul, K. (Hg.): Handbuch der molekularen Medizin, Bd.1 (1997), 361-388; Von Cyborgs, Klonen und anderen Menschen. Anthropologie und Ethik unter den Bedingungen moderner Wissenschaft, in: Deuser, H.; Korsch, D. (Hg.): Systematische Theologie heute (2004), 216-230; Theologie und Technik. Was ist der Gegenstand einer theologischen Technikethik?, in: ZEE 49 (2005), 88-104.

Mikael Stenmark

Prof. Dr., born in 1962 in Umeå (Sweden). He has studied theology and philosophy at Umeå University and Uppsala University and has been a visiting graduate student at the University of Notre Dame. His dissertation „Rationality in Science, Religion and Everyday Life" was completed at Uppsala University in 1994. Stenmark is Professor of Philosophy of Religion and Head of the Department of Theology at Uppsala University.
Research areas: The relationship between science and religion, environmental ethics, religious pluralism and the dialogue between Christians and Muslims.
Recent publications: Rationality in Science, Religion and Everyday Life: A Critical Evaluation of Four Models of Rationality (1995); Scientism: Science, Ethics and Religion (2001); Environmental Ethics and Environmental Policy Making, Aldershot (2002); How to Relate Science and Religion: A Multidimensional Model (2004).

William R. Stoeger

Prof. Dr., born 1943 in Torrance (California). Entered the Society of Jesus (Jesuits) in 1961. Received an M. S. in Physics from U. C. L. A. in 1967 and an S. T. M. in Theology from the Jesuit School of Theology, Berkeley, California in 1972. Ordained a priest in 1972. Studied astrophysics at Cambridge U. (U. K.) and received Ph. D in 1979, with a dissertation, „Topics in the Physics of Accretion onto Black Holes." Been on the staff of the Vatican Observatory in Castel Gandolfo, Italy and in Tucson, Arizona since 1979.

Research areas: Specializes in black hole astrophysics, theoretical cosmology and gravitational physics, and the relationships between the natural sciences and philosophy and theology, particularly those involving epistemological and metaphysical issues.

Recent publications: Published a number of articles in these areas and edited several books of essays.

**Darmstädter Theologische Beiträge
zu Gegenwartsfragen**

Herausgegeben von Walter Bechinger und Uwe Gerber

Band 1 Walter Bechinger / Uwe Gerber / Peter Höhmann (Hrsg.): Stadtkultur leben. 1997.

Band 2 Elisabeth Hartlieb: Natur als Schöpfung. Studien zum Verhältnis von Naturbegriff und Schöpfungsverständis bei Günter Altner, Sigurd M. Daecke, Hermann Dembowski und Christian Link. 1996.

Band 3 Uwe Gerber (Hrsg.): Religiosität in der Postmoderne. 1998.

Band 4 Georg Hofmeister: Ethikrelevantes Natur- und Schöpfungsverständnis. Umweltpolitische Herausforderungen. Naturwissenschaftlich-philosophische Grundlagen. Schöpfungstheologische Perspektiven. Fallbeispiel: Grüne Gentechnik. Mit einem Geleitwort von Günter Altner. 2000.

Band 5 Stephan Degen-Ballmer: Gott – Mensch – Welt. Eine Untersuchung über mögliche holistische Denkmodelle in der Prozesstheologie und der ostkirchlich-orthodoxen Theologie als Beitrag für ein ethikrelevantes Natur- und Schöpfungsverständnis. Mit einem Geleitwort von Günter Altner. 2001.

Band 6 Katrin Platzer: *symbolica venatio* und *scientia aenigmatica*. Eine Strukturanalyse der Symbolsprache bei Nikolaus von Kues. 2001.

Band 7 Uwe Gerber / Peter Höhmann / Reiner Jungnitsch: Religion und Religionsunterricht. Eine Untersuchung zur Religiosität Jugendlicher an berufsbildenden Schulen. 2002.

Band 8 Walter Bechinger / Susanne Dungs / Uwe Gerber (Hrsg.): Umstrittenes Gewissen. 2002.

Band 9 Susanne Dungs / Uwe Gerber (Hrsg.): Der Mensch im virtuellen Zeitalter. Wissensschöpfer oder Informationsnull. 2004.

Band 10 Uwe Gerber / Hubert Meisinger (Hrsg.): Das Gen als Maß aller Menschen? Menschenbilder im Zeitalter der Gene. 2004.

Band 11 Hubert Meisinger / Jan C. Schmidt (Hrsg.): Physik, Kosmologie und Spiritualität. Dimensionen des Dialogs zwischen Naturwissenschaft und Religion. 2006.

www.peterlang.de